과학과 메타과학

과학과 메타과학

초판 1쇄 발행 | 2012년 7월 5일

지은이 | 장회익
펴낸이 | 조미현

편집주간 | 김수한
책임편집 | 김은영
교정교열 | 김정선
디자인 | 정재완

출력 | 문형사
인쇄 | 영프린팅
제책 | 쌍용제책사

펴낸곳 | (주)현암사
등록 | 1951년 12월 24일 · 제10-126호
주소 | 121-839 서울시 마포구 서교동 481-12
전화 | 365-5051 · 팩스 | 313-2729
전자우편 | editor@hyeonamsa.com
홈페이지 | www.hyeonamsa.com

ISBN 978-89-323-1630-7 03400

* 이 도서의 국립중앙도서관 출판시도서목록(CIP)은
e-CIP 홈페이지(http://www.nl.go.kr/ecip)에서 이용하실 수 있습니다.
(CIP제어번호: CIP2012002904)

과학과 메타과학

장회익

현암사

« 개정신판을 내면서 »

제레미 번스타인Jeremy Bernstein이 쓴 전기 『아인슈타인』(장회익 옮김, 전파과학사, 1991)에는 다음과 같은 일화가 소개되어 있다. 제2차 세계대전이 한창이던 1940년대 초반, 미국에서 전비 충원 운동이 벌어지고 나서 몇몇 민간 위원들이 아인슈타인을 찾아왔다. 1905년에 처음 발표된 그의 상대성이론 논문의 원고 초본을 기증하라는 것이었다. 그러면 돈 많은 이에게 팔아 자금 조달에 보태겠다는 것인데, 다만 팔리더라도 이를 공개된 장소에 보관케 하여 역사적 기념물로 남도록 하겠다는 것이었다. 그러나 불행히도 아인슈타인의 육필원고는 이미 분실되고 없었다. 그래서 그는 한 가지 역제안을 했다. 지금이라도 자기가 그 원고를 직접 손으로 써줄 테니 가져가겠느냐는 것이었다. 다소 실망스럽기는 했으나 그들은 그 제의를 받아들였다. 아인슈타인은 비서에게 출간된 자기 논문을 읽으라고 하고 직접 받아 써내려갔다. 그러다가 어느 지점에서 (쓰기를) 중단하고는 자기 논문에 정말 그렇게 쓰여 있느냐고 되물었다. 비서가 그렇다고 확인해주니, "아, 지금이라면 내가 그렇게 안 썼을 텐데" 하고 그가 몹시 안타까워했다는 것이다(참고로, 이렇게 만들어진 아인슈타인의 육필원고는 그 후 엄청나게 비싼 가격으로 팔렸다).

필자는 최근, 20여 년 전에 쓴 필자의 책 『과학과 메타과학』을 다시 읽으면서, 문득 아인슈타인의 이 일화가 떠올랐다. 지금이라면 그렇게 안 썼을 내용이 참 많았기 때문이다. 사실 그 당시에도 책을 내면서 이미 독자들에게 적지 않게 미안한 마음을 가졌었다. 한 권의 책으로 완성되었다기보다 대략 12개의 개별 논문들의 모음집에 더 가까운 모습을 하고 있었기 때문이다. 그것은 결국 독자들에게 두 가지 불편을 안기는 결과를 낳았다. 전체를 연결하여 하나의 통합적 이해를 도모하는 데 불편을 겪었을 것이고, 일부 전문인들을 겨냥해 쓴 글들의 난삽함이 일반 독자들에게는 곤혹스러웠을 것이다. 이러한 불편을 20여 년이나 방치했다는 것은 오로지 필자의 게으름 탓이며, 늦게나마 이 점을 보완하게 된 것을 다행으로 생각한다. 그리고 이것을 계기로 필자의 미숙했던 사고를 보정하게 되었다는 것도 개인적으로는 커다란 성과이다. 어떤 일에서든 완성이란 존재할 수 없지만 더 나은 진전은 가능하기에, 개정신판을 통해 이를 반영하려 노력했다.

그러나 무엇보다도 지난 20여 년간의 가장 큰 변화는 우리 사회에 나타난 통합학문에 대한 의식의 변화이다. 이제는 과학뿐 아니라 모든 학문 분야가 서로 연계되어 있으며 이러한 연계를 통해 통합적인 이해가 이루어져야 한다는 생각이 우리 학계에 널리 퍼져나가고 있다. 그러면서도 이 어렵고 중요한 과제에 어떻게 접근할 것인가에 대해서는 아직 어떤 합의점에도 이르지 못했다. 이 지난한 작업에 하나의 가능성을 제공하는 것이 필자가 말하는 메타과학이다. 메타과학은 과학적 방법을 채택하면서도 모든 학문 특히 자연과학의 바탕을 그 대상으로 살피며, 이렇게 얻어진 성과들은 생명과 인간을 비롯한 우리의 모든 관심사를 망라한다. 그렇기에 메타과학의 필요성은 지난 몇 십 년 전에 비해 현격하게 증대했으며, 이에 따라 이 책이 기여해야 할 바도 그만큼 더 커졌다고 할 수 있다.

이러한 요구에 부응하여 이 책의 내용도 대폭 개정했다. 대략 삼분의 일에 해당하는 내용을 새로운 글로 교체했으며, 나머지 글들도 대부분 그간 향상된 이해를 바탕으로 가능한 한 대폭적으로 수정했다. 5장과 7장, 8장은 완전히 새 글이며 2장의 주요 부분도 새로운 내용으로 교체했다. 특히 5장은 양자역학에 대한 필자 나름의 새 해당 해석을 담고 있으며 8장은 '온생명'에 대한 최근의 생각을 정리한 것이어서, 해당 분야의 학문적 토론에 새로운 소재가 되리라 기대한다. 그리고 글들의 제목이나 장의 배열도 크게 수정하여 전체적인 연관과 균형이 좀 더 잘 이루어지도록 배려했다.

또 이 책에는 일부 독자의 요청에 따라 '온생명'에 관련된 최초의 글인 「The units of life: global and individual」의 원문을 부록으로 실었다. 1988년 4월 유고슬라비아 두브로브니크에서 거행된 국제 과학철학 학술모임에서 발표한 것인데, 우리말 번역본에 해당하는 글은 이 책의 한 장(제9장 생명의 단위와 존재론적 성격)으로 편집되었으나, 영문으로 된 원본은 어디에도 출간된 일이 없기에 기록 보존의 차원에서 이 책에 함께 묶은 것이다.

한 가지 더 밝혀야 할 것은 이 책을 읽게 될 독자의 관심사에 대해서이다. 특정 전공 분야를 떠나서 현대 과학 전반에 대한 통합적 이해를 추구하려는 모든 이들에게 이 책이 도움이 될 것으로 기대한다. 이미 말했듯이 오늘날엔 그 어느 때보다도 통합적인 지성이 요망되지만, 이를 성취해내기가 만만치 않다. 그 바탕에 당연히 과학 지성이 깔려야 하는데 이를 마련하는 일이 그리 쉽지 않기 때문이다. 그러한 점에서 이 책이 현대 지성을 추구하는 모든 이들에게 과학을 안내하는 하나의 길잡이가 될 수 있기를 희망한다.

마지막으로 1990년 이 책이 처음 출간된 이래 이 책을 읽고 성원을 보내주신 여러 독자들과 10쇄 가까이를 발행하며 이 책을 아껴주신 지식산업사 김경희 사장님께 특별한 감사를 드린다. 아울러, 최근 이 책을 함께 읽고 개정신판 출간을 적극 권고해주신 녹색아카데미 친구들, 그리고 편집 작업에 수고를 아끼지 않은 현암사 편집부에 특별한 사의를 전한다.

2012년 6월

장회익

초판 서문
«책머리에»

이 책은 크게 두 부분으로 구성되어 있다. 먼저 제1부에서는 과학의 학문적 구조와 과학적 인식의 성격을 주로 취급하였으며, 제2부에서는 과학을 통해 인식된 우주 그리고 그 안에서 형성되어가고 있는 생명과 인간에 대하여 논의하였다. 그러나 이 두 가지 주제는 서로 완전히 독립된 것이 아니다. 이는 마치 지구의 동쪽으로 떠난 사람과 서쪽으로 떠난 사람이 지구의 반대쪽 지점에서 서로 만나게 되듯이 결국 인간이라고 하는 하나의 고리를 통하여 연결되는 것이다. 우리는 과학을 통해 인간을 이해하면서 다시 과학이란 인간이 하는 것임을 확인하게 된다. 과학이란 인간이 지닌 제약을 벗어날 수 없으며 인간 또한 과학이 전해주는 지식의 한계를 벗어날 수 없다.

이 책에 마련된 십여 개의 논문은 대략 이러한 주제에 관하여 각각 다른 계기에 기록으로 남겨진 독립된 글들이다. 그러나 이를 모아보면 그 가운데 한줄기 흐름이 있고 이 흐름을 포착할 때 다시 개개의 글 속에서 찾아보기 어려운 어떠한 시야가 열리지 않을까 하여 한 권의 책으로 엮어보았다. 행여나 필자와 흡사한 관심과 취향을 지닌 독자들이 있다면 이 글들을 통해 필자와 독자 사이에 그 어떤 주고받을 내용이 있기를 바라는 마음에서 이 책을 펴낸다.

책의 편집 과정에서 약간의 수정 보완을 하여 논문들 사이의 개념 및 용어의 통일을 기하려 노력하였으나 아직도 불충분한 면이 많이 남아 있었다. 차후의 기회에 더 완전한 책으로 정리하였으면 한다.

마지막으로 책의 출판을 맡아준 지식산업사에 감사하며 원고의 교정과 편집 과정에서 좋은 제안과 함께 많은 도움을 준 서울대학교 과학사 및 과학철학 박사과정 이중원 군에게 감사한다.

1990년 2월

장회익

차례

서설

«과학과 메타과학»

인류 문명은 이제 한 단계의 커다란 정신적 도약을 이루어내지 않으면 안 될 상황에 놓여 있다. 근대 과학의 성취 이후 기하급수적으로 성장해온 과학과 기술에 힘입어 현대 인류가 집합적으로 지니게 된 지식의 총량과 기술의 능력은 실로 헤아리기 어려울 만큼 막대한 분량에 이르고 있다. 그런데 삶의 주체적 담당자로서 과학기술 문명에 맞서고 있는 우리 각각의 개인들은 이처럼 엄청난 지식과 기술의 위력 앞에 실로 무기력한 존재로 추락하고 있으며, 한편 집합적 의미의 지식과 기술은 그 자신이 지닌 독자적 메커니즘에 의해 그 누구의 제재도 받지 않고 무제한의 성장을 지속하고 있다.

한때 인류는 자연이라는 위력적 존재 앞에 공포와 굴종의 수동적 생존을 지속하면서 그 지배로부터 벗어나기 위한 힘든 투쟁을 벌여왔다. 그러나 마침내 자연의 위협으로부터 벗어나게 되자 우리는 또다시 과학기술 문명이라는 정체불명의 새로운 지배세력 앞에 예속되고 있는 자신을 발견하게 된다. 우리가 과학기술 문명이라는 새로운 지배세력으로부터 벗어나 이 시대의 주인이 되기 위해서는 이 거대한 새로운 문명의 정체부터 밝혀내지 않으면 안 된다.

자연과 사회 그리고 그 안에 속하는 일차적 실체들을 대상으로 하는 체계적 지식을 과학이라고 부른다면, 다시 과학과 과학이 빚어낸 문명 자체를 대상으로 하는 한 차원 높은 새로운 종류의 지식을 우리는 메타과학이라 부를 수 있을 것이다. 따라서 이 시대가 요구하는 정신적 도약은 바로 과학을 발판으로 하여 메타과학으로 올라서는 도약을 의미하며, 이는 인류가 과학기술 문명의 노예가 되지 않고 문명의 주인이 되기 위해 감당해야 할 불가피한 요청이라 할 수 있다.

그렇다면 메타과학은 구체적으로 어떠한 형태를 지니는가? 러시아의 과학사상가 발렌틴 투르친V. F. Turchin은 자신의 저서 『과학 현상The Phenomenon of Science』에서 이른바 '메타시스템 전환meta-system transition'이라는 개념을 소개하고 있다.[1] 즉 어떤 한 차원의 현상이 어느 정도 이상의 양적 성장을 이룩하면 필연적으로 이보다 한 차원 높은 새로운 단계로의 질적 변환이 일어난다는 것이다. 물질 및 생명 진화로부터 정신 및 문화 진화에 걸쳐 모든 진화적 발전 단계에서 성립한다는 이러한 관점을 수용하면, 현대 과학은 바야흐로 메타시스템 전환을 이룩할 시점에 이르렀다고 진단할 수 있다. 각각의 개별 과학들이 극도로 전문화되어 한 분야의 전문가가 바로 이웃 분야의 전문가와 의미 있는 학문적 대화를 나누기 어려운 상황에 이르렀으며, 각 분야에서 쏟아져 나오는 연구 결과들은 해당 분야의 전문가들마저 도저히 다 수용할 수 없는 상황에 이르렀다. 과학적 지식에서의 이러한 양적 팽창은 양적 팽창이 지닌 필연적 성격에 의해 이제 곧 어떤 형태의 질적 도약이 성취되리라는 것을 암시해주고 있다.

그렇다면 과학적 지식의 양적 팽창을 바탕으로 성취될 질적 도약은 어떠한 형태를 지닌 것인가? 모든 메타시스템 전환이 그러하듯이 이것 또한 기존의 과학적 지식을 본질적으로 수용할 뿐만 아니라 이를 소재로 하여 한층 높은 지적 구조물을 형성해내는 일이라 할 수 있다. 그러므로 이러한 작업은 기존 지식의 양적 종합만으로 이루어지는 것이 아니라 이를 체계적으로 정리하는 가운데 드러나는 새로운 구조를 찾아내고, 이를 다시 정련하여 우주와 인간에 대해 한층 고양된 시각에서 투시할 수 있는 새로운 지적 프리즘을 다듬어냄으로써 가능할 것이다.

최근에 이 같은 질적 도약을 위한 작은 시도들이 여러 형태로 조금씩 나타나고 있는 것이 사실이다. 그 가운데 하나가 현대 과학의 부분적 이해와 분석적 접근 방식에 강력히 반기를 들고 전체적 이해와 종합적 접근 방식을 역설하는 '전체론적 철학holistic philosophy'의 경향이다. 그 하나의 예로서 루트비히 베르탈란피Ludwig von Bertalanffy 등에 의해 제창된 시스템 철학[2]은 특히 20세기 중반부에 이르러 적지 않은 관심을 불러일으킨 바 있다. 그러나 이와 같은 철학적 경향과 학문 방법론이 부분적이며 분석적인 근대 과학의 결함을 보완한다는 의미에서는 많은 긍정적 의미를 지니고 실질적으로도 적지 않은 기여를 한 것은 사실이지만, 근대 과학의 성과를 수용하여 이를 바탕으로 한 차원 높은 단계로 도약할 가능성까지 보여준 것은 아니다.

한편 철학적 경향과는 별도로 과학의 여러 측면을 연구 대상으로 삼아 과학의 성격을 과학적으로 이해해보자는 움직임도 일고 있는데, 특히 20세기 후반에 들어서 종래의 과학철학과 과학사 연구가 서로 긴밀한 관련을 맺으면서 더욱 활발해지고 있다. 이른바 '과학학science of science'이라 불리는 연구 활동으로서, 이는 또한 과학과 사회의 관계가 지니는 여러 가지 현실적 문제들로 인해 그 관심도가 높아지고 있다.[3] 이러한 연구 활동들 또한 현대 사회에서 과학과 기술이 지니는 심각한 문제들의 해결을 위해 여러 가지 중요한 기여를 할 것으로 생각되나, 이것이 곧 현대 인류 문명이 요구하는 메타과학의 문을 연 것이라고는 생각하기 어렵다. 과학 활동에 직접 참여하여 나름의 성과를 쌓지 않고 단지 그 외적 형태 및 성격에 대한 검토만으로 과학 자체의 질적 도약에 함께하기는 어려울 것이기 때문이다.

그런가 하면 과학계 안에서는 분야 간 협동연구 경향이 점차 고개를 들고 있다. 특히 상호관련이 비교적 많은 인접 분야들 사이에 많이 이루어지는 이른바 '학문 간interdisciplinary' 연구들이 그것이다. 하지만 협동연구 또한 전문화로 치닫는 전체적인 흐름 속에서 의미 있는 역할을 담당할 것이 틀림없으나, 아직 새로운 차원으로의 발돋움이라고 보기에는 미진한 면이 있다.

한편 자연과학 자체의 정상적인 발전 과정을 면밀히 살펴보면, 그 안에 지속적인 세분화 및 전문화 경향과 함께 학문의 종합 및 통일을 지향하는 흐름도 나타나고 있음을 알 수 있다. 즉 한 무리의 보편적이고 기본적인 원리에 입각하여 자연계의 모든 현상을 합법칙적으로 설명하려는 학문적 시도는 때때로 혁명적인 변혁의 과정을 거치면서 그 나름대로의 성공적인 발전을 지속하고 있으며, 이러한 성과에 힘입어 자연계에 대한 통합적 관점이 생기고 있는 것 또한 사실이다.

17세기에 체계적인 과학 이론이 등장한 이래, 흔히 물리학으로 지칭되는 이러한 합법칙적 이해는 어느 특정 영역의 대상만이 아닌 전 우주의 사물에 대한 통일된 방식의 이해를 추구해왔으며, 오늘날에 이르러 적지 않은 성과를 거두었다. 그러나 성과 못지않게 적지 않은 어려움 또한 드러났다. 즉 이러한 합리적 이해의 바탕이 될 기본 이론 자체가 매우 정교한 추상적 사고의 산물이어서, 이를 이해할 만한 응분의 지적 노력과 학습 과정을 거치지 않고는 좀처럼 접근하기 어렵게 되었다는 점이다. 그렇다고 이를 '이해'한다는 극소수 전문가들의 안목에만 전적으로 의존할 수도 없다. 그 자체가 본질적으로 일상적 언어로 번역될 수 있는 것이 아닐뿐더러, 이른바 전문가들도 '이해'를 통한 새로운 비전을 얻는 일에 그리 큰 관심을 보이지 않기 때문이다. 뿐만 아니라 현재로서는 비전 자체가 완전한 것이 아니어서 왜곡된 비전이 제기될 위험성 또한 무시할 수 없다.

그러나 설혹 어려움과 위험성이 따르더라도 인류 문화의 새로운 질적 도약은 이러한 정도正道를 버리고는 이루어질 수 없다. 즉 현대 과학이 도달한 가장 깊고 넓은 이해에 충실하면서 다시 이를 한 차원 더 끌어올리는 노력 속에서 이루어져야 한다. 그러기 위해 현대 과학의 구조와 성격을 새로운 각도에서 조명하고 이것이 지닌 핵심적 내용에 도달하는 새로운 방식이 모색되어야 한다. 그 바탕에서 이 전체를 한 차원 높은 단계로 끌어올리고 새로운 시야를 확보하기 위해 애써야 한다.

이 책은 이러한 노력을 향한 하나의 작은 손놀림이다. 따라서 이 책은 오묘한 과학의 세계를 누구나 이해할 수 있는 일상적 용어로 풀이해내는 해설서가 아니다. 이 책은 과학을 있는 그대로, 저자의 눈에 비친 그대로 그려보고 바로 그 과학의 창을 통해 생명과 인간의 모습을 들여다보려는 시도이다.

당연히 이 책에는 필자 특유의 관점이 짙게 배어 있다. 이 책에 나타나는 거의 모든 이론과 주장은 필자 자신이 별도로 마련한 것이거나 적어도 필자의 손에 의해 크게 재구성된 내용들이다. 그 대표적인 경우가 양자역학에 대한 새로운 해석을 가능케 하는 '과학의 인식론적 구조'와 생명을 새로운 시각에서 이해하게 하는 '온생명' 개념이다. 그밖에도 과학과 생명, 그리고 인간의 여러 측면에 관련된 적지 않은 개념들과 용어들을 새롭게 도입했다. 이 같은 개념과 용어들은 특히 이 책의 초판본이 발간된 이래 다시 다듬어지기도 하고 새롭게 만들어지기도 하면서 나름의 진화 과정을 밟고 있는데, 이 개정신판은 그 중간 보고서 정도라고 보면 될 것이다. 앞으로 이 개념과 용어들이 어떻게 더 전개되고 또 어떻게 수용될 것인지는 필자 자신의 노력뿐 아니라 독자들의 비판적이며 창의적인 기여에 크게 의존하리라 생각한다.

이 책의 내용을 간단히 소개해보면, 1부에서는 주로 과학 지식의 성격과 과학 이론의 주요 내용을 정리했으며, 2부에서는 이를 바탕으로 생명과 인간을 이해하는 문제 그리고 우리가 그 안에서 살아갈 문명과 가치 이념 문제를 고찰했다.

과학 지식의 성격과 관련해서는 먼저 과학의 연구방법론과 과학 지식의 진화 양식을 고찰한 후, 과학 지식 자체가 가진 구조적 성격에 대한 입체적 조명을 시도했다. 이 과정에서 '양태'와 '실태', '이해의 틀'과 '의미기반', '상태설정'과 '상태서술' 등의 개념들을 도입하고 이들을 활용해 과학혁명의 성격과 함께 현대 이론과학의 구조를 새로운 시각에서 밝히게 된다. 이 관점에 따르면 그간 논란의 대상이 되어온 양자역학의 해석 문제 또한 과학의 인식 구조에 대한 오해에서 비롯된 것이라 말할 수 있다. 이와 함께 과학 지식의 구조적 성격을 현대 과학의 주요 바탕 이론인 동역학과 통계역학의 구조와 성격을 이해하는 데 적용함으로써 이들을 모두 하나의 일관된 관점에서 분류하고 정리할 수 있음을 보였다.

2부에서는 자연과학의 이러한 기본적 성격을 바탕으로 우리의 가장 중요한 관심사인 '생명'과 '인간'에 대한 새로운 이해를 추구해보았다. 특히 생명 문제에서는 우리가 무의식적으로 갖게 된 일상적 생명 관념이 매우 부적절한 것임을 보이고, '온생명'이라는 새로운 개념을 도입함으로써만 그 본질적 이해에 도달할 수 있음을 논증했다. 즉 기존에 우리가 생명이라 생각했던 것은 '보생명'이라는 특수한 여건 아래에서만 생명 활동이 가능한 '낱생명'이었으며, 진정한 의미의 생명은 이 전체를 포괄하는 '온생명'이라고 보아야 한다는 것이다.

'생명'의 한 부분이 되는 '인간' 또한 이해하기가 쉽지 않다. 특히 그 자신이 인간인 우리들 스스로가 인간을 정확히 이해한다는 것은 마치 눈동자 자신이 눈동자 자체를 정확히 본다는 것만큼이나 어려운 일이다. 그러므로 인간을 정확히 이해하기 위해서는 인간이 그 일부인 온생명을, 그리고 그 안에서 이를 빚어낸 우주적 과정을 함께 이해하지 않으면 안 된다. 인간은 한편으로는 우주적 과정의 산물이기도 하면서, 다른 한편으로는 우주적 실재를 스스로 반영하고 조정해나가는 주체이기도 한데, 이것이 어떻게 인간 안에서 하나로 작용하게 되는지를 생각해보았다.

이 모든 논의는 결국 우리가 이 땅에서 어떻게 살아가야 할 것인가 하는 문제와 연결된다. 특히 엄청난 과학기술적 행위 능력을 지닌 현대인이 새로운 가치 이념을 확립하지 못한 데서 오는 위기상황은 매우 심각하다. 인간과 자연에 대한 깊은 이해가 인간을 위기로부터 구출해줄 것인가? 이러한 물음에 답하기 위해 과학적 이해와 윤리적 결단과의 구조적 관련성에 대해 논의하고, 어떤 내용의 새로운 가치 이념을 정립할 것인지에 대해 살펴보았다.

물론 이 책의 내용이 곧 현대 과학을 바탕으로 한 메타시스템 전환적인 도약을 나타내는 것은 아니다. 그러나 이러한 논의들은 최소한 그와 같은 도약을 향한 탐색의 과정이며, 또 후에 이루어질 더 큰 성취를 위한 작은 징검다리 구실을 할 수 있지 않을까 하여 책의 제목을 『과학과 메타과학』이라 붙였다. 이는 '과학의 시대'로부터 진정한 메타시스템적 도약을 거쳐 '메타과학의 시대'로 돌입하기를 바라는 작은 염원의 표시이기도 하다.

1부

과학과 인식

과학의 의미에는 두 가지가 있다. 그 하나는 특정된 학문 활동으로서의 과학이며, 다른 하나는 그러한 방법을 통해서 얻어진 지식 내용으로서의 과학이다. "내가 과학을 한다"고 할 때 의미하는 바가 앞쪽 의미의 과학이며, "상대성이론은 과학에 속한다"고 할 때 말하는 과학이 뒤쪽 의미의 과학이다. 일상적 언어 안에서 우리는 이 두 가지 의미의 과학을 명백히 구분하지 않고 사용하고 있으며, 굳이 이를 구분해야 할 경우라도 문맥에 따라 그 의미가 어느 정도 규정되어 별로 큰 어려움을 겪지 않는다. 그러나 우리가 과학에 대한 이해를 깊이 하기 위해서는 과학이 지닌 이 두 가지 의미를 일단 분리하여 고찰하는 것이 여러 가지로 편리하다.

그런데 좀 더 자세히 살펴보면 과학을 한다는 행위 자체가 다시 성격이 다른 두 가지로 나누어짐을 알 수 있다. 그 하나는 과학 지식을 창출해나가는 지식 형성 작업에 관여하는 일이고, 다른 하나는 이미 형성된 과학 지식을 그 성격에 맞추어 활용해나가는 일이다. 현실적으로는 이 두 작업이 엄격히

구분되어 수행되는 것이 아니나, 개념적으로는 역시 이 두 작업을 구분하여 생각하는 것이 편리하다. 그리고 특히 후자의 것은 과학 지식 자체의 성격과 밀접한 관련을 가지므로 이를 오히려 지식 내용으로의 과학과 함께 생각하는 것이 여러모로 유용하다.

이 책 1부에서는 이들 논의를 크게 세 토막으로 나누어, 1장과 2장에서 과학 지식의 형성 작업에 관련된 논의를 하고, 3장에서 5장에 걸쳐 과학 지식 자체가 가진 구조적 성격을, 그리고 6장에서는 현대 과학의 바탕이 되는 주요 이론을 간결하게 정리할 것이다. 이를 좀 더 상세히 설명하면 다음과 같다.

과학 지식의 형성 작업과 관련해, 1장에서는 인간이 주체가 되어 과학 지식을 창출해나가는 방식을 주로 살피고, 2장에서는 과학 지식 자체를 중심에 놓고 이러한 지식이 어떻게 형성되어나가는가를 객관적으로 살핀다. 그래서 이 두 가지는 동일한 내용을 서로 다른 시각에서 찾아나가는 상호보완적 성격을 가진다. 전자가 과학을 어떻게 할 것인가를 묻는 방법론적 관점의 고찰이라면, 후자는 과학이 어떠한 양식으로 진화해나가느냐를 묻는 지식 진화의 관점에서 보는 고찰이다.

다음, 과학 지식 자체가 가진 구조적 성격에 대한 논의는 다시 세 가지 층위로 나누어진다. 3장에서는 가장 표층에 나타나는 과학의 논리 구조를 살피고, 4장에서는 개념의 심층적 성격과 관련한 과학의 이론 구조를, 그리고 5장에서는 과학과 인식 주체 사이에 나타나는 과학의 인식 구조를 조명한다. 이들 논의를 위해 '양태'와 '실태', '이해의 틀'과 '의미 기반', 그리고 '상태설정'과 '상태서술' 등의 새로운 개념들이 도입되는데, 이들은 종래에 오직 암묵적으로만 전제되었던 것들로서, 이들을 명시적으로 개념화함으로써 과학 지식의 성격을 밝히는 데 도움을 얻는다. 이러한 논의는 과학혁명의 성격을 이해하는 데 유용할 뿐 아니라 현대의 이론과학의 성격을 밝히는 데 중요한 구실을 한다. 특히 5장의 논의는 양자역학을 비롯한 동역학들의 성격을 서술 주체와 서술 대상의 관계를 중심으로 새롭게 규명함으로써 그간 오랜 논란의 대상이 되어온 양자역학의 해석 문제에 대한 하나의 독자적인 관점을 제시한다.

마지막으로 6장에서는 과학 지식의 이러한 성격을 현대 과학의 주요 바탕 이론인 동역학과 통계역학의 구조와 성격을 이해하는 데 적용한다. 이 같은 논의는 특히 각종 동역학과 통계역학을 일관된 관점에서 분류, 정리함으로써 이들 사이의 상호관계를 좀 더 분명히 파악하는 데 많은 도움이 된다.

1장
자연과학의 연구 방법[1]

1. 여는 말

지식은 인간에 의해 만들어진다. 이 지식이 인간의 생존에 얼마나 중요한 역할을 하는가에 대해서는 이 자리에서 굳이 깊이 논의할 필요는 없을 것이다. 그보다는 오히려 지식이 인간에 의해 어떻게 만들어지는가를 아는 것이 우리에게는 더 큰 관심사가 될 것이다. 흥미롭게도 우리는 일상생활을 통해 자기도 의식하지 못하는 가운데 적지 않은 소중한 지식들을 만들어가고 있다. 이렇게 만들어진 지식을 우리는 '일상적 지식'이라 부른다. 그런데 이것에 대비되는 또 한 가지 지식이 있다. 이른바 '과학적 지식'이다. 일상적 지식과는 달리 과학적 지식은 무의식 속에서 손쉽게 얻어지는 것이 아니다. 적어도 과학 공부라고 하는 학습 과정을 통해서, 그리고 과학 연구라고 하는 좀 더 높은 수준의 정신적 활동을 통해서 만들어지는 것이다.

대부분의 경우 우리는 특별한 학습방법론이나 연구방법론에 대한 이해 없이 과학 공부를 시작하며 또 과학 연구에 뛰어든다. 그러다가 학습과 연구 과정을 통해 자기도 모르는 사이에 일정한 학습 방법이나 연구 방법을 체득하게 된다. 이렇게 하여 우리는 과학 지식을 습득하고 과학 지식을 창출해내지만 이를 습득하고 창출하는 과정은 말하자면 전과학적前科學的인 방법에 의존하는 셈이다.

그렇다면 과학의 학습과 연구를 위한 과학적 방법은 없는 것인가? 안타깝게도 아직까지 어떤 공인된 방법은 없다. 그러나 적지 않은 사람들이 이에 대해 줄곧 고민해왔고 또 공개적인 논의가 이루어진 것 또한 사실이다. 그러므로 이 장에서는 특히 과학 연구 방법과 관련한 논의들을 몇 가지 기준에 맞추어 정리해보고 나름대로의 대안을 제시해보고자 한다.

2. 연구방법론의 두 가지 측면

자연과학을 비롯한 모든 학문의 연구방법론은 두 가지 측면에서 고찰해볼 수 있다. 그 하나는 어떠한 방법으로 학문 연구를 해야 하느냐는 규범적 측면에서의 고찰이며, 다른 하나는 실제로 학자들이 어떠한 방법으로 학문 연구를 하고 있느냐는 현실적 측면에서의 고찰이다. 학문 연구 당사자로서는 당연히 자신들이 어떠한 방법으로 학문 연구를 해나가야 할 것인가 하는 규범적 의미에서의 방법론이 주된 관심의 대상이 될 것이며 따라서 방법론은 마땅히 규범적 의미를 지녀야 할 것이다. 하지만 학문 발전의 양상 자체에 관심을 갖는 객관적 입장에서는 학문 연구 당사자들이 현실적으로 어떠한 방식에 의존해 학문 연구를 해나가는가에 더 큰 비중을 두게 될 것이며 따라서 학문 연구 방법의 현실적 측면 또한 중요한 의미를 지니게 된다. 만일 이 두 가지 측면에서 고찰된 방법들이 서로 일치하지 않을 경우 이는 기존의 방법론 자체에 문제점이 있다는 것을 의미하게 되며, 다시 이를 극복하기 위한 더 고차적인 방법론이 모색되어야 할 것이다.

역사적으로 보면, 20세기 전반기에는 이른바 '비엔나 모임Vienna Circle'으로 대표되는 논리실증주의자들의 규범적 방법론이 자연과학 방법론 논의의 주류를 이루어왔고, 1960년대 이후에는 토머스 쿤Thomas S. Kuhn의 과학혁명 이론을 중심으로 하는 과학사적 논의에 의해 과학 연구 현장의 현실적 측면이 크게 부각되기에 이르렀다.[2] 특히 쿤의 과학사적 논의가 커다란 충격을 주는 점은 과학 연구 현장에서 실제로 나타나는 연구 방식이 종래의 규범적 방법론에서 생각하던 것과는 전혀 다른 양상을 지닌다는 점인데, 만일 그의 주장이 옳다면 자연과학 방법론 자체에 대한 새로운 검토가 불가피하게 된다. 그러므로 우리는 먼저 규범적 측면에서 과학적 지식이 지닌 특성들을 살펴보고 다시 쿤의 관점에 의한 현실적 측면을 고찰한 다음, 이 두 측면 사이의 관계를 검토함으로써 가능한 새로운 방법론을 모색해보기로 한다.

이러한 논의를 위해 우리는 자연과학의 연구 과정을 대체로 탐색 과정과 수용 과정으로 분리해 생각하기로 한다. 탐색 과정이라 함은 새로운 지식의 실마리를 찾아나가는 과정을 의미하며, 수용 과정은 찾아낸 지식의 단편 혹은 체계를 신빙성 있는 지식으로 받아들일 것인가 혹은 신빙성이 없는 것으로 배격할 것인가를 결정짓는 과정을 의미한다. 흔히 과학계에 나타나는 새로운 법칙이나 발견들은 이미 내부적으로 탐색 및 검토 과정을 거쳐 학계에 발표되는 것이어서 발표된 내용이 특별한 수용상의 문제를 지니지 않는 경우도 적지 않으나, 원칙적으로는 독립적인 연구자에 의해 확인 과정을 거치는 것이 관례이다. 학계의 이러한 관행을 떠나서도 방법론적인 측면에서 탐색을 위한 방법과 수용을 위한 기준을 별도로 설정해볼 수 있으며, 이렇듯 구분 지어 논의하는 것이 문제의 성격을 더 명확히 규정하는 데 도움을 준다.

3. 과학적 지식의 추구 및 검증

자연과학의 연구 방법을 논의하는 데는, 지난 수 세기 동안의 과학 발전 과정에 나타난 지식 추구 방식들을 고찰하고 이들의 특징적 면모들을 정리하여 새 지식의 탐색을 위한 규범으로 삼는 것이 바른 순서일 것이다. 그러나 이를 위해 우리는 먼저 이른바 과학적 지식이라 불릴 수 있는 하나의 전형적 사례를 찾아내어 이것이 우리의 일상적 지식과 어떤 점에서 차이를 갖는지 구체적으로 살펴보는 것이 유용하다. 과학적 지식의 전형으로 채택될 수 있는 것이 바로 현대 과학의 효시라 불리는 갈릴레이의 낙하법칙이다. 갈릴레이가 낙하법칙을 발견한 경우를 모형으로 삼아 과학적 지식을 찾아나가는 몇 가지 방법상의 특징을 살펴보면 다음과 같다.

첫째로, 과학적 지식의 추구는 기존의 지식에 대한 의식적 반성에서 출발한다. 만일 "무거운 물체는 가벼운 물체보다 더 빨리 떨어진다"는 극히 당연하고 상식적인 지식이 불완전한 지식이라는 일말의 의혹만 가질 수 있었다면 갈릴레이가 아닌 그 어느 누구도 낙하법칙 정도는 손쉽게 발견할 수 있었으리라고 상상할 수 있다. 결국 동서양의 많은 지식인들이 이 간단한 법칙에 도달하지 못했던 것은 바로 더 나은 지식에 도달할 수 있다는 문제의식 자체를 갖지 못했기 때문이라고 할 수 있다.

둘째로, 과학적 지식 추구 방식이 지닌 특성은 계량적 개념을 도입함으로써 지식의 정밀화를 꾀하는 데 있다. 근대 과학이 대두되기 전까지 대부분의 지식이 지녔던 표현 양식을 보면, 정도의 차이를 표현하는 데 오직 몇 가지 정성적定性的인 술어에만 의존했다. 가령 "무거운 물체는 가벼운 물체보다 더 빨리 떨어진다"고 할 때 오직 '무겁다', '가볍다', '더 빠르다'라는 정성적 용어들만이 사용되었는데, 이러한 정성적 개념의 바탕 위에서는 이 진술을 넘어선 더 정밀한 지식을 추구한다는 것이 사실상 거의 불가능한 일이다. 갈릴레이가 새 지식에 도달할 수 있었던 것은 바로 이러한 정도의 차이를 정량적定量的으로 고찰할 수 있었다는 점과 이를 실측할 수 있는 계기計器를 마련할 수 있었다는 점에 크게 의존한 것이다.

셋째로, 과학적 지식 추구 방식의 특성은 지식의 실증적 검토를 수행한다는 데 있다. 이는 물론 과학적 지식이 경험으로부터 도출된다는 것을 의미하는 것은 아니다. 그러나 임의로 창안된 지식이 과학적 지식이 되기 위해서는 반드시 실증 과정을 거쳐야 한다는 것이다. 한편 실증 과정을 거친 지식은 모두 과학적으로 신뢰할 만한 지식이라는 명제는 성립하지 않는다. 이 점은 뒤에 지식의 수용 문제와 함께 다시 논의하기로 한다.

마지막으로, 과학적 지식 추구를 위한 또 하나의 강력한 방법론은 여러 단편적 지식들을 하나의 합리적 체계 속에서 이해하려는 시도라고 말할 수 있다. 갈릴레이가 찾아낸 새로운 지식, 즉 "지구상의 모든 물체는 모두 동일한 가속도를 지니고 낙하한다"는 것은 그 자체로서 훌륭한 자연법칙이나, 과학적 지식 추구는 여기에 그치지 않고 다음 단계의 의문, 즉 "어째서 지구상의 물체는 모두 동일한 가속도를 지니고 낙하하는가?"를 더 묻게 된다. 이는 곧 이 법칙이 단편적으로 성립하는 것이 아니라, 더 포괄적인 이론 체계 안에서 합리적으로 도출될 것을 예상한다는 것이며, 이러한 시도가 그 후 뉴턴의 고전역학을 통해 성공적으로 달성되었음을 지금 우리는 잘 알고 있다.

이처럼 우리는 과학적 지식의 추구 방식, 곧 새로운 지식의 탐색을 위한 방법으로서 네 가지 방법론적 명제를 제시했다. 그렇다면 앞에서 제시한 방식 혹은 여타의 방식에 의해 어떠한 지식이 얻어졌다고 할 때, 그 지식들을 우리는 올바른 지식으로 인정할 수 있는가? 이는 곧 지식 수용의 문제가 되는데, 이를 위해 우리는 다음과 같은 두 가지 요건을 내세울 수 있다. 즉 하나의 지식이 과학적 지식으로 수용되기 위해서는 첫째, 이것이 자연현상과 연결 지을 수 있는 명확한 의미를 지녀야 한다는 것이며, 둘째, 이것이 현실과 부합되는 참된 내용을 지녀야 한다는 것이다. 예를 들어보자. 가령 "만물은 원자로 구성되어 있다"고

할 때, 만일 '원자'의 의미가 명확하지 않으면 이는 공허한 주장이 될 것이고, 또 원자의 의미가 명확히 설정되었더라도 만물이 실제로 그러한 원자로 구성되어 있지 않다면 이는 거짓된 지식이 될 것이다.

그러나 현실적으로 이 두 가지 요건의 만족 여부를 확인하는 것은 쉬운 일이 아니다. 우선 자연법칙을 나타내는 대부분의 보편적인 기본 원리들은 일차적인 경험 사실에 대응하는 용어로 표현되지 않는다. 가령 '에너지 보존 법칙'의 경우, '에너지'라는 용어는 어떤 구체적인 자연현상 또는 경험 사실과 대응되는 것이 아니다. 오직 에너지의 의미를 경험 사실들과 더 직접적으로 연결되는 다른 용어들에 의해 명확히 규정함으로써만 이 법칙을 의미 있는 명제로 인정할 수 있게 된다. 또한 자연법칙을 나타내는 보편적인 원리들은 그 진리성 여부를 가려내기가 매우 어렵다. 이는 이 원리 자체가 직접적으로 실증되기 어려울 뿐 아니라 설혹 직접적으로 실증된다 하더라도 유한수의 실증 과정을 통해 그 보편성이 입증되는 것은 아니기 때문이다. 따라서 자연법칙의 기본 원리들에 대해서는 흔히 '가설연역적hypothetico-deductive' 입장을 취한다. 즉 기본 원리 자체를 직접적으로 입증할 수 없으나 이로부터 연역되는 많은 구체적 명제들을 실증적으로 검토해볼 수 있으며, 이러한 검토에 의해서 반증되지 않는 한 가설의 성격을 지닌 이 원리는 잠정적으로 유효한 것으로 인정될 수 있다는 입장이다.

과학적 지식의 수용과 관련된 이 같은 문제점들은 하나의 단편적 지식을 수용하는 경우보다는 하나의 보편 원리 또는 이론 체계를 수용하는 경우에 심각하게 나타난다. 특히 종래에 신봉되던 하나의 이론 체계에 대항하여 새로운 이론 체계가 등장하는 과학의 혁명기에 이르러 이러한 문제는 커다란 관심을 불러일으키게 되며, 이런 의미에서 고전역학 체계의 불완전성이 드러나고 새로운 상대성이론, 양자이론이 등장한 20세기 전반기에 이 문제들이 심각하게 논의되었음은 충분히 납득할 만한 일이다.

4. 논리실증주의와 규범적 방법론

이제 20세기 전반기에 이르러 이 같은 문제들이 어떻게 논의되었는지를 간단히 살펴보기로 하자.[3] 20세기 전반기의 과학철학 사상을 대표하는 논리실증주의logical positivism는 19세기 실증주의의 맥을 이으면서 19세기 말의 수학자이자 과학자인 동시에 철학자였던 게오르크 리만Georg F. B. Riemann · 헤르만 헬름홀츠Hermann L. F. Helmholtz · 에른스트 마흐Ernst Mach · 앙리 푸앵카레Jules Henri Poincaré · 다비트 힐베르트David Hilbert 등과, 20세기 초의 알버트 아인슈타인Albert Einstein · 프리드리히 프레게Friedrich L. G. Frege · 버트런드 러셀Bertrand Russel · 알프레드 화이트헤드Alfred N. Whitehead 등의 강력한 영향 아래 형성된 '비엔나 모임Vienna Circle of Logical Positivists'과, '베를린 협회Berlin Society of Scientific Empiricists'를 중심으로 커다란 영향력을 행사했으며, 자연과학의 규범적 방법론을 정리하는 데 커다란 기여를 했다.

1924년 프리드리히 슐리크Friedrich A. M. Schlick를 중심으로 형성된 '비엔나 모임'에서는 오토 노이라트Otto Neurath · 루돌프 카르나프Rudolf Carnap · 쿠르트 괴델Kurt Gödel · 헤르베르트 파이글Herbert Feigl 등이 주로 활동했으며, 간접적으로는 루트비히 비트겐슈타인Ludwig Wittgenstein · 칼 포퍼Karl Popper 등 많은 현대 사상가들과 그 영향을 주고받았다. 한편 한스 라이헨바흐Hans Reichenbach를 주축으로 한 '베를린 협회'의 쿠르트 그렐링Kurt Grelling · 칼 헴펠Carl G. Hempel 등도 자연과학과 직접 관련된 철학적 과제들에 깊이 관여했다.

이미 언급한 바와 같이 상대성이론과 양자이론이 대두되던 20세기 전반기는 이론과학의 제2혁명기라고 불릴 수 있는 시기였다.[4] 따라서 대체로 이론과학에 깊이 관여하던 이들 사상가들이 과학의 규범적 방법론에 크게 관심을 갖게 된 것은 별로 이상할 것이 없다.

이론과학의 제1혁명이라고 할 수 있는 17세기 근대 과학의 탄생은 종래의 형이상학적 독단에 대한 경험적·합리적 방법론의 우월성을 충분히 입증했으므로 이 점에 대해서는 물론 아무런 문제의식도 가질 것이 없었다.

그러나 우월한 경험적·합리적 탐구 방법에 입각한 고전역학 체계가 다시 무너지고 개념적·논리적으로 매우 진기하게 보이는 상대성이론과 양자이론으로 이것이 대치되어야 한다는 제2혁명은 이들에게 커다란 충격이 아닐 수 없었다. 무엇이 이들 새 이론들을 '옳은' 이론으로 받아들여지게 하며 고전이론 체계 속의 무엇이 '잘못'되었나 하는 반성이 이들에게 긴급한 당면 과제로 제기되었던 것이다.

근대 과학 이전의 형이상학적 독단뿐 아니라 근대 과학 이후의 경험적·합리적 방법도 '그릇된' 과학으로 오도할 수 있다는 가능성은 이들에게 과학적 방법론 자체에 대한 경각심을 자극시켰으며, 이들은 그 주범으로서 일차적으로 '불투명한 개념의 사용'을 지목했다. 가령 우리의 일상적 생활 속에서 관념화된 '시간', '공간'의 개념이 그대로 과학의 개념으로 전용될 수 없는 것이며, 우리의 경험 영역에서 자연스럽게 형성된 '입자'와 '파동'의 개념들도 반드시 물리적 대상의 본성을 대표할 필요가 없다는 것이다. 따라서 이들이 착수한 첫 번째 과제는 언어 분석 작업이었으며 의미와 논리가 불투명한 일상적·유사과학적 언어를 배제하고 의미와 논리가 명확한 보편적 과학 언어를 모색하는 일에 관심을 기울였다. 이들이 생각한 과학 언어가 최종적으로는 실험적 관측에 의한 물리량과 명확한 관련을 맺어야 한다는 경험주의적 전제를 그 바닥에 깔고 있었음은 말할 것도 없다.

또한 이들은 과학 이론의 논리 구조로서 '가설연역적' 체계를 더욱 다듬어 나갔으며 이는 자연스럽게 포퍼의 '반증 가능성 falsifiability' 명제와 연결되어 경험과학의 논리 체계를 명백히 밝히는 것에 기여했다.[5] 한 걸음 더 나아가 이들은 과학 언어의 통일을 시도할 뿐 아니라 과학 이론의 통일 가능성도 진지하게 모색했다. 19세기에 광학이 전기자기학으로 환원되고 20세기에 다시 화학이 양자 및 통계역학 이론으로 환원되듯이 생물학·심리학 및 사회학 등 더 고차적인 현상을 취급하는 학문들이 한층 기초적인 과학 이론으로 환원될 가능성을 염두에 두고 과학 이론의 통일을 통한 학문 발전의 가능성을 모색했다. 이러한 시도가 현실적으로 얼마나 성공할 것인가에 대한 많은 의문이 제기되고 있기는 하나, 하나의 연구방법론으로서의 환원론은 그 자체로서 비난받을 이유가 없다.

이처럼 20세기 전반기에는 논리실증주의—후에 논리경험주의logical empiricism로 개칭—를 중심으로 한 과학철학적 검토를 통해 자연과학의 규범적 방법론이 대체로 풍부한 결실을 거두었다고 할 수 있다.

그러나 이들의 엄격한 논리성에 입각한 규범적 방법론은 곧 여러 방향으로부터 심각한 도전을 받게 된다. 먼저 과학철학 내부로부터의 도전을 보면 우선 엄격한 과학 언어의 가능성이 의심 받게 되었다. 노우드 핸슨Norwood R. Hanson과 파울 파이어아벤트Paul Feyerabend 등에 의해 강력히 제기된 관찰의 이론의존성theory-laden은 이론중립적 심판자로서의 관찰의 위치를 크게 동요시켰으며, 또한 동일한 관찰 데이터에 대응하여 다수의 이론이 공존할 수 있음을 말해주는 피에르 뒤앙Pierre Duhem과 윌러드 콰인Willard V. O. Quine의 이른바 '이론의 미확정성underdetermination of theory'은 과학의 경험주의적 바탕을 불안하게 하는 요인이 되었다.

결국 보편적 과학 언어의 이상이나 객관적 관찰을 통한 진리성의 확인이라는 방법론적 원칙들이 모두 그 타당성의 근거를 잃게 되었고, 따라서 이를 기반으로 하는 규범적 방법론의 신빙성도 그만큼 약화되었다.

그러나 규범적 방법론에 대한 더욱 심각한 도전은 전통적 과학철학 밖의 영역에서 대두되었다. 우선 자연과학의 연구 현장에서 사용되는 방법들은 논리실증주의자들이 제시하는 바의 엄격한 논리적 패턴을 따르지 않고 있다. 물론 과학철학의 입장에서는 이를 굳이 발견의 맥락context of discovery과 정당화의 맥락context of justification으로 구분하여 이러한 괴리를 해명하려 하고 있으나, 엄격한 의미에서 발견의 과정과 정당화의 과정 자체가 구분되는 것이 아니며, 또 정당화의 과정에서조차도 과학 연구의 현장에서는 엄격한 논리적 기준만을 따르고 있는 것이 아니다. 결국 논리실증주의자들이 제시하는 규범적 방법론은 하나의 이상적·관념적 방법론으로 귀착되어 현실적·실용적 의미는 그리 크지 않은 것으로 여겨지기에 이르렀다.

5. 과학사적 고찰과 쿤의 과학혁명 이론

이러한 상황에서 방법론적 관심은 불가피하게 학문 연구의 현장으로 옮겨지게 되었고, 종래에는 등한시되었던 사회적·심리적 맥락이 새로운 관심을 끌게 되었다. 이러한 관심의 전환에 대해서는 특히 쿤의 연구가 효시가 되어 최근에 뜨거운 관심의 대상이 된 과학사에 대한 연구가 커다란 기여를 하고 있다.

토머스 쿤에 따르면 과학 활동 현장에서 가장 중요한 역할을 하는 것은 이른바 '패러다임paradigm'이라고 한다. 패러다임은 본래 '전형' 또는 '활용 예'를 뜻하는 용어이나, 쿤은 과학에서의 뛰어난 업적과 이를 중심으로 과학자 사회에 형성된 사고 및 탐구의 전형이라는 뜻으로 이 용어를 전용했으며, 다시 그 의미를 확대하여 과학자들의 사물 인식 및 연구 활동의 바탕이 될 가치 이념과 관념 체계라는 뜻과 함께, 연구 및 교육 활동에 부수되는 유형·무형의 각종 도구, 수련 과정, 수련 내용까지 포함하는 광범위한 의미로 이 용어를 사용하고 있다.

쿤의 관점에 따르면 과학자들의 문제 설정 및 해결 방식까지 모두 이 패러다임 테두리 안에서 이루어지며, 따라서 지식 탐색을 위한 방법론 또한 이 패러다임 속에 내포되어 있다고 보아야 한다. 쿤에 따르면, 과학에서의 한 업적이 하나의 새 패러다임을 형성하기 위해서는 다음의 두 가지 여건을 충족시켜야 한다. 첫째, 다른 경쟁적인 업적들에 비해 충분히 뛰어난 것이어서 상당수의 추종자들을 이끌어들일 수 있어야 하며, 둘째, 충분히 많은 미해결의 문제들을 내포하여 이와 관련된 연구 활동들이 지속적으로 이어질 수 있어야 한다는 것이다. 따라서 하나의 패러다임이 설정되었다는 것은 이미 그 안에 해결해야 할 문제들을 내포할 뿐만 아니라, 몇몇 대표적인 해결 방식이 제시되어, 그 안에서의 정상적인 과학 활동이라는 것이 마치 '수수께끼 풀이'와 흡사한 성격을 지니게 된다는 것이다.

예를 들어, 뉴턴의 업적을 중심으로 하는 고전역학의 경우를 보면 이는 분명히 쿤이 말하는 패러다임의 여건을 만족시키고 있다. 즉 천체 및 지구상의 물체의 운동을 합리적으로 설명한 뉴턴 자신의 업적과 더불어, 이러한 이론을 통해 설명 혹은 예측할 수 있는 수많은 현상들이 존재하며, 이러한 현상들을 이론적으로 도출한다거나 실험적으로 확인하는 일들이 모두 새로운 문제들로 등장하게 되었던 것이다.

그리고 이 같은 문제들을 해결하기 위한 이론적·실험적 방법들 또한 이미 성공적으로 성취된 선례들에 의해 암시를 받게 된다. 물론 방법상의 창의성이 표출되고 예상치 않았던 새로운 결과들이 얻어지는 경우가 적지 않은 것도 사실이나, 그 같은 경우라도 커다란 테두리 안에서 보면 패러다임 자체의 미비점을 다듬는 정도에서 크게 벗어나지 않게 된다.

일단 과학자들의 연구 활동을 이처럼 패러다임 안에서의 활동, 즉 '정상과학'의 활동으로 국한시키면 과학 지식의 탐색 및 수용에 관한 방법론상의 모든 문제도 패러다임 내적 문제로 환원되어버린다. 그러나 과학의 연구 활동은 언제까지나 하나의 패러다임에만 국한될 수 없다. 쿤이 지적하듯이 패러다임 내적 방법으로는 해결할 수 없는 '변칙사례anomaly'들이 나타날 수 있으며, 이렇게 될 경우 기존의 패러다임은 위기를 맞이하며 여기에 대항하는 새로운 패러다임이 등장하게 된다. 이때 과학 지식 수용의 문제는 바로 패러다임 전환의 문제와 직결되는데, 이 점에 관해 쿤은 종래의 관념과는 다른 대단히 새로운 의견을 제시하고 있다. 즉 서로 다른 패러다임에 속한다는 것은 사물을 보는 기본적인 관점을 달리하는 것이므로 두 개의 패러다임을 동일한 평면 위에 올려놓고 비교할 수 있는 객관적인 기준이 존재하지 않는다는 것이다. 따라서 한 패러다임으로부터 다른 패러다임으로의 전환은 어떤 논리적 귀결이나 중립적 경험에 의해 이루어질 수 있는 것이 아니며, 마치 게슈탈트Gestalt, 형태의 전환이나 종교에서의 개종과도 흡사한 과정이라는 것이다.

그렇다면 쿤의 이러한 주장은 과학적 지식의 수용을 위한 어떠한 규범적 방법론도 인정할 수 없다는 것인가? 이 점을 논의하기 위해 우리는 규범적 방법론을 다음의 세 가지 부류로 나누어 고찰하는 것이 편리하다.

첫째는, 단일 패러다임 안에 한정되는 방법론이다. 이것은 이미 쿤의 패러다임 개념 속에 포함되는 방법론이라 할 수 있다. 하나의 패러다임을 중심으로 과학자 집단이 형성되면 이들 사이에는 공유되는 관념 체계와 함께 공유되는 문제 해결 방식이 존재하게 되며, 이들이 이를 의식하든 의식하지 않든 간에 이들 사이에는 하나의 규범적 방법론이 주어지게 되는 것이다.

둘째 부류로서는 다수 패러다임 사이에 공통으로 통용되는 방법론을 생각할 수 있다. 설혹 두 개의 상반되는 패러다임이 대치하더라도 양쪽 패러다임에서 공통으로 인정하는 어떤 규범적 방법론이 존재할 수 있다. 예를 들어 고전역학과 상대성이론이 상반된 패러다임으로 대치된다고 할 때, "어떠한 이론이든 실험적 검증을 받아야 하며, 실험 사실에 배치되는 이론은 받아들일 수 없다"는 규범적 요청은 양측이 모두 인정하는 것이다. 비록 쿤 자신은 이러한 종류의 방법론에 대해서는 언급하지 않았지만 그렇다고 그 존재 자체를 부정할 이유는 전혀 없다.

그리고 셋째 부류로서는 패러다임 선택에 활용되는 방법론을 생각해볼 수 있다. 이는 두 개 또는 그 이상의 패러다임이 대립한 상황에서 '옳은' 패러다임을 찾아내는 데 활용될 수 있는 규범에 해당하는 것인데, 이러한 규범의 존재를 부정하는 것이 바로 쿤의 입장이다. 만일 상이한 패러다임을 지닌 집단 사이에서도 합의가 가능한 어떤 규범적 방법론이 존재하여 이들 패러다임 자체의 장단점을 논의할 수 있는 바탕을 마련해준다면 패러다임 사이의 대립은 쿤이 말하는 게슈탈트 전환이나 개종의 형태가 아닌 어떤 합리적 방식에 의해 해소될 수 있기 때문이다. 그렇다면 과연 쿤의 주장대로 패러다임 선택에 활용될 방법론은 존재하지 않는 것인가?

6. 패러다임을 넘어서는 방법론

그 가능성을 모색하기 위해 하나의 역사적 사례로서 이론과학의 제2혁명, 즉 20세기 초의 고전역학이 상대성이론과 양자이론에 의해 보편적 이론으로서의 지위를 박탈당하던 과정을 돌이켜보자. 오늘날 많은 과학자들은 이 과정에서 패러다임 간의 우열을 가려줄 규범적 방법론이 존재한다고 믿고 있으며, 따라서 이들 패러다임 간의 선택은 극히 합리적이라고 생각할 것이다. 그러나 당시의 상황에서 패러다임 전환 과정을 직접 겪고 있던 많은 과학자들은 이러한 방법론을 활용하지 못했음은 물론 그 존재조차도 미처 깨닫지 못했을 것이다.

그렇다면 패러다임 선택을 위한 방법론이 존재하느냐 않느냐는 어느 시기의 방법론을 기준으로 말하느냐에 따라 그 해답이 달라진다고 할 수 있다. 즉 과학혁명 당시의 상황으로는 패러다임 선택을 위한 방법론이 존재하지 않으며, 과학혁명이 끝난 후 이를 되돌아보는 상황에 이르러 이것의 존재가 확인된다는 이야기이다. 바꾸어 말하면 만일 더 세련된 방법론이 존재했더라면 패러다임 대립에 해당하는 혁명적 상황은 나타나지 않으며 오직 혼란 없는 발전적 상황만 나타난다는 것이다. 결국 쿤이 말하는 혁명적 상황은 방법론 자체의 미비에 기인한다고 주장할 수 있게 된다.

물론 과학 자체의 발전 없이 방법론만의 일방적인 발전은 기대하기 어렵다. 역사적 과정을 돌이켜보면 과학 발전의 단계 단계에서 방법론 자체도 함께 정비되어 나왔으며, 때로는 방법론이 앞서서 과학 발전을 이끌어 나가는가 하면, 때로는 과학이 혁명 과정을 거친 후 그 모습을 재정비해오기도 한 것이다. 그러나 그렇더라도 방법론 자체에 더 의식적인 관심을 기울일 때 상대적으로 방법론의 발전을 앞세울 수 있으며 그리하여 과학의 발전을 더 순조로운 방식으로 이끌어 갈 수 있으리라는 주장은 가능하며 또한 시도해보아야 할 일임에 틀림없다.

따라서 현실적으로 우리에게 주어진 새로운 과제는 어떻게 하면 패러다임에 예속되지 않고 더 보편적인 방법론을 추구할 수 있는가 하는 점이다. 이는 먼저 종래에 스스로 보편적 방법론이라 생각했던 내용들이 사실은 보이지 않는 패러다임의 틀 속에 속박된 내용이었다는 자각에서 출발한다. 우리는 흔히 하나의 패러다임에서 벗어나 더 넓은 시야를 얻게 될 경우 이를 마치 하나의 보편적 이해에 도달한 것으로 착각함으로써 또 하나의 패러다임에 예속되고 있음을 망각하게 되며, 따라서 새 패러다임에 부응하는 잠정적 방법론을 마치 하나의 보편적 규범인 것으로 착각하게 된다. 우리에게는 물론 이러한 함정에서 벗어날 아무런 객관적 보장이나 기준이 존재하지 않는다. 그러나 이러한 함정이 항상 우리 발밑에 도사리고 있다는 자각은 우리를 끊임없이 더 보편적인 규범의 탐색으로 이끌어주는 중요한 각성제가 될 것이다.

그리고 이러한 탐색을 위한 더 적극적인 방안으로서 다음과 같은 제안이 가능할 것이다. 즉 오늘날 비과학적 사고였다고 생각되는 이른바 전과학적前科學的 지식 내용을 포함한 인간의 모든 지식 패턴을 동일한 평면 위에서 고찰하고, 이 가운데서 패러다임에 무관한 본질적 요소가 있는지, 있다면 그것이 무엇인지를 찾아내어 인간 사고의 기본적 구조를 밝혀내는 작업이 이루어져야 한다는 것이다. 이것이야말로 우리 세대가 당면한 그리고 성취해내야 할 가장 큰 학문적 도전이 될 수 있을 것이다.

2장
지식 진화와 학문의 전개 양식[1]

1. 여는 말

우리는 1장에서 인간의 활동을 중심으로 과학적 지식이 어떻게 창출되는가를 보았다. 이는 다시 연구자의 관점에서 과학 연구를 어떻게 수행해야 하는가 하는 규범적 측면과 실제 연구자들이 어떻게 수행하고 있는가 하는 현실적 측면에 대한 고찰로 구분되기도 했으나, 두 가지 측면 모두 인간의 활동을 중심에 놓고 과학 지식이 발전되어가는 모습을 드러내는 것이었다. 그런데 과학 지식이 발전되어가는 모습을 보는 또 하나의 관점이 존재한다. 이는 곧 과학 지식 자체를 중심에 놓고 이러한 지식이 어떻게 발전되어가는지를 지식 진화의 관점에서 살펴나가는 일이다. 인간의 활동을 중심으로 살피는 것이나 과학 지식 자체를 중심에 놓는 것이나 결국 동일한 내용을 상반된 시각에서 살펴나가는 것이어서, 어느 한쪽 시각이 놓치고 있는 것을 다른 한쪽 시각이 찾아내주는 상호보완의 기능을 지닌다고 말할 수 있다.

오늘날 우리는 생명 현상을 진화의 관점에서 보는 일에 매우 익숙해졌다. 그리하여 진화라면 으레 생명 진화를 연상하는 단계에까지 놓이게 되었다. 그러나 진화라는 변화의 메커니즘이 굳이 생명체에만 국한될 필요는 없다. 이는 단지 변이 가능한 자체촉매적auto-catalytic 작용체가 주변 보작용자의 여건에 맞추어 시간에 따라 그 형태와 개체군에 변화를 불러일으키는 일종의 보편적 변화 메커니즘이라 말할 수 있다.

여기서는 그 한 가지 가능성으로서 과학 지식의 발전 또한 진화의 관점에서 이해할 수 있음을 보이고자 한다. 인간의 지식은 우주 안의 많은 다른 현상들과 마찬가지로 어떤 고정된 사물이 아니라 역사의 진행에 따라 끊임없이 변해가며 성장하는 현상이다. 그리고 이와 같은 성장 현상은 찰스 다윈의 진화론 이래 과학적으로 이해되기 시작한 사물의 보편적 진화 메커니즘을 통해 이해될 수 있는 것이며, 또 어떤 의미에서는 이들이 모두 생물 진화 과정의 한 발전적 형태라고 생각할 수도 있다.

지식의 발전을 진화의 한 형태로 취급하는 것은 물론 새로운 시도는 아니다. 이미 많은 사람들이 이와 같은 관점에서 인간의 지식 그리고 더 일반적으로 문화의 발전 과정을 이해하려고 노력해왔다. 철학자 칼 포퍼가 그의 저서 『객관적 지식Objective Knowledge』에 '진화론적 접근An Evolutionary Approach'이라는 부제를 붙일 정도로 지식 자체를 진화론적 발전 과정 속에서 이해하려고 애썼던 것이 하나의 좋은 예라고 할 수 있다.[2] 그러나 포퍼를 비롯하여 대부분의 경우, 지식 진화 과정을 생물 진화 과정과 일대일로 대비시켜 상응하는 개념들을 구체적으로 검토하는 데까지 이르지는 않고, 오직 지식 발전의 개략적인 형태를 진화론적 관념을 통해 이해하려는 데 그쳤을 뿐이다.

2. 생물 진화와 지식 진화

우리는 이제 지식의 발전 과정을 생물 진화와 대비시켜 검토하기 위해 생물 진화 이론의 핵심적인 내용을 간단히 개괄하고 이를 어떻게 지식 진화의 경우에 적용할 것인지를 고찰해보기로 한다. 생물 진화 이론은 한편으로 잘 알려진 것이면서도 또 다른 한편으로는 그 자체로 방대한 내용을 지닌 것이어서, 여기서 이를 독자적으로 서술하기보다는 현대의 진화 사상을 대표한다고 볼 수 있는 영국의 생물학자 콘래드 워딩턴C. H. Waddington의 견해만을 간략하게 소개하고 거기에 맞추어 논의를 진행하는 것이 적절하리라 생각된다.[3]

다윈에 의해 그 기본적인 체계가 수립된 생물 진화 이론은 다윈 이후에도 여러 차례에 걸쳐 크고 작은 발전 과정을 거쳐왔다. 다윈이 원초적으로 제기했던 이론의 핵심은 각각의 개체들은 어떤 불규칙적인 변이random variation를 겪게 되며 이 변이는 생물체를 통해 외형적으로 나타나기도 하고 유전을 통해 후대에 전해지기도 한다는 것인데, 이러한 변이가 생존에 유리하게 나타나는 경우에 그 변이를 지닌 개체 및 그 후손이 적자로 살아남게 된다는 것이다. 그러나 다윈 당시에는 이 불규칙적인 변이가 어떠한 방법으로 후대로 전해지는가에 대해서는 거의 아무런 이해도 없었다. 그러다가 그레고어 멘델Gregor J. Mendel의 유전 법칙이 알려지고 유전자의 개념과 함께 유전자에 예측할 수 없는 변화를 주는 돌연변이mutation에 관한 수학적 이론이 형성되면서, 1930년경에 이르러서는 진화 현상을 대체로 우연에 의한 돌연변이와 필연적인 자연선택natural selection이라는 두 가지 과정이 반복되면서 진행되는 현상으로 이해하게 되었다.

그러나 그 후 진화 이론에는 두 가지 중요한 진전이 이루어졌으며, 오늘날에 이르러서는 진화 과정이 '우연과 필연chance and necessity'의 단순한 반복만으로 이루어지는 것이 아닌 좀 더 복잡한 과정이라는 점이 명백해졌다. 진화에 관한 이러한 새로운 사실들은 진화 과정 자체에 대한 이해를 깊게 해줄 뿐 아니라, 우리가 앞으로 적용하려는 지식 진화에 관해서도 중요한 의미를 함축하고 있으므로 그 내용을 다소 상세히 소개하기로 한다.

종래에는 생물의 개체군個體群, population이 몇 개의 예외를 제외하고는 거의 동일한 유전자들을 가진다고 생각했음에 반해, 주로 테오도시우스 도브잔스키Theodosius Dobzhansky의 실험 및 현장 연구를 통해, 한 생물종의 개체군 속에는 서로 조금씩 다른 유전자들이 무수히 섞여 있다는 새로운 사실이 밝혀졌다. 종래에는 하나의 진화적 변이가 이루어지기 위해서는 변화에 알맞은 돌연변이가 우연히 나타나기를 기다려야 한다고 생각했으나, 실제로는 거의 어떤 경우에서든 이미 변화에 알맞은 변형 유전자가 그 개체군 속에 들어 있어서 단지 자연선택 과정에 의해 효과적으로 선발되어 나오기만 하면 된다는 것이다. 이때 필요한 것은 오직 변화가 일어나려는 방향으로 미세한 경향을 지닌 많은 유전자들이 쉽게 밀집되고 결합될 수 있어야 한다는 사실이다. 돌연변이의 역할은 개체군 안에 지속적으로 변종들을 만들어 넣어 그 다양성을 유지시키는 것이며, 환경의 압력이 자연선택 과정으로 하여금 필요한 방향의 변화를 초래하도록 만든다는 것이다.

최근에 관심을 끌게 된 또 하나의 중요한 사실은, 돌연변이는 유전자gene를 통해 발생되지만, 자연선택은 유전자 자체를 통해서가 아니라 그 유전자를 지니고 있는 생물체를 통해서 이루어진다는 사실이다. 이것은 특히 유전 정보를 간직하고 전달하는 세부 사항들이 규명됨으로써 명백해진 사실이지만, 이러한 사실이 지닌 의미를 진화 과정 속에 철저히 그리고 체계적으로 적용함으로써 진화에 관한 매우 심오한 새로운 해석을 내릴 수 있게 된 것이다. 이 같은 고찰에 의해 밝혀지는 하나의 중요한 사실은 유전에 의해서 전해지는 유전형genotype과 자연선택에 의해서 선별되는 표현형phenotype 사이에는 하나의 단순한 대응 관계가 성립되지 않으며, 유전형, 표현형 그리고 환경의 삼자 사이에 복잡한 상관관계가 형성된다는 사실이다.

우리는 이제 생물 진화에 관한 이와 같은 사실들을 지식 진화 과정에 적용시킴으로써 인간의 지식 특히 과학적 지식이 바람직한 방향으로 발전해가게 될 요건들을 찾아보기로 한다. 그러나 우리는 이러한 이론의 적용에 앞서서 생물 진화에 적용되는 진화이론이 과연 지식의 발달 과정에도 적용될 수 있을 것인가에 대해 잠깐 고찰해보지 않을 수 없다. 우리가 앞에서 논의한 진화의 이론을 면밀히 검토해보면, 유전에 의해 보전되고 돌연변이에 의해 변화될 수 있는 어떤 종류의 유전형과 또한 외형적으로 나타나고 자연선택 과정에 의해 선발될 수 있는 어떤 형태의 표현형만 정의될 수 있으면 진화 현상이라는 것은 그 대상이 생물체건 아니건 관계없이 일어날 수밖에 없는 구조를 가졌음을 알 수 있다. 다시 말해 우리가 고찰하는 대상이 생물이든 지식이든 또한 다른 어떤 추상적인 내용의 것이든 간에, 일단 이 대상에 대해 유전형과 표현형에 해당하는 개념들만 명백히 규정할 수 있으면 진화의 이론은 자동적으로 적용되는 것이라고 해도 좋은 것이다.

3. 진화의 관점에서 보는 과학 지식

그러면 이제 과학적 지식의 발전 과정에 대해 이러한 개념들을 어떻게 설정할 수 있는지 고찰해보자. 우리는 논의의 편의상 과학적 지식의 내용을 이루는 모든 것을 통틀어 '이론'이라 부르기로 하고 이 '이론' 자체에 대해 객관적 존재성을 인정하기로 한다. 여기서 '이론'은 물론 인간의 정신 활동을 통해 만들어지고 전해지는 것이지만, 일단 '이론'이 만들어지고 나면 이론은 만들어낸 당사자나 전해진 과정에 관계없이 하나의 독립된 존재로 인정받을 수 있으며, 이것은 과학을 객관적 지식이라고 본 포퍼의 입장과 같은 것이다. 이는 물론 지적 능력을 지닌 인간의 존재가 없이도 '이론'이 작동한다는 뜻은 아니다. 생명체들의 존재가 주변 환경 속에서 그 의미를 지니듯이 이 '이론'들 또한 인간의 존재라는 환경 속에서 의미를 갖는다.

한편 이와 같은 '이론' 자체는 추상적인 것이어서 구체적으로는 논문이나 저서 등 각종 언어적인 표현에 의해 외형적으로 나타난다. 그리고 이러한 상황 아래 우리가 지식 진화 이론을 위한 유전형과 표현형을 설정하는 데 두 가지 서로 다른 관점을 취할 수 있게 된다. 한 가지 관점은 과학적 지식에 관해 언어적으로 표현된 모든 기록을 유전형이라고 보고, 그 내용을 인간이 판독하여 이를 생활 속에서 나타낸 모든 결과들을 표현형이라고 보는 관점이다. 이것은 생물 진화에서 유전형인 유전자 기록과 문화 진화에서의 언어적 기록 사이의 유사성을 강조하고, 과학 진화도 크게 문화 진화 내지 생물 진화의 연장선에서 보는 관점이다.

그리고 또 하나의 관점은 다소 추상적이기는 하나 '이론' 자체를 유전형으로 보고 그 이론을 외형적으로 나타낸 각종 표현형태들을 표현형이라고 보는 관점이다. 이 관점에 따르면 인간의 각종 정신 활동은 과학 지식의 자연선택을 담당하는 환경 여건으로 여겨질 수 있다. 과학 발전 자체를 주체로 보고 이것이 인간 활동이라는 매개를 통해 어떻게 전개되는가를 보아 그 바람직한 발전 방향을 모색하려는 경우 후자의 관점에 입각해 과학의 발전 과정을 이해하는 것이 유익할 것이므로, 이 책에서는 이러한 관점을 취하기로 한다.

이제 우리가 택하는 관점을 좀 더 분명하게 요약해보면, 과학적 지식의 내용을 이루는 '이론'이 객관적으로 존재하고 이것이 진화 과정 속에서 유전형의 역할을 한다는 것이며, 이와 같은 유전형이 인간 활동에 의해 문헌 등 각종 표현 장치를 통해 외형적 형태를 지니게 될 때 이것을 표현형으로 생각한다는 것이다. 그리고 이러한 각종 표현형들은 우리들의 학문 활동에 의해 끊임없는 검토를 받아 그 생존의 성패가 결정되며, 이것을 우리는 진화론적 자연선택 과정이라고 생각한다는 것이다.

그러면 과학적 지식의 진화 과정에서 돌연변이란 무엇이며 이것은 어떠한 역할을 하는가? 어느 특정 개인에게 전수된 과학 이론은 대부분의 경우 그 개인에 의해 이해된 뒤 다시 새로운 형태의 표현형으로 재생된다. 그런데 이때 재생된 이론이 처음 전수된 이론과 크게 달라지는 경우, 우리는 이를 돌연변이와 비교할 수 있다. 많은 경우에는 전수된 이론이 제대로 이해되지 못해 왜곡될 수 있으며, 이 경우에는 대부분 의미 있는 표현형, 즉 논문 등으로 재생되지 못하거나 설혹 표현형을 취하게 되는 경우에도 그 부적절성으로 인해 곧 사장되어 존재 가치를 잃게 된다. 그러나 때때로 전수된 이론이 창의적 과정을 거쳐 좀 더 발전된 형태의 새 이론으로 재생될 수 있으며, 이 경우는 성공적인 돌연변이에 해당한다고 말할 수 있다. 이때 그 환경 여건, 즉 학문 사회의 풍토 및 활동 여건이 강한 선택압력selection pressure을 가진 경우에는 즉시 다른 경쟁 이론들을 이겨내고 학문적 적자適者의 위치를 점유하게 된다. 그러나 선택압력이 대단히 높지 않은 경우에는 또 하나의 변종으로서 다양한 이론의 풀pool 속에 들어가 더 좋은 여건이 나타날 때까지 잠재하거나 당분간 다른 경쟁 이론들과 공존 상태를 유지하게 된다.

우리는 이러한 관점에서 쿤이 말하는 과학혁명의 구조도 이해할 수 있다. 쿤에 따르면 과학혁명은 하나의 위대한 발견이나 천재적 이론에 의해서 이루어지는 것이 아니라, 하나의 기존 패러다임과 상충되는 새로운 패러다임이 공존하다가 결국 우세한 패러다임으로 일종의 게슈탈트 변환을 이루게 됨을 의미한다. 이러한 상황은 하나의 지배적인 '이론'에 대해 이와 양립하지 않는 '이론'이 변종으로 출현하여 그 표현형이 지배적 이론의 표현형과 공존하다가, 결국은 어느 시기에 선택압력에 의해 우수한 이론이 지배적인 위치를 점하게 되는 상황으로 해석될 수 있다.

또한 쿤의 이론은 진화 과정이 한 차례의 급진적인 돌연변이에 의해 일어나는 것이 아니라는 사실과도 잘 부합된다. 예를 들어 산소 발견에 대한 그의 설명을 보면, 산소의 발견이 어느 특정 시기에 특정인에 의해 이루어진 것이 아니며 일련의 사상적 발전 과정 속에서 이루어졌다는 것이다.[4] 이와 같은 점은 과학 발전에 대한 진화론적 관점에 의해 잘 설명될 수 있다.

4. 학문 간 분화와 통합 문제

여기서 잠깐 현대의 학문 특히 현대 과학의 특성을 살펴보자. 현대 과학은 서로 특별한 연계성을 지니는 몇몇 분야들을 제외하고 거의 모든 연구 활동이 지정된 학문 분야의 울타리 안에 거의 완벽하게 격리되어 진행되고 있다. 이 같은 상황에 이르게 된 원인을 지식 진화론적 입장에서 생각해본다면 이들 과학들의 진화 과정에서 선택압력이 지나치게 전문화의 방향으로 작용했다고 해석할 수 있다. 이제 과학 발전을 크게 지식 축적과 이해 증진이라는 두 가지 면으로 생각한다면, 전문화의 경향은 이해 증진보다는 지식 축적에 역점을 두는 경향이며, 이는 다시 즉각적인 응용 가능성을 추구하는 데서 빚어지는 결과라고 말할 수 있다.

물론 지식을 축적하고 응용 가능성을 추구하는 것 자체가 잘못된 것이라고 할 수는 없겠으나, 그에 상응한 이해의 증진이 수반되지 않을 때 몇 가지 문제점이 따르게 된다. 첫째는, 과학 자체의 발전 가능성을 축소시키는 것이다. 앞에서 논의한 바와 같이 진화의 과정은 한두 개의 돌연변이로 이루어지는 것이 아니라, 수많은 상이한 유전자의 풀pool 속에서 환경의 압력에 따라 새로운 변종이 효과적으로 결합되고 선발되어 나옴으로써 이루어지는 것이다. 그런데 지나친 전문화의 과정은 이러한 풀의 다양성은 물론 상이한 유전자들 간의 결합 가능성 또한 감소시키는 결과를 초래해 더 이상 발전적인 진화를 어렵게 하는 것이다. 둘째로, 전문화의 경향이 초래하는 위험성은 학문 간의 균형 잡힌 발전을 저해하고 이미 조성된 불균형 상태를 더욱 조장할 수 있다는 점이다. 모든 학문 분야는 그 당시 처해진 상황에 따라 좀 더 빨리 발전할 수도 있고 그렇지 않을 수도 있다. 그런데 전문화의 경향은 필연적으로 이러한 격차를 더욱 벌림으로써 불균형을 심화시킨다. 그리고 이러한 불균형이 결과적으로 우리가 접하는 현실 세계에 대한 왜곡된 이해를 전달함으로써 우리 삶의 방식은 물론 우리 문명의 향방까지 오도할 위험을 지니게 된다.

그러므로 현재 지나치게 전문화의 방향으로 작용하고 있는 선택압력을 되도록 보편화의 방향으로 돌리는 것이 학문 자체의 장기적이고 균형 잡힌 발전을 위해 필요한 일이라 할 수 있다. 그러면 우리는 어떠한 방법으로 이 선택압력을 조절할 수 있는가? 앞에서 논의한 바와 같이 자연선택을 수행하는 것은 인간의 각종 정신 활동이며 자연선택이 이루어지는 대상은 과학 지식의 표현형인 각종 문헌 등의 표현물이다. 그러므로 우리는 의식적으로 과학 지식의 각종 표현물에 대해 새로운 방향으로 선택압력을 행사하지 않으면 안 된다.

그런데 현실적으로는 이와 같은 선택압력의 조정이 대단히 어려운 작업임을 지적하지 않을 수 없다. 이 점을 이해하기 위해 우리는 현대 학문의 대표적인 표현형인 각종 학술지의 성격에 대해 간단히 고찰해보자.

첫째로, 대부분의 학술지들은 극히 좁은 전문 분야에 그 게재 대상을 한정하고 있다. 최근에 이르러 학문 간interdisciplinary 연구 내용을 대상으로 하는 소수의 학술지들이 등장하고 있으나, 아직 그 보급 면에서나 영향 면에서 일반 전문지들에 비교할 정도가 되지 못한다. 그러므로 이러한 방향의 연구가 수행되었더라도 응분의 공적 인정이 수반되는 발표 지면을 얻기가 어렵다. 둘째로, 전문적인 학술지에서는 게재용 논문의 심사 기준으로 이해의 증진보다는 새 지식의 발굴이라는 면에 더 치중하고 있으며, 더욱이 그 신빙성이 우려되는 주장에 대해서는 강력한 규제를 하고 있다. 이것은 물론 그 학술지 자체의 신뢰도를 높인다는 면에서 당연히 납득할 만한 일이지만, 결국 전문화의 경향을 조장하고 학문의 폭을 좁히는 것이다. 셋째로, 어느 분야의 학술지든 해당 분야의 전문가 외에는 읽고 해독하는 것이 거의 불가능하도록 표형 방식이 전문화되었다는 점이다. 이것 역시 내용의 정확성을 기하고 중복을 피하며 책의 분량을 조정해야 하는 현실적 배려에서 나온 현상이지만 학문의 전문화를 촉진하는 데 중요한 구실을 한다.

이처럼 학술지의 성격 하나만 보더라도 전문화로 지향된 선택압력의 방향을 조정한다는 것이 현실적으로 얼마나 어려운 일인가를 추측할 수 있다. 여기에 더해 전문화를 목표로 하는 교육 제도의 문제, 전문성을 위주로 하는 취업의 문제 등이 모두 선택압력의 전환을 어렵게 하는 요소들이라 할 수 있다.

그러나 이는 단순히 사회적 제도나 여타 사회적 여건들에 의한 것이라고만 볼 수는 없다. 현대의 학문은 그 특성상 전문화의 과정을 불가피하게 하는 일면이 있다. 우선 학문의 규모 자체가 개별 학자의 학문적 역량을 크게 넘어선다. 오늘날 학문을 하는 그 누구도 자신이 학문의 세계 전체를 한눈에 조망한다는 주장을 하지 못한다. 이것은 단순히 개별 학자의 학문적 역량에만 관계되는 문제가 아니다. 설혹 특정 개인이 모든 것을 담아낼 지적 역량을 지녔다 하더라도 그 모두를 엮어 하나의 통합된 전체의 모습으로 그려낼 현실적 방법이 없다는 데 더 큰 문제가 있다. 사실 지적 역량만의 문제라면 학자들 간의 협동 작업을 통해, 또는 요즈음 크게 활성화되고 있는 인공지능의 도움을 받아 어느 정도 극복할 수도 있을 것이다. 그러나 오늘날 우리는 학문의 구조 자체가 과연 정합적으로 연결되어 하나의 통합적인 전체를 이루어낼 성격을 지니고 있는지에 대해서조차 확신하지 못하고 있다. 실제로 학문의 영역 사이에는 메우기 어려운 괴리들이 나타나고 있으며, 설혹 인접한 학문들 사이에서 이를 어렵사리 봉합해낸다고 하더라도 이렇게 엮인 전체 학문이 과연 하나의 유기적 틀 안에서 정합적 체계를 이루어낼 수 있을지 도무지 가늠하기가 어려운 상황이다.

이것은 매우 우려할 만한 일이다. 인간은 이제 자신의 기획 아래 학문을 다듬어내는 것이 아니라, 자신이 학문이라 불리는 어떤 정체 모를 괴물에 이끌려 가고 있는 느낌을 받는다. 인간이 학문을 관장하고 이를 통해 삶의 소양을 얻는 것이 아니라 오히려 학문의 도구로 전락해 자신이 하고 있는 일이 무엇인지도 모르고 이끌려 가는 상황이다. 이것은 특히 오늘의 문명과 관련하여 많은 우려를 자아낸다. 이 문명이 과연 이대로 지속될 수 있을지 매우 걱정스럽기 때문이다. 일부 학문의 성과에 의존해 정신이 아찔해질 만한 변화의 시대에 살고 있으면서도 한 치 앞을 내다보기가 어려운 현실이다. 앞날에 어떤 어려움이 놓여 있다면 우리에게 그 사실을 알려주는 것이 바로 우리 학문의 역할일 텐데, 정작 그 학문이 보여줄 그림을 제대로 읽어내지 못한다면 정말로 커다란 위험이 닥쳐올 때 이를 피해나갈 방도가 없게 된다.

5. 통합학문의 가능성

이 같은 우리의 처지는 다음과 같은 상황에 견주어 생각해볼 수 있다. 우리가 지금 지구의 여러 지역에 대한 단편적 지식들을 적지 않게 입수했고, 이를 바탕으로 이제 막 지구의 개척을 위한 항해에 나섰다고 하자. 그러나 우리는 아직 이 지역들이 놓인 상대적 위치를 알지 못하며 또 그들 사이에 어떤 미지의 공간이 놓여 있는지 도무지 가늠하지 못한다고 하자. 우리는 물론 지금 이 모든 지역들이 하나의 둥근 지구 위에 놓여 있다는 사실을 알고 있으며 이 지구 표면을 떠난 어떤 다른 위치도 존재하지 않음을 알고 있다. 그러나 우리가 만일 지구가 둥글다는 중요한 사실을 알지 못한다면, 혹은 우리 땅이 실제로 지구가 아닌 전혀 형체가 확인되지 않은 그 무엇이라면, 어떤 일들이 벌어지겠는가? 우리는 말하자면 형체를 알지 못하는 '이상한 땅' 위에서 위험한 항해를 기획한 콜럼버스와 비슷한 처지에 놓이지 않겠는가?

실제로 현재 우리가 놓인 입장은 각 지역의 지도들을 결합해 한 장의 세계지도를 그려보려던 초기 지도 제작자들의 상황과 흡사하다. 우리가 기왕에 알고 있는 지식들을 전부 결합하여 지식 전체를 하나의 틀 속에 묶어보자는 것이다. 언뜻 생각하기에 이러한 작업은 학문들 사이의 경계 영역만 잘 봉합하면 그리 어렵지 않게 해낼 수 있고, 또 이미 상당 부분 이 방향으로의 진전이 이루어지고 있다는 생각을 할 수도 있다. 그러나 이는 생각처럼 그리 쉬운 일이 아니다. 그 이유는 학문의 대상 자체가 매우 복잡한 다차원적 구도를 지니는 것이어서 이를 모두 담아낼 마땅한 그릇을 마련하기가 무척 어렵기 때문이다. 각 분야의 학문들은 그 영역만을 담아낼 훨씬 단순한 그릇들을 사용할 수 있지만, 이들을 단순히 평면적으로만 확장시켜서는 그 전체의 형태를 만족스럽게 담아낼 수가 없다.

이제 우리가 세계지도의 제작에 착수했다고 생각해보자. 우리는 그다지 어렵지 않게 우리나라의 지도를 평평한 종이 위에 그려낼 수 있다. 이렇게 그려낸 지도를 그 축척에 맞추어 확대하면 실제 우리나라의 모습에 거의 그대로 들어맞는다. 같은 방식으로 일본 지도도 그릴 수 있고, 영국이나 프랑스, 이탈리아의 지도도 그릴 수 있다. 이들은 모두 그 축척대로 확대하면 그들 나라의 실제 모습과 매우 잘 일치한다. 그렇다면 세계의 모습도 그렇게 그릴 수 있을까? 언뜻 생각하면 이들 지도 가운데 하나를 사방으로 확장하여 세계지도를 만들고, 이를 그 축척에 따라 확대하면 세계의 모습이 나오리라 여겨진다. 그러나 그렇게 되지 않는다. 이 지도는 그 중심에서 멀어지면 멀어질수록 더욱 이상하게 일그러져서 지구 반대편에 놓인 지역은 담아낼 방법이 전혀 없게 된다. 사실 우리가 알고 있는 모든 평면 세계지도는 남극과 북극이 이상하게 확대될 뿐 아니라 지구 반대쪽의 서로 인접해 있는 두 지점이 지도상에는 왼쪽 끝에서 오른쪽 끝으로 가장 멀리 분리되어 나타나서 이를 실제 지형과 일치시킬 방법이 없다. 결국 세계지도는 그 어떤 노력을 들이더라도 하나의 평면 위에 만족스럽게 그려낼 수 없고, 오직 구면球面에 해당하는 지구의地球儀 위에 비로소 적절히 그려낼 수 있음을 우리는 모두 잘 알고 있다.

학문의 경우도 이와 흡사한 면이 있다. 각각의 개별 학문들은 나름대로 유효한 대상 서술을 해주지만 하나의 학문 서술 틀 안에 이 모든 것을 밀어 넣거나 학문들 사이의 경계를 단순히 기계적으로 봉합한다고 하여 전체의 그림이 그려지는 것이 아니다. 세계지도의 경우 서술 대상이 단순한 2차원 평면 위에 놓인 존재가 아니라 3차원 공간 안에 형성된 한 구면에 해당하는 존재라는 사실을 먼저 확인하고 여기에 맞는 바탕 소재를 마련하여 작업을 시작해야 하는 것과 마찬가지로, 통합적인 학문을 시도하기 위해서도 우리가 학문적으로 서술하려는 전체 세계가 지닌 존재 양상을 먼저 확인하고 이에 적절한 바탕 소재를 마련하는 일부터 시작해야 할 것이다.

그렇다면 우리가 학문적으로 서술해나가는 전체 세계는 도대체 어떠한 성격을 지니고 있는가? 이를 위해 우리는 인간의 앎이 지니는 기본 구도가 어떠한지를 생각해보아야 한다. 앎의 세계 안에서 우리는 지구와 같은 간단한 기하학적 구조를 기대할 수는 없다. 앎의 세계 안에는 어쩌면 기하학적으로는 도저히 표현해낼 수 없는 훨씬 더 복잡하고 다양한 내재적 구조가 함축되어 있을지도 모른다. 이 안에는 앎의 '대상'뿐 아니라 앎의 '주체'도 함께한다는 사실에 주목할 필요가 있다. 그런데 이것이 문제를 더욱 복잡하게 만드는 것은 이 주체가 다시 앎의 대상 속에 포함되어야 한다는 사실 때문이다. 주체이면서 대상이 되고, 대상이면서 다시 주체가 되는 이 수수께끼 같은 연결고리를 잘 풀어내지 않는 한 앎의 세계를 하나의 틀로 정연하게 담아내기란 매우 어렵다. 그러므로 우리는 쉽든 쉽지 않든 간에 이 '주체'라는 문제에 먼저 초점을 맞추고 이것이 여타의 세계와 어떻게 관련되는지 살펴볼 필요가 있다.

이러한 논의에 대해서는 필자의 최근 저서인 『물질, 생명, 인간』[5]을 비롯해 필자의 몇몇 글에 나와 있으므로 여기서는 통합적 학문을 시도하는 것 이상의 언급은 생략하고, 단지 이러한 학문적 전개가 성공적으로 이루어지기 위해 어떤 지식 진화론적 여건이 마련되어야 할지에 대해서만 잠깐 살펴보기로 한다.

앞에서 학문의 전개를 세계지도의 제작 과정과 유비시켜 살펴봤지만, 최근에 세계지도의 제작과 관련하여 무척 흥미로운 주장이 제기되어 관심을 끌고 있다. 류강이라는 중국 학자가 최근 출간한 저서 『고지도의 비밀』[6]에 따르면, 콜럼버스의 아메리카 대륙 '발견'보다 74년이나 앞선 1418년(명나라 영락 19년)에 중국에서 그려진 세계지도 '천하제번식공도天下諸番識貢圖'에 이미 지구가 둥근 것을 전제로 한 남북 아메리카 대륙, 오스트레일리아 등 당시 유럽에는 알려지지 않았던 지역들이 비교적 정확히 그려졌다는 것이다. 다만, 현재 남아 있는 지도가 이 지도의 원본이 아니라 1763년에 이를 복사해 다시 그린 지도라는 점에서 이 주장의 진위에 대한 일말의 의혹이 제기될 수 있다.

여기서는 의혹은 일단 접어두고, 이것이 사실이라는 전제 아래 지식 진화의 관점에서 이를 어떻게 보아야 할 것인지를 생각해보기로 한다. 지리학 특히 지도 제작의 역사에서 대지大地의 기하학적 구조를 구球의 형태 곧 '지구地球'로 받아들인 것이야말로 가장 중요한 혁명적 진전이라고 하지 않을 수 없다. 그리고 어떤 지리적 탐색에 의한 것이든 간에 중국이라는 동아시아 세계에서 이를 알아내고 지도로 표시까지 해냈다는 것은 인류 지성사에 커다란 획을 그을 만한 큰 사건임에 틀림없다.

그러나 이것이 곧 중국 그리고 동아시아 세계의 커다란 자랑거리라고 생각하는 것은 온당하지 않다. 이는 오직 하나의 돌연변이로서 한때 이러한 유전자가 발생했다는 의미는 되지만 이것이 지속되어 그 생명력을 발휘했다는 이야기는 되지 않기 때문이다. 말하자면 그 유전자 풀 안에 보이지 않는 어떤 한 요소로 잠시 머물다가 소리 없이 사라져버렸으며, 지금은 그 기능을 상실한 유해의 흔적을 겨우 찾아내고는 과거에 이러한 것이 출현했구나 하고 뒤늦게 한탄하는 상황이다.

우리는 흔히 위대한 발견 또는 창조물은 곧 인정을 받아 세상을 놀라게 할 것으로 생각하지만 사실은 그렇지 않다. 많은 경우, 곧 인정을 받고 세상을 놀라게 할 업적은 이미 시기적으로 보아 뒤늦은 성과에 해당한다. 누구나 그것을 대뜸 알아볼 만큼 시대가 진전된 이후에 나타난 작업인 만큼, 어느 면에서는 별로 새로울 것이 없는 결과이며, 특정 개인이 이를 해내지 않았더라도 조만간 나타나게 될 성격의 것에 해당한다. 그러니까 특정 개인에게 그 공적을 돌린다는 것은 이런 점에서 그리 공정한 일이 아니다. 사회적 혹은 학문적 여건이 이미 그 상황에 도달해 있었음을 말해주는 것이기 때문이다.

이에 비해 특별히 시대에 앞서는 일은 사실 그 성과 자체가 인식되기 어렵다. 그 독창적 개인 혹은 사건 이외에 이를 받아들일 만한 여건이 조성되지 않았기 때문이다. 이럴 경우 돌연변이로 발생한 유전형은 외로운 몇몇 표현형을 남길 뿐 그 표현형들의 물리적 수명이 끝남과 동시에 사라져버릴 운명에 처한다. 만일 류강이 말하는 세계지도 '천하제번식공도'가 그러한 표현형 가운데 하나였다면, 당시의 지적 여건이 이를 인지해 재생산해낼 상황에 이르지 못해 단종斷種된 것이라고 말할 수 있다. 말하자면 당시 대부분의 지식인에게 대지가 공 모양의 둥근 형태를 지녔다는 것이 받아들여지지 않았으며, 따라서 그러한 지도가 일고의 가치도 없는 환상의 소산이라 폄하되었을 수 있다.

여기서 우리는 획기적인 지적 도약이 이루어진다는 것이 얼마나 어려운 일인지 새삼 확인할 수 있다. 말하자면 우수한 몇몇 천재가 아니라 오히려 전체적인 지적 성숙이 더 중요한 역할을 하리라는 것이다. 그렇다면 이를 가능하게 하는 사회적 그리고 지적 풍토는 어떠한 것인가? 이는 다양한 사고의 물줄기를 열어놓고 서로 상호작용하도록 허용하는 일이다. 예를 들어 앞의 사례의 경우, 대지의 기하학적 구조에 관심을 갖는 하나의 지적 흐름과 지리상의 탐색을 주로 하는 또 하나의 지적 흐름이 공존하면서 이들 간의 활발한 소통의 길이 열려야 하는 것이다.

이제 다시 통합학문의 가능성을 논하는 자리로 되돌아가보면, 개별 학문들 안에 갇힌 사고의 유형뿐 아니라 사고의 총체적 구조, 그리고 사고 형성의 주체와 객체 등 메타적 관점에 대한 지적 관심들이 무르익으면서 서로 생산적인 소통이 이루어질 학문적 여건의 조성이 무엇보다도 중요하리라 생각된다. 그런 여건이 조성되지 못할 경우, 설혹 지적 도약의 단초를 이룰 새로운 생각이 나온다 하더라도 이것이 지식 진화의 메커니즘 속에서 충분한 지속성을 갖고 생존에 성공할 가능성은 그리 높지 않을 것이다.

6. 맺는 말

이 글에서 우리는 학문의 발전을 지식 진화의 관점에서 살펴보았다. 이러한 고찰을 통해 우리가 새롭게 확인하는 점은 학문의 발전을 위해서는 내가 아는 것, 그리고 내가 이해하는 것 위주의 관심사만으로는 부족하다는 사실이다. 이것은 어디까지나 내 안에 있는 것이고 그러므로 내 생리적 두뇌의 기능 아래서만 가능한 것이므로 이 기능의 쇠퇴 혹은 사멸과 함께 사라져버릴 운명에 놓여 있다. 그러므로 이것이 좀 더 긴 수명을 지닌 사회적 그리고 문화적 맥락 안에 자리 잡으려면 반드시 어떤 형태로든 '표현된 것'의 성격을 지녀야 한다. 그리고 이를 단순히 표현하는 데 그치지 않고 '표현된 것'의 사회적 생존력 문제에도 관심을 가져야 한다.

여기서 우리가 고려해야 할 중요한 점은 그 어떤 표현형, 즉 표현된 것은 오직 유한한 생존력밖에 갖지 않는다는 점이다. 이것은 표현 매체의 물리적 성격뿐 아니라 언어적 표현의 의미 체계 자체가 지속적으로 변하고 있어 시일이 지날수록 해독 가능성이 현저하게 떨어지기 때문이다. 따라서 누군가의 손을 거쳐 지속적으로 재생산 혹은 개조되지 않는 한 그것은 반드시 사멸하고 마는 것이다. 이것은 그 생각 또는 이론이 미숙하거나 학문적으로 부적절해서만은 아니다. 이미 보았듯이 지극히 독창적이거나 시대에 앞서는 생각 또는 이론이 생존한다는 것 또한 매우 어려운 일이다. 그나마 뒤늦게 재발견되어 인정되는 것은 다행한 편이며, 실제로 사멸해버리는 지적 보배들은 그 흔적조차 찾을 수 없게 된다.

여기서 우리는 학문적 성과의 창조자 자신이 그리고 이를 받아들일 학문 사회가 유의해야 할 몇 가지를 확인할 수 있다. 먼저 학문적 성과의 창조자로서는 자신이 만들어낸 학문적 결실을 자신이 이해하는 정도에서 만족할 것이 아니라 이것이 충분한 생존력을 지닌 '표현형'이 되도록 하는 데에도 충분한 주의를 기울여야 한다는 점이다. 이는 어쩌면 업적 위주의 최근 경향 속에서 거의 자동적으로 이루어지는 것이기는 하나, 이번에는 반대로 출판물의 홍수 속에서 충분한 주목을 받아 생존할 수 있느냐 하는 또 다른 문제와 부딪히게 된다. 그리고 이러한 성과를 받아들여야 할 학문 사회의 입장에서는, 주목받지 못하고 사멸되어버릴 혹은 창조자의 머릿속에 갇혀 미처 세상의 빛을 보지 못하는 지적 보물들이 응분의 생존력을 갖도록 적절한 제도적 그리고 물질적 여건을 마련해야 한다. 이는 특히 지나친 전문화 경향이라든가 학문 분야 간의 지나친 불균형 같은 문제를 시정하는 일과도 깊은 관련을 갖는 것이다.

공자는 아침에 도를 깨달으면 저녁에 죽어도 좋다고 말했다는데, 우리는 여기에 적어도 한 가지를 덧붙여야 한다. 아침에 도를 깨닫고 낮에 이를 기록해두었으면 저녁에 죽어도 좋다고.

3장
과학의 논리 구조
–양태 형성과 실태 규명[1]

1. 여는 말

"우주가 인간에게 이처럼 잘 이해된다는 사실이 우주에 관해 가장 이해하기 어려운 점이다"라는 아인슈타인의 유명한 말 속에는 적어도 두 가지 의미가 내포되어 있다. 첫째는, 인간이 자연에 대해 매우 깊이 있는 이해에 도달했다는 사실이며, 둘째는, 이러한 이해에 비해 인간의 인식 과정 자체에 대한 이해는 매우 미흡한 단계에 머물러 있다는 사실이다.

그러면 우리는 이 두 가지 종류의 이해 사이에 나타나는 이렇듯 커다란 격차를 어떻게 좁혀나갈 수 있을 것인가? 이 점에 관해 우리는 아인슈타인의 말 속에서 하나의 암시를 얻을 수 있다. 즉 인간의 인식 과정 자체를 이해하기 위해 이미 자연의 이해에 깊이 접근해 있는 자연과학의 사고방식을 철저히 분석해 보는 것이 유용하리라는 것이다. 자연과학을 통해 자연에 대한 깊은 이해에 도달할 수 있었던 것은 적어도 자연현상에 관한 한 이 사고방식이 신뢰할 만한 기능을 나타낸 것이라고 해석될 수 있으며, 따라서 자연과학의 사고방식에 대한 검토는 인식 기능 자체에 대한 이해를 위해 중요한 방편이 될 수 있다는 것이다.

한편 우리는 특정 탐구 대상에 관계없는 사고의 일반 규칙, 즉 논리에 대한 독립적인 고찰을 통해 사고 자체에 대한 일반적 규범을 밝혀내고 있다. 그리고 이러한 규범은 물론 자연과학의 사고 과정 안에도 적용되어야 하며 또한 적용되고 있음을 알고 있다. 그러나 자연과학의 사고방식이 이러한 논리의 기계적인 적용 과정인 것만은 아니며 또한 이러한 논리적 요소가 전체의 사고 과정에 명백히 노출되지도 않는다. 따라서 자연과학의 사고방식에 대한 의미 있는 검토를 위해서는 먼저 논리 그 자체가 전체 사고의 틀 속에 어떻게 반영되는가를 밝혀내고, 이를 바탕으로 과학적 사고가 지닌 특성을 살펴보는 것이 유용하리라고 생각된다.

이 글에서는 자연과학에서 택하는 사고의 바탕을 대상에 대한 양태樣態와 실태實態라는 이중 구조로 구분하고, 이들이 어떻게 결합하여 의미 있는 지식을 낳게 되는가를 살펴본 후, 양태 형성과 실태 규명의 과정 속에 일반 논리가 어떻게 적용되는가를 고찰함으로써 자연과학이 지닌 사고의 한 특성을 추적해보려고 한다. 그리고 자연과학을 하나의 완성된 지식 체계로 보지 않고 부단한 변형 과정으로 볼 때 대립된 체계들 사이의 갈등이 어떠한 논리를 통해 해소될 수 있는가에 대한 좀 더 명확한 이해에 도달함으로써 보다 나은 지식 추구에 작은 보탬이 되었으면 한다.

2. 자연과학에서의 양태와 실태

특정된 현상을 설명하거나 앞으로 발생될 사건을 예측하려 할 경우 우리는 대체로 두 가지 독립된 명제를 설정한다. 첫째는, 보편적인 현상에 관한 명제로서 그 형태는 대략

"만일 p이면, q이다"($p \rightarrow q$)

의 조건언의 형식을 취한다. 여기서 p는 q라는 현상 또는 사건이 발생할 조건들을 지칭한다. 그리고 둘째로 설정할 명제는

"현실 상황은 p이다"

라는 사실 확인의 형식을 취한다. 즉 p라는 조건들이 현실적으로 구현되고 있음을 확인하는 것이다. 그리고 우리가 이 명제가 참임을 인정할 때 q라는 현상 또는 사건이 설명되거나 예측되는 것이다.

일상적 사고에서 흔히 사용되는 사고의 이러한 기본 패턴은 자연현상을 대상으로 하는 자연과학에서 특히 유용하게 사용된다. 과학적 설명에 관한 헴펠의 이론이 바로 이러한 패턴을 다소 일반화한 것이라 할 수 있다.[2] 헴펠의 이론을 간단히 소개하면 다음과 같다.

피설명 명제explanandum E를 설명하기 위해 이에 관련된 일반적 법칙인 보편 명제들을 L_1, L_2 …… L_k라 하고, 현실적 상황을 나

타내는 특수 명제들을 $C_1, C_2 \cdots\cdots C_i$라 할 때 '과학적 설명'은 다음과 같은 양식에 의해서 이루어진다.

$$\left.\begin{array}{l} \left.\begin{array}{c} L_1,\ L_2 \cdots\cdots L_k \\ C_1, C_2 \cdots\cdots C_i \end{array}\right\} \text{설명 명제} \\ \hline \quad\quad E \quad\quad\quad \text{피설명 명제} \end{array}\right\} \cdots\cdots\cdots\cdots \langle\text{도식 1}\rangle$$

이때 물론 법칙을 나타내는 일반 명제 $L_1, L_2 \cdots\cdots$ 등이 확정성確定性을 띤 법칙이냐, 개연성蓋然性을 띤 법칙이냐에 따라 피설명 명제 E가 확정적으로 설명되느냐 개연적으로 설명되느냐 하는 차이가 생길 수도 있다. 현대 과학 특히 양자이론의 기본 법칙들이 많은 경우에 개연성만을 제시하고 있으므로 이러한 구분에 각별한 주의를 기울여야겠으나, 구조적으로 볼 때 이러한 구분은 설명 또는 예측의 방식에서 근본적인 차이를 나타내는 것은 아니다.

이처럼 과학적 설명 또는 과학적 예측들이 모두 상이한 두 종류의 명제들의 결합으로 이루어진다는 사실은 우리의 사고방식이 지닌 기본적 이중 구조에 기인한다고 볼 수 있다. 즉 우리는 사물을 인식하는 과정에서 그 대상이 어떤 보편적 현상의 특수한 경우라는 관점을 택해 이해하려 하는데, 이는 곧 보편과 특수라는 구분이 인간의 사물 이해 방식의 기본 바탕을 이루는 관념임을 말해준다. 이를 자연계의 대상에 적용해보면, 우리는 관심사가 되는 대상의 성격을 그것의 보편적 존재 양상, 즉 그것의 양태樣態, modes of existence와 그것의 현실적 존재 상황, 즉 그것의 실태實態, realities of existence로 나누어 고찰할 수 있다.

실제로 자연과학에서 추구하는 지식 내용은 크게 두 가지 형태의 지식으로 구분될 수 있다. 대체로 보편적 존재 양상에 관심을 갖는 물리학·화학 등은 양태 추구 과학의 대표적 예가 될 것이며, 구체적 존재 상황에 관심을 갖는 천문학·지구과학 등은 실태 추구 과학의 대표적인 경우라고 말할 수 있다. 여기에 비해 생물학의 경우에는 그 추구하는 구체적인 내용에 따라 이중 어느 한 경우에 속한다고 할 수도 있고 또 경우에 따라서는 이 두 가지 지식을 동시에 추구한다고 할 수도 있다.

양태 추구의 과학과 실태 추구의 과학을 구분하는 하나의 구체적 예로서 지구와 달 사이의 관계에 대한 우리의 지식을 생각해보자.

가령 "중력에 의해 지구 주위를 회전하는 위성이 가질 수 있는 궤도는 원 또는 타원뿐이다", "회전 반경 R을 가지고 지구 주위를 회전하는 위성이 있다면 그것의 회전 주기 T는

$$T = 2\pi\sqrt{\frac{R^3}{GM}}$$ (여기서 G는 보편 중력 상수이고, M은 지구의 질량임)

의 관계에 따라 주어진다" 등의 지구와 달 사이의 보편적 존재 양상을 찾아내고 실증해가는 노력이 양태 추구 과학으로서의 물리학에서 추구하는 내용이며, 가령 "지구 주위에는 오직 한 개의 자연 위성(달)이 존재한다", "달의 회전 반경은 38만 4,426킬로미터이다" 등의 구체적인 존재 상황을 관측하고 실측해내려는 노력이 실태 추구의 과학들, 즉 천문학·지구과학 등에서 일

차적으로 추구하는 내용들이다.

3. 양태 형성의 논리

자연현상의 보편적 존재 양상, 즉 자연현상의 양태는 대체로 자연법칙이라는 명제의 형태로 서술된다. 그러나 자연현상의 양태를 구성하는 자연법칙들은 서로 독립된 개별적 명제들의 단순한 집합으로 이루어지는 것이 아니라, 이들 상호 간에 존재하는 논리적 연관성에 의해 하나의 정합적整合的인 이론 체계를 형성한다.

그런데 이러한 이론 체계가 자연현상의 양태를 나타낼 의미 있는 이론 체계가 되기 위해서는 논리적으로 독립된 두 가지 기준 요건을 만족해야 한다.

첫째는, 합리성의 요건으로서 전체 이론 체계가 논리적으로 모순을 갖지 않는 정합성을 지녀야 하며, 이상적으로는 하나의 통일된 가설연역체계를 구성해야 한다는 점이다. 가설연역체계를 이룬다는 것은 이론 체계를 이루는 모든 법칙들이 가설의 형태로 전제된 소수의 기본 법칙들, 즉 제1원리들로부터 연역적으로 도출되는 구조를 가진다는 것인데, 물론 매우 바람직한 것이지만 현실적으로는 부분적으로밖에 성취되지 않는다. 실제 자연과학의 이론 체계에는 엄격한 가설연역적 체계 속에 들어가지 않거나 또는 가설연역적 관련성이 미처 밝혀지지 않은 개별 법칙들도 많이 포함되어 있다. 그러나 합리성의 요건이 규제해주는 최소한의 기준은 가설연역적 체계 속에 포함되지 않는 법칙들이라 하더라도 서로 명백한 모순을 나타내는 것이어서는 안 된다는 점이다.

한편 논리적으로 모순이 없는 정합적 체계, 즉 합리성을 가진 체계라는 요건만으로는 현실을 떠난 가공적 체계에 그칠 수 있으므로, 자연현상에 대한 의미 있는 이론 체계를 구축하기 위해서는 또 하나의 기준 요건, 즉 사실성事實性의 요건이 부여되지 않으면 안 된다. 즉 이 이론 체계라는 것이 어떤 가공적인 세계의 양태를 말해주는 것이 아니라 실제 우리의 현실 세계의 양태를 말해준다는 사실이 입증되어야 한다는 것이다. 이는 특히 이론 체계가 가설연역체계를 이루는 경우, 기본적으로 전제된 가설, 즉 제1원리가 현실적으로 입증되어야 한다는 요청이며, 이를 위해서는 제1원리 자체를 입증할 더 이상의 연역적 방법은 존재하지 않으므로, 필연적으로 어떤 다른 형태의 입증 방법이 동원되어야 한다는 요청이다.

이제 자연과학에서 이 두 가지 기준 요건이 어떤 형태로 적용되고 있는지 좀 더 자세히 고찰해보자. 먼저 하나의 이상적인 가설연역체계가 지닌 구조를 살펴보고 이를 바탕으로 논의를 진행하기로 하자. 뉴턴의 역학이론 속에서 그 모형을 찾을 수 있는 가장 단순한 형태의 가설연역체계를 간단히 도식화해보면 다음과 같다.

$$\left.\begin{array}{l} \underbrace{P_1 + C_1} \\ \quad \underbrace{P_2 + C_2} \\ \qquad \underbrace{P_3 + C_3} \\ \qquad \cdots\cdots \\ \qquad\quad \underbrace{P_n + C_n} \\ \qquad\qquad E \end{array}\right\} \cdots\cdots\cdots\cdots\cdots\cdots\cdots \langle \text{도식 } 2 \rangle$$

여기서, P_1은 가설연역체계 내에서 기본 전제가 되는 가장 기본적인 법칙, 즉 제1원리를 말하는 것으로 논리적으로는 가설의 성격을 지니는 명제이다. 그리고 C_1, C_2…… 등은 어떤 구체적 상황 조건들을 나타내는 명제들이다. P_2는 C_1이라는 상황에 제1원리 P_1을 적용함으로써 도출되는 제2원리이며, 이는 C_1이라는 조건에 의해 그 적용 범위가 제한된 반면 좀 더 구체화된 성격을 지니는 하위의 법칙이다. 그리고 C_2, C_3…… 등의 상황 조건들을 계속 부가시키면 P_3, P_4…… 등의 더욱 구체화된 하위법칙들이 도출되고, 최하위의 법칙 P_n에 다시 C_n이라는 상황을 부가시키면 구체적 '현상' 또는 '사건' E가 논리적으로 도출된다.

이러한 관계를 과학적 설명에 대한 헴펠의 도식으로 표현해 보면(〈도식 1〉 참조) 제1원리에 의한 설명으로서

$$\left.\begin{array}{l} P_1 \\ C_1, C_2 \cdots\cdots C_n \\ \hline \qquad E \end{array}\right\} \cdots\cdots\cdots\cdots\cdots\cdots\cdots \langle \text{도식 } 3 \rangle$$

또는 제 n 원리에 의한 설명으로서

$$\left.\begin{array}{c} P_n \\ C_n \\ \hline E \end{array}\right\} \quad \cdots\cdots\cdots\cdots\cdots\cdots\cdots\cdots\cdots \langle \text{도식 4} \rangle$$

의 형태로 표시할 수 있다.

그러나 자연과학은 현실적으로 하나의 통일된 가설연역체계를 완성하지 못했으므로 하나의 현상 E를 도출하기 위해 독립된 몇 개의 가설연역체계가 동시에 활용될 수도 있다. 이 경우에는 하나의 사건 E를 설명하기 위한 〈도식 3〉과 〈도식 4〉는 헴펠의 〈도식 1〉과 흡사한 형태가 된다.

우리는 가설연역체계 구조와 관련하여 이른바 '인과관계'의 성격을 구조적으로 파악할 수 있다. 이제 〈도식 2〉에 표시된 관계를 통해, 우리는 "사건 E의 원인이 무엇인가" 하는 물음의 해답을 찾을 수 있다. 이론상으로는 상황 C_1, C_2 …… C_n 하나하나가 모두 사건 E의 '원인'으로 제시될 수 있다. 그러나 관례적으로 '원인'을 제시할 때는 필요로 하는 여러 상황 가운데 가장 가변성이 큰 상황 또는 인위적인 조절이 가능한 상황을 지칭하는 것이 보통이다. 그러므로 사건 E의 조건이 되는 상황 C_1, C_2 …… C_n 가운데 대부분이 고정된 상황이며 C_k만이 비교적 가변성이 크다고 할 때 우리는 흔히 C_k를 원인이라고 제시한다.

그러나 이 모든 것은 하나의 대전제, 즉 가설연역체계 안에서의 기본 가설이 참이라는 가정 아래서 성립되는 것이다. 그러면 이 가설 자체를 입증할 방법은 무엇인가? 이것은 본질적으로 실험적 검증에 의존한다. 즉 실험을 해봐서 사실과 일치한다는 것을 확인하는 것이다. 그러나 논리적 관점에서 볼 때 실험적 검증은 여러 가지 어려움을 내포한다.

첫째로, 실험 자체의 이론의존성theory-laden을 생각할 수 있다. 이것은 실험 자체가 이미 검증되어야 할 이론 체계에 바탕을 두고 구상되며 해석되는 성향을 가진다는 점이다. 물론 실험 수행자는 이러한 오류에서 벗어나려고 최선을 다하지만, 이론 체계란 본질적으로 하나의 통일된 전체를 구성하기에 실험 데이터의 해석을 위한 최소한의 이론 속에도 이미 검증하려는 이론의 내용과 유관한 요소가 들어 있다는 것이다.

둘째로 지적될 수 있는 어려움은, 실험적 검증에 합격할 수 있는 다수의 상이한 이론 체계가 존재할 수 있다는 점이다. 일반적으로 이론 체계의 기본 가설 자체는 매우 보편적 개념으로 서술되는 것이므로 직접적인 실험에 의해 검증되는 성격을 갖지 않는다. 따라서 실험적 검증이란 일반적으로 여기서 도출되는 하위법칙들을 통해 이루어지는데, 실험적 검증에 합격한 동일한 하위법칙들을 가진 상이한 이론 체계들이 존재할 경우 실험적으로는 이들의 진위를 구분해낼 방법이 없다는 것이다.

그리고 셋째로 제기되는 문제점은, 가장 어려운 논리적 문제로서 실험적 검증이란 본질적으로 귀납적 논증이라는 점이다. 이것은 모든 가능한 경우에 대해 검증을 거치지 않는 한 검증 자체는 항상 불완전하다는 것이다. 그러나 이 점과 관련해 포퍼는 재미있는 대안을 제시한다. 즉 의미 있는 과학 이론이라면 실험적 확증은 가능하지 않더라도 반증은 가능해야 한다는 주장이다.[3] 이론이 예측하는 어느 한 건의 현상이 실험적으로 확인되었다고 하여 이론이 참이라고 말할 수는 없으나, 이것이 실험적으로 사실과 다름이 밝혀지면 이론 자체가 참이 아니라는 것은 명백하다는 것이다. 따라서 반증 가능성을 충분히 내포하고 있는 이론이 많은 실험적 검증 과정을 거치고 나서도 여전히 반증되지 않고 남아 있다면, 이는 최소한 바른 이론일 가능성이 높다는 것을 의미한다.

이와 같이 이론 체계의 사실성을 부과하는 문제는 본질적으로는 실험적 검증에 의존해야 하겠으나, 여기에는 여러 가지 논리적인 어려움이 따른다. 이 어려움들이란 한마디로 틀린 이론을 틀린 것으로 판단하기는 쉬우나 바른 이론을 바른 것으로 판단할 논리적으로 완벽한 방법은 마련되어 있지 않다는 점이다.

4. 실태 규명의 논리

이미 논의한 것처럼 자연현상에 관한 우리 지식은 그것의 보편적 존재 양상, 즉 양태와 그것의 현실적 존재 상황, 즉 실태로 구분된다. 특히 이론 체계로 표현된 양태를 활용하여 실질적인 설명 또는 예측을 하기 위해서는 실태에 대한 독립된 정보가 추가되어야 한다.

그러면 자연과학에서 자연계의 현실적 존재 상황, 즉 실태를 어떤 방법으로 규명하는가? 아주 원칙적으로 말해 우리 감각기관을 통해 지각되는 원초적 자료raw data 자체가 곧 실태를 말해준다고 할 수 있다. 그러나 이것이 의미 있는 지식으로서의 실태를 구성하기에는 다음 몇 가지 면에서 볼 때 매우 불충분하다.

첫째로, 우리가 받아들이는 무수한 원초적 감각 자료들이 모두 의미 있는 정보를 제공해주는 것은 아니다. 따라서 이들을 적절히 취사선택할 방법이 있어야 하며, 동시에 경우에 따라서는 의도적인 정보 채취 작업을 수행해야 한다.

둘째로, 과학적 설명 또는 예측을 위해 이론 체계가 요구하는 상황 정보들(예를 들어 〈도식 2〉의 $C_1, C_2 \cdots\cdots C_n$)은 원초적 감각 자료의 형태가 아니라 과학적으로 정련精鍊된 개념들에 관한 정보들이다. 가령 대상 물체가 지구이고 요구되는 상황 정보가 그것의 '질량'이라 할 때, 우리의 단순한 감각 자료만으로 이 정보를 찾아내기는 매우 어렵다. 그러므로 실태 규명이라는 작업을 위해서는 현실 세계에 대한 직접적인 관측 자료 이외에 이미 파악된 양태에 관한 지식이 필수적으로 전제된다. 예를 들어 실내 온도에 관한 실태를 파악하기 위해 우리가 온도계의 눈금을 읽을 경우, 온도계의 눈금이 실내 온도를 나타낸다는 해석을 하기 위해 우리는 열평형에 관한 기본적인 이론과 수은의 열팽창법칙 등의 자연법칙들을 전제해야 한다.

이와 같은 상황을 도식으로 나타내보면, 관측된 원초적 자료를 C_0라 하고 해석에 관련된 법칙을 P_0라 할 때, 해석된 실태의 데이터 C_1은

$$C_0 + P_0 \rightarrow C_1$$

의 관계로 표시된다. 그리고 일단 하나의 상황 데이터 C_1이 얻어지면 여기에 또 하나의 법칙 P_1을 적용함으로써 또 다른 상황 데이터 C_2를 얻을 수 있다.

이와 같은 과정을 계속해나가면

$$\left.\begin{array}{l} \underbrace{C_0 + P_0} \\ \quad \underbrace{C_1 + P_1} \\ \qquad C_2 + P_2 \\ \qquad\qquad \cdots\cdots \end{array}\right\}$$
························ 〈도식 5〉

의 관계에 의해 직접 관측하기 어려운 상황 C_1, C_2······ 등에 관한 실태도 규명할 수 있다.

이때 물론 각 단계에서 파악된 상황 데이터 C_1, C_2······ 등의 신뢰도는 그것의 바탕이 된 전 단계의 데이터 C_0, C_1······ 등의 신뢰도와 관련 법칙 P_0, P_1······ 등의 신뢰도에 따라 결정된다. 따라서 원초 데이터로부터 여러 단계를 거쳐 해석된 상황 데이터일수록 그 신뢰도가 약해지는 것은 사실이나, 신뢰할 만한 이론 체계가 설정되면 이를 통해 실태 규명에 커다란 도움을 얻을 수 있는 것 또한 사실이다. 최근에 우주의 기원과 우주의 진화에 관한 의미 있는 많은 추측을 할 수 있게 된 것이 바로 이러한 과정의 한 예라고 할 수 있다.

결국 우리가 알고 있는 우주라는 것은 이러한 상황 정보들의 총체로 엮인 한 묶음의 상황 체계이며, 이것이 곧 자연과학이 추구하는 자연의 현실적 존재 상황, 즉 '실태'를 형성하는 내용이 되는 것이다.

5. 체계 변형의 논리

모든 지식이 그러하듯이 자연과학의 지식도 완성된 것이 아니며 끊임없이 변화하고 발전하는 과정에 놓여 있다. 자연과학뿐 아니라 자연현상 자체도 끊임없이 변화하고 있지만, 이 변화는 대체로 고정된 양태 안에 놓인 구체적 실태의 변화에 해당하는 것이라 말할 수 있다. 그러나 인간이 이해하고 있는 양태와 실태의 내용, 즉 이론 체계와 상황 체계들은 이해 및 탐구의 정도가 깊어짐에 따라 훨씬 더 급격한 변화를 겪게 된다. 특히 이러한 변화들 가운데서도 지금까지 인식하지 못했던 어떤 중요한 새로운 국면을 처음으로 인식하게 되는 경우, 우리는 이를 '발견'이라 부른다. 그렇다면 발견이란 어떠한 논리적 맥락 속에서 이루어지는 것인가?

이것을 말하기 전에 발견에 관한 이른바 '플라톤의 딜레마'라는 것을 한번 생각해보자.[4] 플라톤은 발견이란 논리적으로 불가능하다고 주장했다. 그의 주장에 따르면, 발견이란 우리가 이미 아는 것에서 이루어질 수가 없다. 아는 것에서 이루어진다면 그것은 발견이 아니기 때문이다. 그리고 모르는 것에서도 이루어질 수 없다. 모르는 것에서는 그것을 알아볼 수가 없기 때문이다. 따라서 발견이란 불가능하다는 것이 그의 결론이다. 그리고 이 결론으로부터 플라톤은 새로운 지식은 있을 수 없으며 오직 선천적으로 알고 있는 내용을 의식 속으로 끌어들이는 것뿐이라는 그의 유명한 이데아 철학으로 논의를 이끌어간다.

거듭된 발견에 의해 현대 과학을 이룩해낸 오늘날 발견이 불가능하다고 말하는 것은 하나의 억지 주장밖에 되지 않는다. 그러나 플라톤의 이 논의 속에는 우리가 주의해서 볼 요소가 하나 담겨 있다. 플라톤은 '이미 아는 것에서 이루어지는 발견'과 '아직 모르는 것에서 이루어지는 발견'을 구분하고 있는데, 이는 우리의 관점에 의하면 기존의 이론 및 상황 체계 안에서의 발견과 이 체계 밖에서의 발견에 대응시킬 수 있다. 전자에 해당하는 발견이란 쿤의 용어를 빌리면[5] 정상과학正常科學, normal science의 활동 내용이 되는 것으로서 이론 체계 안에서 연역될 수 있으나 미처 연역되지 못했던 사실들, 상황 체계 속에 분명한 위치를 지니고 있으나 미처 확인되지 못했던 사실들을 새롭게 찾아내어 정리하는 과정들이라 할 수 있다. 이들 가운데는 예를 들어 X-선의 발견이라든가 중성미자中性微子, neutrino의 발견 등 중요한 것들도 포함된다.

그러나 더욱 중요한 발견들은 후자, 즉 기존의 체계 밖에서의 발견들이다. 이들은 기존의 체계에 의해 설명되거나 해석될 수 없는 새로운 현상들의 출현으로서, 이를 해석할 새로운 이론 및 상황 체계가 이루어질 때까지 그 명확한 의미를 부여할 수 없는 종류의 것들이다. 예를 들면 20세기 초의 원자 스펙트럼들이라든가 마이켈슨-몰리Michelson-Morley의 실험 결과 등이 이 부류에 속한다. 이들은 대체로 종래의 이론 및 상황 체계에 구조적 변화를 초래하게 되는데, 다시 쿤의 용어를 빌리자면 '과학혁명 scientific revolution'을 유발하는 단서가 되는 것들이다.

한편, 과학에서의 혁명은 반드시 새로운 발견이 계기가 되어야 이루어지는 것은 아니다. 경우에 따라서는 기존의 이론 및 상황 체계 내에서 이것의 정합성을 향상시키려 하거나 좀 더 단순하고 아름다운 체계를 얻으려고 노력하는 과정에서 뜻하지 않게 새로운 체계를 착상하게 되는 경우도 있다. 코페르니쿠스의 태양중심설이라든가 아인슈타인의 상대성이론 등이 그 중요한 예가 된다. 물론 이러한 경우도 뒤이어 예측되거나 발견된 새로운 사실들이 새 체계의 우월성을 뒷받침해주지 않으면 성공한 혁명이라 할 수 없다.

그러면 하나의 체계가 다른 체계로 바뀌어야 할 논리적 필연성이 존재하는가, 다시 말해 두 체계 사이의 우월성을 결정할 논리가 존재하는가? 이 점이 바로 포퍼의 관점과 쿤의 관점이 엇갈리는 부분이다.[6] 포퍼에 따르면 하나의 체계에서 예측된 사실이 실험적 사실과 다른 결과를 나타냈다면, 이는 이미 실험적으로 반증된 것이므로 새로운 체계를 택하는 것이 당연한 논리적 귀결이라는 것이며, 쿤에 따르면 한두 가지 틀린 예측을 제시한 체계라 하더라도, 예를 들어 임의 가설ad hoc hypothesis 등을 첨부해 얼마든지 수정함으로써 옳음을 고집할 수 있으므로 체계의 선택은 과학자들의 신념의 문제일 뿐 논리의 문제가 아니라는 주장이다.

여기서 문제는 단순한 논리의 문제를 넘어서서 논리적으로 대등한 두 체계에 대한 상대적 우월성 결정의 문제로 바뀌게 된다. 그런데 돌이켜보면 자연과학의 기본적 사고방식이 단순한 논리에만 그 바탕을 두고 있는 것은 아니다. 그보다 더 본질적으로 대상의 상황을 양태와 실태로 구분하여 하나의 통합적 질서를 부여하고 그 질서 아래서 논리적 방법을 사용하여 자연을 이해하려 했다. 이제 이 점을 감안한다면 대립된 두 체계를 선택하는 데 이들이 얼마나 단순하면서도 조화로운 양태와 실태를 보여주느냐는 점이 고찰의 중요한 한 몫을 차지한다고 말해야 할 것이다.

6. 맺는 말

우리는 지금까지 지나친 단순화의 위험을 무릅쓰고 인간의 사고 양식을 모형화하여 고찰했다. 즉 인간은 사물을 이해하는 데 그 대상의 성격을 양태 및 실태라는 이중적 구조로 파악하고 이 양자의 내용을 논리적으로 결합시킴으로써 그 이해의 영역을 넓혀나간다는 기본적인 전제 아래서 고찰했다.

그러나 실제의 사고 과정은 이렇게 단순한 모형에 따라 엄격하게 정형화하기 어려운 점들을 포함하고 있으며, 또 정형화된 사고 과정의 논리 체계도 우리가 제시한 모형적 설명보다는 훨씬 복잡한 구조를 지니고 있음이 사실이다. 그럼에도 불구하고 이렇게 단순화된 모형을 고찰해본 것은 이를 통해 자연과학적 사고의 논리 구조가 지닌 핵심적 요소들이 어느 정도 표출될 수 있다고 생각되었기 때문이다.

학문적 탐구를 수행해나가는 데 사고 과정에 포함된 논리적 요소와 여타의 요소들을 명확히 구분하고 이들의 성격을 명백히 규명하는 것은 대상에 대한 탐구자 자신의 이해를 명료하게 함은 물론 탐구자 상호 간의 의견 교환을 용이하게 함으로써 학문 발전에 기여하는 바가 크리라고 생각된다. 그러나 자연과학을 포함한 많은 학문 분야에서 지금까지 이러한 면에 대한 관심이 비교적 부족한 편이었으며, 따라서 이에 대한 의미 있는 연구 활동이 극히 저조한 실정이다.

이러한 뜻에서 이 글이 그에 대한 관심을 환기시키고 앞으로의 본격적인 연구를 위한 소재를 제공할 수 있었으면 한다. 우리 앞에 열려 있는 무궁한 탐구의 소재는 "우주가 인간에게 이처럼 잘 이해된다고 하는 바로 이 사실을 우리가 어떻게 이해할 것인가" 하는 아인슈타인의 물음 속에 들어 있다.

4장
과학의 이론 구조
–의미기반과 상황진술[1]

1. 여는 말

흔히들 뉴턴이 만유인력을 발견했다고 말한다. 이는 마치 만유인력이 자연계에 이미 들어 있었는데 뉴턴이 처음으로 그 모습을 찾아냈다는 뜻을 함축한다. 그리고 이러한 관념을 좀 더 일반화시키면 과학 이론이란 자연계 속에 이미 부각되어 있는 것을 과학자들이 노력을 통해 찾아낸 것이라고 말할 수 있다.

그러나 이것은 과학 이론에 대한 바른 관점이 아니다. 과학 이론은 찾아나가는 것이 아니라 만들어나가는 것이다. 우리가 과학 이론을 좀 더 잘 만들면 이를 통해 자연현상이 좀 더 잘 설명되는 것이다. 이러한 사실은 뉴턴이 자연계 속에서 찾아냈다는 고전역학이 더 세련된 새로운 역학들로 대치되면서 분명히 드러나게 된 것이다. 지금도 물론 예전의 관점을 버리지 않는 사람들이 있다. 가령 아인슈타인이 상대성이론을 '발견'했고 하이젠베르크가 양자이론을 '발견'했다고 말하는 사람들이 그러한 사람들이다.

그런데 이러한 관점이 지닌 맹점은 과학의 이론 구조를 이해하기가 대단히 어렵다는 데 있다. 과학 이론이란 필연적으로 우리가 지니는 개념들이 얽혀 이루어지는 것임에도 불구하고 이를 자연계 저쪽에 이미 '존재'하는 것으로 볼 경우, 그 이론이 담고 있는 내용만 눈에 띌 뿐 그 내용을 담는 이론 그 자체의 구조는 의식하지 못하게 된다.

바로 이러한 사실이 우리로 하여금 체계적 과학 이론이 등장한 지 3세기가 지나도록 그 이론이 지니는 구조를 명확히 이해하지 못하게 만든 원인이 된다. 그리고 과학의 이론 구조를 명확히 이해하지 못할 경우 과학 이론의 내용을 정확히 파악하기가 어려워지며, 이는 다시 현대 이론물리학 등의 이론과학을 몇몇 천재들이나 파악할 수 있는 어떤 신비의 영역에 속한 것으로 간주하게 만든다. 따라서 현대 이론과학을 본질적으로 이해하고 이를 한층 높은 단계로 발전시키기 위해서는 과학 이론 자체가 지닌 구조적 성격을 좀 더 명확히 파악할 필요가 있다.

2. 쿤 이론의 인식론적 맥락

과학 이론의 구조적 성격에 대한 이해는 또한 과학 발전의 성격을 이해하는 데에도 필수적이다. 잘 알려진 바와 같이 과학혁명의 구조에 관한 쿤의 이론은 과학의 발전 과정을 기존 패러다임 안에서 학문의 내용을 넓혀나가는 '정상과학' 과정과, 패러다임 자체의 교체를 통해 학문의 비약적 혁신을 도모하는 '과학혁명' 과정으로 구분함으로써 과학의 역사적 전개 과정을 이해하는 데 중요한 안목을 제시했다.

역사 현장에 나타난 사실史實 자체에 바탕을 두고 있는 쿤의 논의에 따르면 과학 이론의 혁명적 전환 과정에서 볼 수 있는 패러다임의 치환은 논리나 중립적 경험에 의해서 점진적으로 이루어지는 것이 아니라, 마치 게슈탈트의 전환 과정에서와 같이 한꺼번에 일어나거나 또는 일어나지 않거나 할 수밖에 없는 성질을 지녔다는 것이다. 쿤의 이러한 주장은 과학 발전에 관한 종래의 점진적·누적적 발전 개념에 정면으로 상치되는 것으로서 많은 관심과 논의를 불러일으키게 되었다.

우리가 여기서 관심을 갖는 점은 쿤의 주장이 타당한가 그렇지 않은가가 아니라 그 주장을 일단 역사적 사실로 인정할 때 제기될 수 있는 다음과 같은 문제이다. 즉 과학혁명 과정에 나타나는 패러다임의 게슈탈트적 전환은 과학 이론 자체의 순수한 인식론적 특성에 의해서 나타나는 것인가, 아니면 사회적·심리적 요인들을 비롯한 패러다임 형성에 얽힌 여러 이론 외적 요인들에 의해 나타나는 것인가 하는 점이다.

이에 대한 극단적인 대답으로서는 물론 다음과 같은 두 가지 주장이 있을 수 있다. 첫째는, 과학 이론 자체가 본질적으로 게슈탈트적 성격을 지녔다는 것으로서 과학자들의 사회적·심리적 상황과는 무관하게 인식론적으로 보아 패러다임의 전환은 게슈탈트적 성격을 갖지 않을 수 없다는 주장이며, 다른 한 가지 극단적인 주장은, 순수한 인식 외적 맥락, 즉 편견을 이상적으로 제거한 상황에서는 이론 자체의 옳고 그름이 명확한 것이나, 사회적·심리적 제약 아래 놓여 있는 현실 속의 과학자의 눈에는 어쩔 수 없이 게슈탈트적 관점밖에 허용되지 않는다는 주장이다.

이 점에 관한 쿤 자신의 입장은 두 가지 극단 가운데 어느 쪽에도 속하지 않으면서 동시에 양쪽의 요소를 모두 포함하고 있는 듯하다. 과학자 사회에서 공통으로 신뢰받는 사고 및 탐구의 전형典型이라는 의미에서 도입된 쿤의 패러다임 개념 속에는 과학자들의 사물 인식 및 연구 활동의 바탕이 될 지배적인 관념 체계라는 의미와 함께 부수되는 유형·무형의 각종 도구, 수련 과정, 수련 내용까지 포함하는 대단히 복합적인 의미가 함축되어 있다. 따라서 패러다임의 전환이라는 것은 순수한 인식론적 측면에서 본 관념 체계의 전환만을 의미하는 것이 아니라, 이들 관념 형성에 영향을 미치는 사회적·심리적 맥락까지 함께 고려해야 하는 복합적인 성격을 띠게 된다. 사실상 역사 현장에 나타나는 패러다임의 현실적인 전환 과정에서는 이 두 가지 요인을 구분해내기가 대단히 어려울 것이며, 따라서 이 두 가지 측면을 함께 고려하는 쿤의 이론 자체에는 전혀 무리가 없다.

그러나 거꾸로 우리가 만일 과학 이론의 구조적 성격에 관한 순수한 인식론적 고찰만을 통해 패러다임의 게슈탈트적 성격에 관한 어떠한 결론에 도달할 수 있다면 이는 과학 자체의 성격 이해에는 물론, 역사 현장에 나타난 과학 발전의 과정을 요소별로 분석해 이해하는 데 적지 않은 도움을 줄 것이다. 실제로 최근에는 이에 대해 많은 관심이 기울어지고 있으며 또 그동안 적지 않은 논의가 진행되어왔던 것도 사실이나 아직도 뚜렷한 의견의 수렴점은 발견하지 못한 듯하다.

이 글에서는 이러한 문제를 염두에 두고 과학 이론의 구조적 특성을 순수한 인식론적 맥락에서 고찰해보기로 한다. 이를 위해 먼저 기존의 여러 관점들을 몇 가지 유형으로 구분하여 개관한 뒤, 이들 모두에 결여된 것으로 보이는 중요한 요소로서 '의미기반意味基盤, semantic basis'이라는 새로운 개념을 도입하여 과학의 이론 구조에 대한 새로운 이해를 도모하기로 한다. 그리고 이 개념을 활용함으로써 과학의 발전 과정이 몇 가지 유형으로 구분될 수 있음을 보이고, 특히 과학혁명이라 일컬어지는 과학의 혁신적 발전 과정에서는 '의미기반' 자체의 변형이 동반된다는 사실을 몇 가지 구체적 사례를 통해 밝히기로 한다.

3. 진술적 관점과 구조적 관점

과학 이론의 구조 및 성격을 이해하려는 노력은 여러 가지 관점에서 시도되고 있으나 여기서는 이들 관점을 크게 두 가지로 구분해 고찰하기로 한다.

그 하나는 진술적 관점이라 불릴 수 있는 것으로서, 근본적으로 과학 이론을 경험에 바탕을 둔 사실 및 법칙에 관한 일군의 진술이라고 파악하는 입장이다. 1960년대까지 과학철학계에서 지배적인 위치를 점유해왔던 이 관점은 헴펠·포퍼·토머스 나겔Thomas Nagel 등 종래의 논리경험주의의 영향을 받은 학자들의 사상이 주축이 되고 있으며 최근에는 웨슬리 샐먼Wesley C. Salmon 등이 기본적으로 이러한 관점 아래에서 새로운 방향을 모색하고 있다.

한편 이러한 관점에 대비되는 또 한 가지 부류는 크게 묶어 구조적 관점이라 할 수 있는데, 이는 과학 이론의 기본적 성격이 일군의 진술 형태로 표현되기보다는 오히려 이를 형성하고 있는 구조적 성격을 통해 더 잘 나타날 수 있다고 보는 입장이다. 이 관점에서는 이론의 구조 자체도 경험에 의해서 설정된다기보다는 경험의 내용에 앞서서 설정될 수 있으며, 극단적으로는 경험의 내용이 이론의 구조에 의해서 규정될 수 있다고 본다. 1960년대를 전후해서 크게 관심을 불러일으키기 시작한 이 관점은 과학 이론의 게슈탈트적 성격을 강조하는 핸슨을 비롯하여, 대립되는 이론들의 내용을 동일한 척도로 비교할 수 없다는 이른바 불가공약성不可公約性, incommensurability을 내세운 쿤과 파이어아벤트, 그리고 과학 이론의 집합론적 구조를 강조하는 프레더릭 수피Frederick Suppe · 조지프 스니드Joseph D. Sneed · 볼프강 슈테그뮐러Wolfgang Stegmüller 등이 모두 이 계열에 속한다고 말할 수 있다.

이제 과학 이론에 대한 하나의 새로운 관점을 제시하기 전에 이들 두 관점의 내용이 각각 어떠한 것이며 또 어떠한 한계점을 지니는지 간단히 고찰해보자.

진술적 관점

진술적 관점이 지닌 성격은 특히 과학적 '설명' 또는 '예측'에 관한 헴펠의 이른바 '연역-법리모형deductive-nomological model'에 의해 잘 나타난다. 연역-법리모형에 따르면 이미 발생한 어떤 사건을 설명하거나 앞으로 일어날 어떤 사건을 예측하려는 경우 우리는 언제나 사건 이전에 관측될 수 있는 선행조건antecedent condition에 관한 진술과 사건들 사이의 관계를 설정하는 일반법칙general law에 관한 진술을 결합하여 그 논리적 귀결이 되는 진술을 연역해내는 작업을 하게 된다는 것이다. 이를 도식적으로 표시하면 설명(또는 예측)의 대상이 되는 사건에 관한 진술을 E라 하고 선행조건에 관한 진술들을 $C_1, C_2 \cdots\cdots C_r$ 일반법칙에 관한 진술들을 $L_1, L_2 \cdots\cdots L_p$라 할 때,

$$\text{논리적 연역} \quad \frac{\begin{Bmatrix} C_1, C_2 \cdots\cdots C_r & \text{선행조건 진술} \\ L_1, L_2 \cdots\cdots L_p & \text{일반법칙 진술} \end{Bmatrix} \text{설명항}}{\begin{Bmatrix} E & \text{피설명(피예측) 사건 진술} \end{Bmatrix} \text{피설명항}}$$

의 관계가 성립한다는 것이다.

가장 간단한 하나의 예를 들어보면 "a는 G이다"〔Ga〕로 표시되는 하나의 사건(E)은 직접 관측에 의해 얻어질 수 있는 하나의 선행조건(C) "a는 F이다"〔Fa〕와 보편적으로 성립하는 하나의 일반법칙(L) "모든 x에 대하여 x가 F면 x는 G이다"〔$(x)(Fx \supset Gx)$〕라고 하는 두 진술의 논리적 연역의 결과로서 설명 또는 예측됨을 알 수 있다.

이 관점에 따르면 과학 이론의 구실은 사실(또는 사건)을 합리적으로 설명 또는 예측하는 것이며, 이를 위해서는 일반법칙들과 선행조건들을 진술 형태로 표시하여 이들로부터 설명하려는 모든 현상에 대한 진술들을 논리적으로 도출할 수 있으면 충분한 것이다. 그러나 이러한 작업이 의미 있게 진행되기 위해서

는 다음 몇 가지 문제들이 먼저 고려되지 않으면 안 된다.

첫째는, 이 진술들을 표현할 용어의 문제이다. 어떠한 진술이 의미를 지니기 위해서는 그 진술을 표현하는 용어들의 의미가 먼저 지정되지 않으면 안 된다. 흔히 이러한 용어들은 원초적 용어primitive term들과 정의된 용어defined term들로 구분되며, 원초적 용어들은 이른바 조작적 정의operational definition에 의해 그 의미가 주어지고, 정의된 용어들은 용어들 상호 간의 관계를 나타내는 이론적 진술에 의해 그 의미가 주어지는 것으로 보고 있다. 그리하여 이론 체계 속에는 필연적으로 이론 진술의 문제와 함께 용어 의미의 문제가 함께 결부되어 있으나, 현실적으로는 표면에 드러나는 이론 진술의 논리 구조에 비해 암묵적으로 전제되는 용어의 의미가 상대적으로 불철저하게 다루어질 위험을 지니고 있다.[2]

둘째로 고려될 문제는, 이론 속에 포함된 일반법칙들의 검증 문제이다. 이미 언급한 바와 같이 진술적 관점에서는 근본적으로 경험(실험)에 의해 법칙들이 검증되어야 한다는 입장을 취하고 있으나 바로 이 점에 적지 않은 문제가 놓여 있다. 즉 하나의 일반법칙 〔(x) $(Fx \supset Gx)$〕가 검증되기 위해서는 모든 가능한 x에 대해 Fx와 Gx의 관계가 확인되어야 하나 이것은 현실적으로 가능하지 않다. 이것이 바로 귀납논리가 부딪히는 기본적인 문제이며, 경험에 입각한 일반법칙에 대해서는 절대적인 검증이 가능하지 않음을 말해주는 것이다.

이 점과 관련해 포퍼는 검증 가능성 대신에 반증 가능성을 활용해야 한다는 입장을 취한다. 즉 어떤 특정한 x의 값에 대해서라도 $(Fx \supset Gx)$의 관계가 성립하지 않음을 보이기만 하면 일반법칙으로서의 〔(x) $(Fx \supset Gx)$〕는 반증되기 때문에 일반법칙에 대해서는 검증은 불가능하나 반증은 가능하다는 것이다. 그런데 이러한 일반법칙의 검증 문제에 대해 제한된 범위 안에서나마 검증이 가능하다는 관례적인 해석을 따르느냐, 아니면 포퍼의 주장대로 반증만이 가능하다는 엄격한 논리를 따르느냐에 따라 과학 발전의 해석에서 두 가지 상반된 입장에 설 수 있게 된다. 즉 관례적인 해석을 따르는 경우, 지금까지 경험적으로 확인된 법칙들은 그 경험의 범위 안에서는 일단 검증된 것이라고 보므로, 설혹 이 이론이 더 나은 새 이론으로 대치되는 경우에도 이 새 이론은 적어도 이 경험의 범위 안에서는 현재까지 확인된 법칙과 일치되지 않으면 안 된다는 입장에 서게 된다. 그리고 이 입장은 다시 모든 의미 있는 과학 이론은 결코 부정되지 않고 누적적으로 성장한다는 종래의 관념을 계승하게 된다. 여기에 비해 포퍼의 주장을 엄격히 받아들이는 경우에는, 모든 과학 이론은 검증될 수 없고 반증만이 가능하므로 한 이론이 다른 이론으로 대치되는 경우 이 중 한 이론만이 실험적으로 반증되거나 혹은 이 두 이론이 여전히 잠정적인 유효성을 가지고 좀 더 확고한 실험적 검증을 기다리는 경우로 해석하게 된다.

그러나 어느 쪽의 해석에 따르더라도 진술적 관점에서는 상반된 과학 이론의 우열을 논의하는 데 결국 논리와 경험의 판정을 따른다는 입장을 취하며, 이러한 의미에서 논리경험주의의 전통을 이어받고 있다.

구조적 관점

구조적 관점은 크게 나누어 관념구조적 관점과 수리구조적 관점으로 구분해 생각해볼 수 있다. 관념구조적 관점은 핸슨으로 대표되는 것으로서 과학 이론 자체를 하나의 '개념적 게슈탈트'로 보는 입장이다. 이 입장에 따르면 과학 이론은 관측된 현상을 꿰어 맞추어 이루어지는 것이 아니라 관념적으로 형성된 '사고의 패턴'에 해당하는 것이며, 오히려 관측 데이터들 자체가 이 패턴에 의해 이해될 수 있다는 것이다. 핸슨의 이와 같은 입장은 그가 제시하는 다음과 같은 '물새-산양bird-antelope' 그림에 의해 잘 나타난다.[3]

〈그림 1〉의 모습은 우리가 취하는 관념의 패턴에 따라 물새로도 볼 수 있고 산양으로도 볼 수 있다. 만일 이 그림에 〈그림 2〉에서처럼 몇 개의 선이 첨부된다면, 이것을 물새로 보는 경우에는 물새의 깃털이라 해석할 수 있고, 산양으로 보는 경우에는 산양의 수염이라 해석할 수 있다. 그리고 이 물체의 해석이 일단 내려진 경우 깃털(또는 수염)의 수가 넷이냐 다섯이냐 하는 것은 관측에 의해 검증 또는 반증될 수 있지만, 이 물체가 물새냐 산양이냐 하는 패턴의 문제는 검증 또는 반증될 수 있는 문제가 아니라는 것이다.

이러한 입장을 취할 경우, 과학의 발전 과정은 하나의 패턴을 지닌 과학 이론에서 이와 상이한 패턴을 지닌 또 하나의 이론으로 대치되는 과정이라고 이해될 수 있으며, 이 경우 이 두 이론 사이에는 서로의 내용을 동일한 척도로 비교할 수 없다는 '불가공약성'이 존재한다는 주장이 성립된다. 일명 게슈탈트 모형Ge-

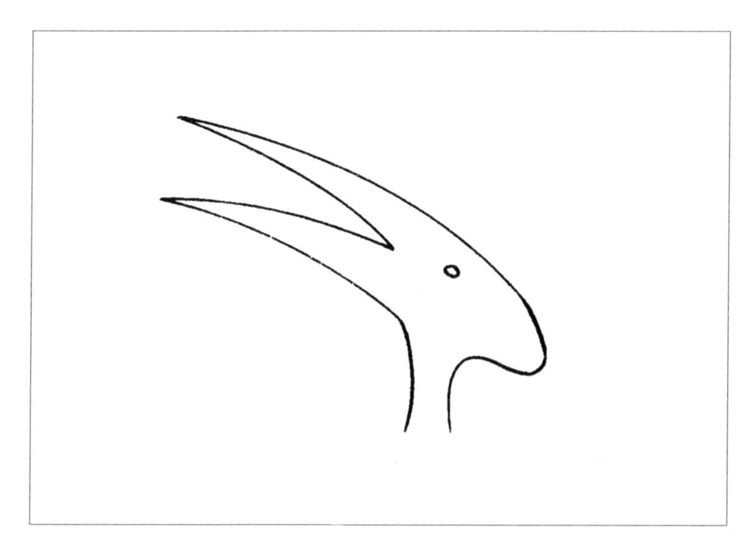

〈그림 1〉

〈그림 2〉

stalt Model이라고도 불리는 이러한 관념구조적 관점은 인식의 관점에서 관념의 패턴이 지닌 역할 및 중요성을 제시했다는 데 매우 큰 의의를 지니는 것이나, 이 관념 자체가 무엇이며 어떻게 표현될 수 있느냐 하는 점에서는 별로 구체적인 해답을 제시하지 못하고 있다. 이러한 입장에 관한 좀 더 최근의 논의는 크레이그 딜워스Craig Dilworth의 책에서 찾아볼 수 있다.[4]

여기에 비해 수리구조적 관점 특히 집합론적 구조를 강조하는 수피 ·스니드·슈테그뮐러의 관점(앞으로는 '스니드의 관점' 또는 '스니드 이론'으로 약칭)은 과학 이론이 담고 있는 핵심적 관념이 그 수학적 구조 속에 있는 것으로 보고, 과학 이론에 의한 자연현상의 이해라는 것을 곧 자연현상 가운데 이 수학적 구조에 맞는 것을 찾아서 파악하는 행위라고 보는 입장이다.

이들은 이러한 수학적 구조, 즉 '이론의 핵심core of the theory'을 드러내기 위해 과학 이론의 공리적公理的 체계를 재구성해내야 한다고 보고 있으나, 이는 굳이 형식논리formal logic 언어, 가령 1차술어산법一次述語算法, first-order predicate calculus을 사용하지 않고도 비형식 논리 언어인 집합론적 개념을 활용함으로써 충분한 엄밀성을 가지고 표현할 수 있다고 주장한다. 그 구체적인 사례로 이들은 고전질점역학古典質點力學, classical particle mechanics에 대한 집합론적 공리 구조를 제시한 바 있다.[5]

이들의 관점에 따르면 하나의 이론 또는 이론 요소theory element는 이것의 수학적 구조를 나타내는 '이론의 핵심'과 이것의 현실적 적용 가능성을 나타내는 '의도된 활용 범위range of intended applications'에 의해 구성된다. 즉 '이론의 핵심'을 *K*라 하고 '의도된

활용 범위'를 I라 할 때 하나의 이론 요소 T는

$$T = \langle K, I \rangle$$

의 관계를 만족하는 '집합론적 술어set-theoretic predicate'로 정의된다. 이와 같은 입장에서 볼 때 하나의 이론이 현실적인 의미를 지닌다는 것, 즉 하나의 이론에 대한 '경험적 주장empirical claim'이 성립한다는 것은 '의도된 활용 범위'에 속하는 구체적 현상들이 '이론의 핵심' 속에 표현된 수학적 구조의 현실적 사례가 된다는 주장이 성립함을 의미한다. 이를 보다 공식적인 용어로 표현하자면 이론 T에 대한 '경험적 주장'은 I에 속하는 모든 구체적 현상들이 K 속에 포함된 수학적 구조의 1차논리적 '모형'이 될 경우에 성립한다는 말이 된다.[6]

스니드 이론의 이와 같은 성격은 쿤의 패러다임 개념과 연결될 충분한 소지를 보여주고 있으며, 실제로 이 방향의 시도가 이루어지고 있다. 이제 이론의 핵심 K의 구조를 만족하는 일군의 전형적인 사례 I_0가 어떤 과학자 사회에서 얻어졌다고 하면, 이때의 이론 요소 $\langle K, I_0 \rangle$는 이들에게 하나의 패러다임적 구실을 하게 된다. 이들에게 정상과학이란 이론의 핵심 K의 내용을 그대로 유지하거나 또는 내부적으로 세분화해가면서 활용 사례 I_0의 범위를 넓혀나가는 것이라고 말할 수 있으며, 과학혁명은 이론의 핵심 K의 구조를 달리하는 새로운 이론이 등장함으로써 가능하리라고 해석할 수 있다. 그러나 쿤의 이른바 '세계관의 차이'가 '이론의 핵심 간의 차이' 속에 어떻게 반영될 수 있

을 것인지가 현재로서는 불분명한 상태이며, 일반적으로 말해 이 관점 속에서는 적어도 쿤의 의미에서의 정상과학과 과학혁명 간의 날카로운 차이가 설명되기는 어려우리라는 것이 일반적인 견해이다.

뿐만 아니라 스니드 이론에서는 과학 이론의 일반적 구조를 제시하기보다는 개별 과학, 특히 수리물리학의 구조를 주로 염두에 두고 논의를 진행하고 있으며, 또 개별 과학의 성격부터 철저히 이해해야 한다는 철학에 그 기반을 두고 있다. 스니드의 중요한 저서 『수리물리학의 논리적 구조The Logical Structure of Mathematical Physics』 초판(1971)이 출간된 이래 여러 분야에서 이러한 관점에 상당한 관심을 보이고 있고 또 많은 진척이 이루어진 것도 사실이지만, 이것이 과연 개별 과학의 범주를 넘어서서 과학 일반에까지 적용될 수 있을지는 아직도 예측하기가 매우 어려운 상황이다.

4. 과학 이론의 의미기반론적 구조

앞에서 살펴본 바와 같이, 과학 이론의 구조적 성격에 관한 기존의 여러 이론들은 과학 이론 자체에 대한 종합적인 이해에 도달했다고 하기는 어렵겠으나, 제각기 자체의 관점에 따라 과학 이론이 지닌 중요한 면모들을 밝혀주고 있음이 사실이다. 어떤 의미에서 이 여러 관점들은 과학 이론을 더 종합적으로 이해하기 위한 상보적인 기능을 한다고 생각할 수도 있다. 예를 들어,

명시적인 진술 형태로 표시된 이론 체계의 이면에는 이를 구성하는 어떤 형태의 관념 구조가 내재되어 있다고 볼 수 있으므로, 과학 이론에 대한 종합적인 이해를 위해서는 이 두 가지 측면을 각각 강조하는 진술적 관점과 구조적 관점을 함께 고려해야 한다는 주장을 할 수도 있다.

그러나 현실적으로는 이 몇몇 입장들 사이의 단순한 결합 또는 절충에 의해 하나의 유기적 구조가 떠오르리라고는 기대하기가 매우 어려우며, 오히려 이들의 유기적 결합을 가능하게 해줄 어떤 중요한 요소가 결여된 것으로 보아 이 요소에 대한 적극적인 모색을 시도하는 것이 더 유익한 일이라고 생각된다.

이러한 관점에서 앞에 고려한 여러 이론들을 좀 더 자세히 검토해보면 과연 이들 모두에게 공통으로 결여된 한 가지 중요한 요소가 존재함을 알 수 있다. 즉 이들은 거의 공통으로 이론의 바닥에 깔린 '의미의 기반', 즉 이론 자체에 '의미'를 부여해주는 개념의 바탕이 무엇인가에 대해 충분한 주의를 기울이지 않고 있다. 이것은 물론 그 문제성을 의식하지 않는다는 것을 의미하는 것은 아니다. 예를 들어 뮬리니스C.U. Moulines와 스니드는 수피의 과학철학에 대한 논의에서 "경험적 이론을 (논리적으로) 재구성하는 목적을 다음과 같이 정리해볼 수 있다"고 말하고 '경험적 이론의 내부 구조에 대한 명료화'와 '경험적 이론에 대한 의미론意味論, semantics 제공', 두 가지를 들고 있다. 그리고 곧이어 의미론의 과제는 첫째로, 다른 이론과의 관계 규명에서, 둘째로, 이론 외적 요소와의 관계 규명에서 이루어져야 한다고 주장한다.

그러나 실제 이들은 거의 대부분의 경우, 의미의 기반에 대한 고찰을 개별 개념의 정의 및 해석의 문제로 돌리거나 또는 여타의 이론에 의해서 이미 주어진 것이므로 더 이상의 깊은 고려가 필요하지 않다고 생각해버리는 경향이 있다.

우리가 이 글에서 취하려는 관점은 이러한 '의미의 기반'에 대해 더 깊은 주의를 기울여야 한다는 것뿐만 아니라, 이러한 '의미의 기반' 그 자체가 하나의 중요한 구조를 형성하고 있는 것이어서 이론의 구조 및 성격을 파악하기 위해서는 이러한 '의미 기반意味基盤, semantic basis'의 구조부터 먼저 명백히 규명해내야 한다는 것이다.[7]

이제 이러한 입장을 좀 더 구체적으로 이해하기 위해 먼저 인간의 지식과 언어와의 관계를 잠시 고찰해보자. 인간의 지식이 언어에 의해서 표현된다는 점은 누구나 쉽게 인정하고 있다. 그러나 언어 그 자체가 이미 매우 중요한 의미에서 인간의 지식을 반영한다는 점은 파악해내기기 쉽지 않다. 가령 "어느 물체가 빨리 움직인다"는 말(언어)이 가능하기 위해서는 먼저 '물체'라는 개념 속에 담긴 지식이 전제되며, 또 '움직인다'는 물리적 상태에 대한 지식, 그리고 "빨리 움직일 수도 있고 천천히 움직일 수도 있다"는 물리적 가능성에 대한 지식이 모두 전제된다. 뿐만 아니라 우리가 사물을 지각할 때 "무엇이 어떻다"는 일반적 형식에 맞추어 이해하려 한다는 사실, 즉 '이해의 패턴'도 언어 활용의 방식으로서 암암리에 전제된다. 사실상 언어의 구성요소 및 구성 규칙 속에 지식의 대단히 중요한 일면이 이미 반영되어 있으며, 구체적인 문장을 통해 어떤 진술이 이루어질 경우, 이 진술의 의미는 '언어'와 '문장'이라는 두 요인의 결합에 의해 결정된다는 점은 의심의 여지조차 없는 일이다. 그럼에도 불구하고 우리는 흔히 의미의 결정 요인으로서 '문장'에 대해서는 깊은 관심을 가지면서 '언어' 자체에 대해서는 별로 관심을 갖지 않으며, 또 문장으로 표현된 지식의 내용 가운데 이미 언어 속에 전제된 지식의 성분은 별로 의식하지 않게 된다. 그렇다면 그 이유는 어디에서 찾을 수 있는가? 그 해답은 매우 간단하다. 즉 의미의 구체적 표현을 위해 문장은 매 경우 바뀌지만 언어 자체는 현실적으로 거의 고정된 형태를 유지하기 때문이다.

그러나 만일 어떤 '지식' 내용을 위해 문장뿐만 아니라 언어 자체부터 새로 만들어야 할 경우가 생긴다면 어떠할 것인가? 아마도 새 언어를 만드는 일이 더 번거로운 과제가 될 것이며, 또 주어진 언어를 통해 문장을 이해하는 것보다 새 언어를 익히는 일이 더 어려운 작업이 될 것이다. 현실적으로 일상 지식의 경우에는 언어 자체가 급격히 변하거나 변해야 하는 경우가 많지 않겠으나, 과학 이론의 경우에는 때때로 급격한 변혁이 발생하게 되며 이러한 급격한 변혁은 거의 예외 없이 그 언어에 해당하는 의미기반의 구조적 변화를 동반하게 된다.

과학 이론이 지니는 이러한 성격을 다소 단순화시켜 그 일차적인 구조를 서술해보면 다음과 같다. 하나의 과학 이론을 S라 부르면, 이 이론은 영역領域, domain D와 사상寫像, mapping g에 의해 다음과 같은 형태로 표시될 수 있다.

$S = \langle D, g \rangle$

여기서 영역 D는 이론 S의 '의미기반'을 나타내는 것으로서 이를 구성하는 모든 가능한 의미요소意味要素, semantic element들의 집합이며, 이는 다시 이론의 취급 대상이 되는 모든 대상물들의 집합, 즉 대상 영역과 대상물들이 지닐 수 있는 모든 가능한 상황을 나타내는 물리량들의 집합, 즉 상황 영역으로 구분될 수 있다. 그리고 사상 g는 이 영역 D 위에 정의되는 각종 함수function, 관계relation 및 상수constant 들을 나타내는 것으로서 대체로 명시적 상황에 대한 진술에 해당하는 것이다.

이 새로운 관점에서는 과학 이론이라는 것이 그 언어에 해당하는 '의미기반' D와 그 문장에 해당하는 '상황진술' g의 대립되는 두 요소로 이루어지며, 과학의 발전 과정에 따라 이 두 요소가 모두 변형될 수 있는 성격을 지닌다는 점이 강조되고 있다. 특히 '의미기반' D 그 자체는 다시 '대상 영역'과 '상황 영역'으로 구분되면서 이론의 매우 중요한 구조적 특성을 반영하는 부분이 되며, '상황진술' g는 오직 이미 의미기반 속에 포함된 의미요소들만을 대상으로 이들 사이의 보편적·특정적 각종 상호관계를 표현하는 기능을 지니는 것으로 보게 된다.

이제 하나의 구체적인 예로서 고전질점역학의 경우를 생각해보자. 먼저 이것의 의미기반을 보면 대상 영역으로서 N개의 입자계(질점계)를 지정할 수 있으며 상황 영역으로서 이들이 지닌 3차원 공간 영역, 1차원 시간 영역, 1차원 질량 영역, 3차원 힘 영역 등을 지정하고 이들의 복합 영역으로서 속도·가속도·운동량·에너지 등의 영역을 지정할 수 있다. 다음에 여기에 부여될 상황진술들로서는 먼저 상황 영역 내의 모든 복합 영역(속도·가속도·운동량 등)과 원초 영역(공간·시간·질량 등) 간의 관계를 지정하는 '함수'들이 주어지며, 또 보편 상황진술은 힘과 운동량 변화와의 '관계', 물체와 물체 사이의 기본적 상호작용 '관계' 등에 대한 공리의 형태로 주어지고, 특수 상황진술로서 입자들이 지닌 질량의 값, 그리고 입자들이 지닌 초기 조건, 즉 어느 특정 시간에서의 위치 및 속도의 값들이 주어질 수 있다. 그리고 역시 상황진술의 일부로 되어 있는 상수항으로서는 좌표의 기준을 표시해줄 수 있다.

이러한 방식으로 의미기반과 상황진술이 모두 주어지면 이 대상물이 지니는 상황에 관한 모든 가능한 정보들이 이론 체계의 논리적 성격에 의해 연역될 수 있다. 예를 들어 이 입자계가 지닌 현재의 위치와 속도를 알면 미래 또는 과거 어느 순간에서의 위치와 속도를 비롯해서 모든 의미 있는 물리적 상태량들이 산출될 수 있으며, 이러한 산출 값들은 또한 직접적인 관측에 의해서 확인될 수도 있다.

그러나 현실적 과학 이론에서 처음부터 의미기반 *D*가 앞에 언급한 형태로 명백히 주어지는 것은 아니다. 원시적 과학 이론의 경우 의미기반으로서 일상적 언어들을 활용할 수 있겠으나 과학 이론 자체가 발전해감에 따라 의미기반 그 자체가 더 엄격히 규정되어야 하며 또한 나름대로의 복잡한 구조를 지니게 된다. 따라서 의미기반 자체를 서술하는 또 하나의 이론이 요청되며 이러한 이론을 우리는 '지지이론supporting theory'이라 부르기로 한다. 한편 지지이론에 대해서 앞에 언급한 이론 *S*는 '형식이론 formal theory'이라 불릴 수 있다.[8]

구체적 과학 이론에 대한 지지이론과 형식이론의 예를 우리는 5장에서 논의되는 동역학의 이론 구조에서 살펴볼 것이다. 과학 이론을 이렇게 구분할 경우 과학 이론이 지니는 가설연역 체계 등의 엄격한 논리 구조(3장 참조)는 주로 지지이론의 부분이 아닌 형식이론이 취하게 됨을 알 수 있다.

5. 여러 관점과의 비교

여기서 우리가 제시하는 관점을 앞 절에서 소개한 기존의 여러 관점들과 간단히 비교해보기로 하자. 먼저 수리구조적 관점, 즉 스니드 이론과 비교해보면 다음 몇 가지 점에서 그 차이를 발견할 수 있다. 첫째는, 스니드 이론이 그 수학적 구조(이론의 핵심)와 의도된 활용을 구분하여 격리시킴으로써 이론의 관념적 특성을 주로 수학적인 논리 구조 속에서 찾으려 하나, 여기서는 이론의 골격을 의미기반과 상황진술의 두 요소로 나누어 이들의 영역과 사상이라는 구조적 관계를 통해 연결시킴으로써 '언어' 부분과 '문장' 부분에 포함된 관념적 특성을 체계적으로 함께 추구하려는 입장을 취한다. 그리고 둘째로, 스니드 이론에서는 영역 *D*를 대상 영역(대상물 집합)에 국한시키고 상황 영역을 별도로 고려하지 않음으로써 대상과 '가능한 상황' 사이의 긴밀한 관계가 반영되지 않으며 또한 형식논리의 입장에서 볼 때 영역

D가 '논의의 우주universe of discourse' 전체를 포괄하지 못한다는 결함을 지닌다. 이러한 문제들은 물론 이 글에서 제안하는 모형에서와 같이 영역 D 속에 '상황 영역'을 함께 고려함으로써 해소될 수 있다.

다음에 이 이론을 관념구조적 관점과 비교해보자. 관념구조적 관점에서는 경험에 선행하는 관념의 중요성을 크게 강조하면서도 이 '관념' 자체가 무엇인지에 대해서는 별로 구체적 해답을 주지 않는다. 그러나 만일 이 '관념'이 여기서 말하는 '의미기반'에 해당하는 것이라면, 이 두 관점 사이에 많은 유사성이 있음을 알 수 있다. 특히 이 '의미기반'의 내용이 방법론적으로 경험에 선행하여 존재해야 한다는 점에서 이 두 관점은 거의 일치하는 것이다. 그러나 관념구조적 관점에서의 '관념'이 여기서의 '의미기반'에 해당한다고 해석하는 데는 상당한 무리가 따를 것이며, 이러한 점에서 이 이론이 관념구조적 관점을 그대로 구체화한 것이라고 보기는 어렵다.

마지막으로, 이 이론과 진술적 관점을 비교해보면 그 공통점과 차이가 가장 명확히 드러난다. 즉 이 이론에서 상황진술에 해당하는 부분이 거의 문자 그대로 진술적 관점에서의 과학 이론, 즉 '진술'에 해당하는 것이며, 진술적 관점에서 암암리에 전제하면서도 거의 아무런 명시적 고려를 하지 않는 것이 바로 의미기반의 부분이다. 따라서 이 이론은 진술적 관점에서 거의 도외시되는 이론 구조의 나머지 반쪽을 찾아내 구조적으로 연결시키는 입장이라고 말할 수 있다.

이제 이와 같은 고찰을 통해 볼 때, 이 글에서 제안된 이론은 기존의 여러 관점들과 상당한 차이를 가지면서도 이들의 주요 부분을 모두 포괄하는 형태를 지녔다고 해석할 수 있으며, 이것이 가능하게 된 것은 종래에 별로 의식하지 않던 '의미기반'이라는 새로운 개념을 도입해 이를 이론의 골격 속에 구조적으로 연결시켰기 때문이라고 말할 수 있다.

6. 의미기반의 변형과 과학의 발전

이제 과학 이론에 대한 우리의 새로운 관점을 기반으로 할 때 과학의 발전 과정이 어떻게 이해될 수 있는가를 고찰해보자. 이 관점에서 보여주는 과학 이론의 구조는 사실상 과학 이론뿐 아니라 거의 어떤 지식에 대해서도 그 이론적 단위에 그대로 적용해볼 수 있는 일반성을 지니고 있다. 따라서 우리는 역사적으로 발전해온 모든 지식에 대해 동일한 기본 구조를 바탕으로 이 구조상의 각 성분이 역사의 흐름에 따라 어떻게 변형되는가 하는 관점에서 지식의 발전 과정을 추적해갈 수 있다.

이러한 관점에서 우리는 다음 세 가지 방식에 의한 지식의 추구 과정을 생각할 수 있다. 첫째는, 주어진 의미기반과 주어진 보편 상황 아래 여러 특수 상황에 대한 지식을 추구하는 경우이다. 이는 대체로 직접적인 관측이나 답사를 통해 우리의 주변 우주에 대한 사실적 지식을 탐색하는 활동을 의미한다. 가령 고전역학의 개념 체계(의미기반)와 보편 원리(보편 상황)를 전제한 뒤 천체天體의 역학적 운동을 정확히 관측하여 기술하는 활동이 그 대표적인 경우라고 할 수 있으며, 또한 이미 주어진 자연법칙 아래 각 지층의 형성 연대를 추정하는 일이라든가 또는 해저의 지층 구조를 탐색하는 일 등이 모두 이러한 경우에 속한다고 할 수 있다. 둘째는, 역시 주어진 의미기반 아래 이번에는 보편 상황에 대한 지식을 추구하는 경우이다. 가령 각종 실험적 방식에 의해 어떤 새로운 경험적 법칙을 발견한다든가, 또는 이러한 법칙들을 더 기본적인 원리들로부터 이론적으로 도출해내는 작업들이 바로 여기에 해당한다. 근본적으로 의미기반의 변형을 수반하지 않는 이 두 가지 지식 추구 과정은 대체로 쿤이 말하는 정상과학 활동에 속하는 것이라 볼 수 있으며, 특히 첫째의 경우는 사실 탐구에 관한 실태과학이라 불릴 수 있고, 둘째의 경우는 법칙 탐구에 관한 양태과학이라 불릴 수 있다.[9]

그리고 지식 추구에 관한 셋째 방식으로, 의미기반 자체의 변형을 동반하는 더 혁명적인 경우를 생각해볼 수 있다. 일반적으로 사고 및 지각이 대체로 기존의 의미기반을 바탕으로 이루어지는 것이므로 의미기반 자체에 대한 의식적 반성은 쉽게 이루어질 수 있는 일이 아니다. 뿐만 아니라 의미기반은 그 자체로서 하나의 체계적 구조를 형성하여 기능하게 되므로 적어도 이 구조적 형태에서는 부분적·누적적 수정이 가능하지 않다. 그러나 의미기반 자체도 근본적으로 인위적인 관념에 의해 형성되는 것이며, 따라서 의미기반의 구조적 변화도 현실적으로 불가능한 것은 아니다. 단지 이것은 매우 예외적인 경우에만 일어날 수 있으며, 일단 이러한 변화가 발생하면 이는 인간의 사고방식 자체에 커다란 변화를 초래하는 것으로 해석될 수 있다. 의미기반 자체에 구조적 변화를 동반하는 어떤 새 이론이 발생하는 경우, 이러한 새 의미기반, 즉 새로운 사고방식에 익숙해지지 않고는 이 새 이론이 주장하는 내용을 이해할 수 없게 되며, 일반적으로 상이한 의미기반을 지닌 두 이론 사이에는 그 주장하는 내용의 비교조차 어렵게 된다. 쿤과 파이어아벤트에 의해 주장된 이른바 불가공약성도 이러한 맥락에서 이해될 수 있다.

이제 의미기반의 변형을 동반하는 경우들로서 과학사에 나타난 몇 가지 전형적인 경우를 생각해보자. 제일 먼저 코페르니쿠스의 천문학혁명의 경우를 보면 이는 의미기반 속에 담긴 대상물로서의 지구와 여기에 대응하는 상황 영역으로서의 '위치'(또는 운동) 사이에 구조적 변화가 일어남으로써 가능해진 것으로 해석할 수 있다. 즉 종래에는 모든 운동의 기준을 지구로 삼아왔으므로 '지구'라는 대상물은 하나의 운동 가능한 물체로서가 아니라 운동의 기준이라는 개념으로 의미기반 속에 부각되었으며, 따라서 대상물로서의 '지구'에 대응하는 상황 영역으로는 고정 위치밖에 허용되지 않았다. 그러나 일단 좌표 기준점의 상대성에 대한 의미기반 상의 수정이 이루어지고 나면, 즉 지구에 대한 특수 관념에 수정이 이루어지고 나면 태양 중심적 이해라는 것은 너무도 간단한 문제가 되고 만다.

다음에는 뉴턴의 고전역학 형성을 생각해보자. 이는 기존 의미기반에 대한 수정을 초래했다는 의미로서의 혁명이라기보다는 의미기반 속에 새로운 구조를 형성시켰다는 의미에서의 혁신적 발전이라고 이해되어야 할 것이다. 뉴턴역학을 통해 이루어진 가장 중요한 기여는 의미기반 속에 대상물로서의 질점의 개념과 이것이 지닐 수 있는 상태량으로서의 역학적 상태(위치와 운동량) 개념 및 상태 변화(운동량 변화) 개념을 설정한 것이라고 할 수 있다. 일단 이러한 상황 영역들이 의미기반 속에 설정되고 나면 뉴턴의 동역학법칙動力學法則, 뉴턴의 제2법칙은 단지 '상태 변화' 개념인 '운동량 변화'를 또 하나의 상황 변수인 '힘'과 일치시켜놓은 것에 지나지 않는다. 따라서 고전역학에서도 보편 법칙의 진술 못지않게 그 의미기반의 구조가 중요한 구실을 한다는 점이 강조되어야 한다.

혁명적 새 이론에서 의미기반의 구조적 변화가 결정적인 역할을 한다는 점은 아인슈타인의 상대성이론에서 가장 분명히 나타난다. 특수상대성이론은 사실상 물리법칙의 진술 형태에 대해 아무런 수정도 가하지 않고 오직 공간과 시간의 기하학적 구조만을 변형시킨 것으로 이해될 수 있다. 즉 3차원 공간과 1차원 시간을 4차원 공간-시간으로 치환함으로써 의미기반의 상황 영역에 자리 잡고 있는 공간과 시간의 수학적 구조만을 바꾸어놓은 것에 지나지 않는다. 실제로 우리가 지녀왔던 공간과 시간 개념에 구조적 변화를 가하지 않고 상대성이론을 이해하려 할 경우, 이해가 거의 불가능하게 되는 것이 바로 이러한 이유 때문이다.

양자역학의 핵심적 내용도 근본적으로는 의미기반의 구조적 변화에서 찾아볼 수 있다. 고전역학의 경우, 그 의미기반 속에 '역학적 상태' 개념이 도입되고 이를 나타내는 위상공간位相空間, 위치-운동량 공간이 설정되는 것과 마찬가지로, 양자역학의 경우에도 새로운 '양자역학적 상태' 개념이 도입되고 이를 나타내는 수학적 공간으로서 힐베르트 공간이 설정된다. 사실상 양자역학에서 상태함수(양자역학적 상태)의 수학적 성격과 물리적 해석만 주어지면 여기에 동역학법칙(슈뢰딩거 방정식) 하나만 더 첨부함으로써 그 구조적 특성이 모두 지정되는 셈이다.

지금까지는 의미기반의 변형 내용으로 '상황 영역'을 재구성하게 된 경우들을 위주로 고찰했으나, 의미기반의 '대상 영역' 안에 혁신적인 변화가 발생하는 경우들도 생각해볼 수 있다. 그 한 가지 예로 존 돌턴John Dalton의 원자론原子論 도입의 경우를 생각해보자. 원자론이 도입되기 전에는 우리가 고찰의 대상으로 삼는 대상물들을 연속적인 매질 및 이들의 결합이라고 보았으나, 원자론을 계기로 대상물들을 유한한 단위를 지닌 미소입자微小粒子들의 모임이라고 생각하게 되었으며, 대상물의 이러한 성격 변화에 따라 이들이 지니는 상황 영역 또한 크게 수정되었고, 그 결과 우리의 현상 이해 방식에 근본적인 변화가 나타났음은 너무도 잘 알려진 사실이다.

7. 맺는 말

우리는 과학 이론의 기본 구조를 '의미기반'과 '상황진술'이라는 두 개의 기본 요소로 구성된 것으로 보고 이들 사이의 관계를 '언어'와 '문장' 또는 수리적인 '영역領域'과 '사상寫像'의 관계로 파악함으로써 과학 이론에 대한 하나의 유기적인 새 모형을 제시했다.

이러한 모형은 앞에서 이미 간단히 예시한 바와 같이 종래의 여러 관점들과 본질적으로 상치되지 않으면서 과학 이론의 여러 면모들을 더 포괄적으로 설명할 가능성을 보여주고 있으며, 또한 과학 발전의 여러 형태들을 유형별로 구분하여 이해하는 데도 적지 않은 도움을 주리라 생각된다. 특히 이 모형은 과학의 혁명적 발전 과정을 '의미기반'의 변형이라는 형태로 이해할 수 있게 해줌으로써, 쿤의 패러다임의 전환 과정에 대한 인식론적 바탕을 마련하는 데도 기여할 것으로 예상된다.

이와 함께 과학 이론의 구조에 대한 이러한 관점은 물리학 이론 특히 동역학들의 이론 구조를 살펴나가는 데 커다란 도움을 줄 수 있다. 우리는 뒤에서(6장 참조) 바로 이러한 관점에 입각해 물리학의 이론 구조를 좀 더 구체적으로 살펴나가기로 한다.

5장
과학의 인식 구조
–상태설정과 상태서술[1]

1. 여는 말

20세기 지성계의 가장 커다란 수수께끼 하나를 말하라면 아마도 양자역학의 해석 문제를 꼽을 사람들이 많을 것이다. 물리학 이론으로서의 양자역학은 그 윤곽이 잡힌 1920년대 이후 엄청난 성공을 거두어 과학의 거의 모든 분야에서 놀라운 성과를 보여주었으며, 그 기술적 활용에서도 가히 20세기 기술 문명을 주도했다고 할 수 있을 정도로 커다란 위력을 발휘하고 있다. 과학과 그 활용에서의 이러한 성공에도 불구하고 양자역학의 '해석' 문제는 아인슈타인과 닐스 보어Niels Bohr 사이의 고전적 논쟁 이후 반세기가 훨씬 넘도록 그 어떤 뚜렷한 해결의 실마리가 보이지 않으며, 아직도 여전히 뜨거운 논쟁의 대상이 되고 있다.[2]

도대체 그렇게 성공적인 과학 이론이 어째서 이렇게 어려운 해석의 문제를 낳는 것인가? 이 점을 이해하기 위해 우리는 아인슈타인의 상대성이론의 경우를 잠시 상기해볼 필요가 있다. 아인슈타인의 상대성이론, 특히 특수상대성이론은 새로운 자연법칙을 제시하는 것이 아니었다. 오직 기존의 법칙들을 서술할 기본 변수들인 시간과 공간 개념에 대해 간단한 수정을 요구하는 것이 전부였다. 즉 기존의 시간과 공간 개념을 통해 자연법칙들을 서술하는 데 무리가 있으니 수정된 새 개념, 즉 '4차원 시간-공간' 개념을 통해 자연법칙을 서술하자는 주장인 것이다. 그러므로 누구나 만일 시간, 공간에 대한 이 새 개념을 받아들이기만 한다면 상대성이론은 지극히 간단하고 쉽게 이해할 수 있는 이론이 되지만, 만일 이 새 개념을 받아들이지 못한다면 이는 영영 이해할 수 없는 수수께끼로 남게 되는 것이다. 그러나 아인슈타인이 처음부터 4차원 시간-공간 개념을 명백히 밝혔던 것은 아니다. 이는 오히려 특수상대성이론이 발표되고 2, 3년이 지난 후 헤르만 민코프스키Hermann Minkowski가 상대성이론을 새롭게 '해석'함으로써 가능해진 것이다.

이와 매우 유사한 측면이 양자역학에도 존재한다. 양자역학도 기존 과학 이론의 틀 안에 새로운 법칙들을 도입한다거나 혹은 기존의 법칙들을 수정하여 만들어진 이론이 아니다. 오히려 많은 점에서 기존의 법칙 체계를 그대로 유지하면서 그 개념의 틀을 바꿈으로써 마련된 이론이라고 할 수 있다. 그런데 이때 바뀌는 개념의 틀이 너무도 획기적이고 광범위해 그 전모를 파악하기가 어려울 뿐 아니라, 설혹 이를 파악한다 하더라도 폐기되어야 할 기존의 관념 체계가 너무도 완강하여 이를 벗어나기가 어려운 상황이라고 말할 수 있다.

우선 이 점과 관련한 아인슈타인과 보어 사이의 논쟁에 대해 총체적으로 평가해보자. 아인슈타인의 경우가 폐기되어야 할 기존의 관점을 집요하게 고수하느라 새로운 가능성을 거부한 사례라면, 보어의 경우는 그 무엇인가 중요한 것을 폐기하고 새

틀을 짜야 함을 예상했음에도 불구하고 잘못된 대안을 제시함으로써 혼란을 초래한 경우라고 해야 할 것이다. 양자역학이 이룩한 한 세기 동안의 혁혁한 성과로 미루어 볼 때, 그리고 오늘날 우리가 수용할 수 있는 관념상의 전환 가능성을 놓고 볼 때, 아인슈타인이 끝까지 집착한 실재론적이며 결정론적인 관점은 폐기될 수 있고 또 마땅히 폐기되어야 할 임의적 형이상학에 바탕을 둔 것이었다. 반면, 결정론은 폐기했으나 여전히 보이지 않는 실재론의 망령을 떨쳐버리지 못함으로써 인식 주체와 대상 간의 유령적인 상호관계를 도입해 불필요한 억측과 혼란을 야기한 보어의 코펜하겐 해석 역시 오늘날 청산해야 할 역사적 부담으로 떠오르고 있다.

아인슈타인과 보어의 논쟁 이후, 변형된 모습으로 혹은 대안적 형태로 제시된 이른바 '해석'에 관한 수많은 논의들이 진행돼왔으나, 여기서는 오직 1960년대 이후 제시된 존 벨J. S. Bell의 부등식과 이에 대한 실험적 검증에 대해서만 간단히 언급하고자 한다. 1964년에 벨은 매우 간단한 부등식 하나를 도출했다. 그 내용인즉, 우리가 만일 관측 가능한 물리량들의 '실재성'을 인정한다면, 서로 다른 물리량의 관측치들 간의 상관관계들 사이에 일정한 부등식이 성립한다는 것인데, 따라서 이 부등식의 만족 여부는 이러한 물리량들의 '실재성'을 이론적으로 그리고 실험적으로 확인할 기준으로 활용될 소지를 지닌다. 흥미롭게도 몇몇 특수한 경우에 대해 양자역학은 이 부등식을 위배하는 사례를 제공하고 있으며, 그 사례들이 실제 실험에 의해 확인되고 있다. 만일 우리가 이 사실을 인정한다면,

최소한 '실재성'에 대한 기존의 관념들은 커다란 타격을 입게 되며, 아울러 이런 상황에 대한 새로운 해석이 절실하게 요청되는 것이다.[3]

이 글에서는 이런 많은 문제점들이 과학에서의 인식 주체와 대상 사이의 관계를 명확하게 설정함으로써 해소될 수 있음을 보이고자 한다.[4] 사실상 인식 주체와 대상 사이의 관계는 이와 같은 문제점들과 무관하게 명확히 구명究明되어야 할 성격을 지니는 것이나, 양자역학의 본격적인 도입 이전에는 인식 주체의 성격 규정이 대상 서술에 특별한 영향을 주지 않았으므로 그러한 논의는 오직 한가한 이론적 관심사 이상의 것이 되지 않았다. 그러나 이제 최소한 양자역학의 해석 문제와 관련해 이는 시급히 정리되지 않으면 안 될 상황에 이르게 된 것이다. 한편 여기서 강조되어야 할 점은 이것이 양자역학의 해석을 위한 하나의 방편적인 논의가 아니라 과학 이론의 성격 그 자체를 구명하기 위해 요청되는 하나의 독립적인 문제를 형성한다는 것이며, 따라서 이 논의는 원칙적으로 양자역학의 해석과는 무관하게 독자적인 구성을 지니게 된다. 단지 양자역학의 해석이 지니는 중요성에 미루어 이를 가능한 한 양자역학과 밀접한 관련 아래 논의하려는 것이다.

2. 인식 주체가 그려내는 '세계'

인식의 문제를 논의하기 위해 우리는 일단 물리적 실체로서의 인식 대상과 이를 인지하는 인식 주체의 존재를 인정하기로 한다. 그리고 인식 주체는 인식 대상으로부터 어떤 형태로든 '물리적 자극'을 받아야만 대상에 대한 인식이 가능한 것으로 보기로 한다.[5] 이와 아울러 인식 주체가 대상을 '인식한다는 것'은 인식 주체를 구성하는 인식 기구 안에 나타나는 물리적 과정의 '내적 측면'임을 인정한다. 여기서 '내적 측면'이라 함은 인식 기구 안에 진행될 것으로 상정되는 물리적 과정과 '물리적으로'는 서로 다른 것이 아니면서도 이것과 '안과 밖'의 관계로밖에 구분할 수 없는 그 무엇임을 말한다. 즉 '물리적으로'는 동일한 것이지만 '인식적으로'는 전혀 다른 범주에 속하는 것이 된다. 예컨대, 나비를 보는 사람은 나비로부터의 물리적 자극이 그의 시신경을 건드림으로써 보게 되는 것이 틀림없지만, 이런 물리적 과정에 대한 분석이 곧 나비에 대한 '그의 주체적 인식'이 되는 것은 아니다. 나비를 보는 사람은 사실상 그와 같은 물리적 과정에 대해 전혀 무지하더라도 나비를 인식하는 데는 지장이 없다. 그의 인식은 오로지 이 물리적 과정의 '내적 측면'에 해당하기 때문이다.

이와 같은 점을 인정한다면, 인식 주체가 인식하게 되는 내적 '세계', 즉 그 인식의 내용은 그 자신의 인식 기구와 외부로부터의 '자극'만으로 만들어지는 '주체 내부의 구성물'일 뿐 이러한 자체 구성적 성격을 넘어선 그 어떤 객관적 세계의 직접적 표상이 될 수 없음이 분명하다. 그러나 만일 인식 기구가 충분히 정교하여 인식 주체에 전해지는 모든 '자극'들이 인식 주체가 가상하는 외부 세계의 상像과 완전히 대응되는 형태로 나타난다면, 이것을 굳이 그 어떤 객관적 세계의 표상이 아니라고 해야 할 이유는 없다. 왜냐하면 이것 이외에 어떤 다른 객관적 세계가 존재한다는 것은 인식적으로 전혀 무의미한 주장이 되고 말 것이기 때문이다.[6]

놀랍게도 우리가 인식하는 일상적 세계는 바로 이런 조건을 잘 만족하는 듯이 보인다. 우리가 그 안에 살고 있다고 생각하는 세계는 바로 우리의 인식 기구가 접하는 외적 자극을 엮어 만들어낸 구성물에 불과한 것이 사실이지만, 우리는 마치 이것이 바로 실제 세계이기나 한 듯이 생각하며, 그 생각이 우리의 일상적 삶에 아무런 문제도 야기하지 않는다. 우리가 대체로 우리의 일상적 세계의 현실성을 부정하지 않는 것은 일상적 삶에서 경험하는 바로 이러한 사실들 때문이다.

그러나 좀 더 면밀히 검토해보면, 우리가 인식하는 이 세계가 우리의 불완전한 인식의 결과라는 사실이 여러 측면에서 노출된다. 우리가 이 세계 안에 존재한다고 생각했던 것들이 나중에 존재하지 않는 것으로 판명되는 일을 우리는 적지 않게 경험하고 있으며, 또 우리가 이 세계 안에서 일어나리라 예상했던 일들이 일어나지 않고 빗나가게 되는 경우도 많이 본다. 지금 그 어딘가에 있는 것이 틀림없으면서도 직접적인 목격을 하지 못해 알지 못하는 것들이 있는가 하면, 아직 일어나지 않았고 또 이에 대해 효과적인 예측도 할 수 없어 알지 못하는 것들도 있다.

이렇게 볼 때 우리는 인식의 불완전성을 크게 두 가지 범주로 나눌 수 있음을 알게 된다. 하나는, 본질적으로 알려질 수 있고 또 누군가에 의해 이미 알려졌을 수도 있지만 단지 정보의 미비로 미처 알지 못하는 범주에 속하는 것들이다. 예컨대 아메리카 대륙이 이미 존재하고 있었으나 13세기 유럽인들은 이를 알지 못했던 것이 이에 해당한다. 이와는 다른 또 하나의 범주에 속하는 것으로, 단순한 정보만으로는 아무리 그 정보 자체의 신뢰성이 높다 하더라도 그 사실성을 보장할 수 없는 성질의 것들이 있다. 예를 들면 제2차 세계대전이 종결되기 전에 일본이 결국 전쟁에서 패하게 되리라는 사실에 대한 지식이 그것이다. 이는 그 예상이 불합리해서가 아니라 어디까지나 '예상'일 뿐 아직 '사실'이 아니라는 점에서 그러하다.

이런 점들을 감안할 때, 우리는 인식 주체가 그려내는 '세계'가 크게 두 영역으로 구분될 수 있음을 알게 된다. 하나는, 직접적인 경험 또는 이 경험에 바탕을 둔 신뢰할 만한 정보를 통해 확인되는 내용을 담고 있는 공간으로서 이를 일러 '경험표상 영역'이라 할 수 있으며, 다른 하나는, 외부 세계의 어떤 대상에 대한 예상을 서술하는 공간으로서 이를 '대상서술 영역'이라 부를 수 있다. 이 두 가지 인식 영역은 모두 인식 주체의 의식 공간 안에 형성되는 것인데, 그 안에 나타나는 모든 정보는 본질적으로 외부 세계와의 접촉, 즉 외부로부터의 물리적 '자극'에 의존하게 된다. 외부로부터 어떤 물리적 '자극'이 주어진다고 할 때, 이는 곧 일차적 경험의 소재가 되는데, 주체가 느끼는 그 경험 자체에 어떤 내적 '표상'이 부여되어 '경험표상 영역' 안에 자리 잡게 된다. 그리고 이렇게 표상된 내용이 어떤 대상의 미래 상황 진전에 대해 의미를 지닌다고 해석되는 경우에는 다시 이를 '대상서술 영역'으로 이관시켜 이에 대한 적절한 예상 작업을 수행하게 된다. 이때 일차적 경험을 표상하는 언어, 즉 '경험표상 영역'의 언어로부터 대상에 대한 예상 작업에 적절한 언어, 즉 '대상서술 영역'의 언어로 전환시켜 작업할 수 있으며, 이렇게 수행된 작업 결과를 다시 '경험표상 영역'의 언어로 전환시켜 되돌려줌으로써 경험 세계 안에서의 실천적 의미를 지니는 하나의 '예상 작업'이 완성되는 것이다. 물론 실제 인식 과정에서는 그 어떤 예상의 수행 없이 단순한 사실의 확인만으로 만족할 수도 있으며, 이런 확인 작업 또한 인식의 중요한 한 부분이 된다. 그러나 많은 경우, 두 가지 인식 영역을 바탕으로 미래 또는 직접 확인하기 어려운 사실들에 대한 예상 작업을 하게 되는데, 우리가 고찰하려는 주요 관심사는 바로 그 두 기능이 어떤 유기적 과정을 통해 이루어지는가 하는 점이다.

이를 살피기 위해 인식 대상과 인식 주체 사이에 나타나는 인식적 관계를 도식으로 나타내보면 다음 그림과 같다.

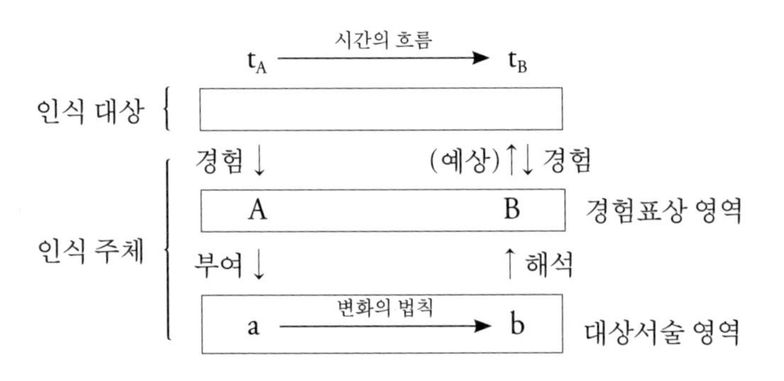

〈그림 1〉 인식 주체의 대상 인식 구조

〈그림 1〉에서 인식 주체는 t_A라는 시간에 대상과의 접촉을 통해 얻은 경험 내용을 A라는 개념으로 표상하게 된다. 그리고 주체는 이를 바탕으로 대상의 미래 상황을 예측하기 위해, 경험 내용을 대상의 '초기 상태'라 불릴 a라는 개념으로 바꾸어 '대상서술 영역'으로 이관한다. '대상서술 영역'에서는 '대상에 관한 기존의 지식'(이를 일러 대상의 '특성'이라 한다)과 함께 새로 들어 온 a라는 지식을 활용해 이 대상이 시간 t_B에 처하게 될 '말기 상태' b를 산출한다. 이 산출 과정에 상태 변화에 관한 신뢰할 만한 법칙을 활용할 수 있다. 일단 b가 얻어지면 다시 경험표상 언어인 B로 이를 해석해내고, 대상과의 새로운 접촉을 통해 얻게 될 예상 경험 내용을 예측하게 된다.

3. '경험표상 영역'과 '대상서술 영역'의 성격

그렇다면 이런 작업을 수행하는 '경험표상 영역'과 '대상서술 영역'은 각각 어떠한 성격을 가졌는가? 우리는 두 영역을 구분하면서 대상에 관한 "일차적 경험 사실의 표상"과 대상에 관해 "예상되는 상황의 서술"이라는 기능적 차이에 바탕을 두었다. 그러나 이 구분을 좀 더 명료히 하기 위해서는 의식 세계 안에서 '경험'과 '예상'이 각각 무엇을 의미하는지 규정할 필요가 있다. 실제로 인식 주체 안에서 이루어지는 과정은 외부와의 물리적 접촉을 통한 '자극'이 입수되고, 이것이 적절한 내적 절차를 거친 뒤 다시 외부에 대한 또 하나의 물리적 접촉인 '반응'을 나타내는 것으로 종결된다. 이때 이 대상과의 물리적 접촉을 의미하는 '자극'과 '반응'이 인식 주체에게는 '경험'에 해당하며, 이러한 경험을 표상하는 개념들로 이루어진 의식 공간이 바로 '경험표상 영역'이다. 그리고 '예상'은 이러한 단순한 표상의 단계를 넘어 인식 주체와 대상 사이에 이루어질 다음번 접촉이 어떠한 모습을 띠게 될 것인지를 미리 알아보는 기능이 된다. 그러므로 이는 아직 '경험'되지 않은 내용들을 미리 상정하는 것이며, 이를 수행하는 의식 공간이 바로 '대상서술 영역'이다.

따라서 '경험표상 영역' 안에 들어오는 내용은 현재 받고 있는 자극 그 자체의 직접적 표상 및 이에 준하는 정보의 집합이라 할 수 있으며, 통상적 용어로 말하자면, 가장 직접적으로 감지되는 외계의 모습 그 자체라 할 수 있다. 한 예로 내가 눈을 뜨고 정원을 내다보는 경우를 생각해보자. 내 눈에 일련의 광학적 자극이 비치고, 내 두뇌가 이를 해석하여 나무와 바위가 보인다고 말해준다면, 내 의식의 '경험표상 영역' 속에는 나무와 바위가 놓이게 된다. 그리고 이것의 의미 속에는 예컨대 내가 나무를 만져보면 나무의 부드러움을 느끼며 바위에 손을 대면 바위의 단단함을 느끼리라는 실천적 내용이 담겨 있는 것이다. 그리고 이때 만일 내가 알아볼 수 있는 한 친구가 이 정원에 들어서는 것을 보았다면, 내 '경험표상 영역' 속에는 이 친구가 다시 추가되는 것이다. 간단히 말해 '경험표상 영역' 속의 내용은 지금 내 눈앞에 벌어지는 정경情景을 실천적 의미를 지닌 언어로 나타내주고 있음을 말한다. 이는 곧 내가 이를 바탕으로 직접적인 행동을 취할 때, 바로 기대했던 결과를 얻게 될 '현실' 상황의 표상을 의미한다.

이에 비해 '예상'은 어떤 관심 대상에 대해 이에 대한 '사실적 지식'을 바탕으로 직접 확인되지 않는 시점 또는 위치에서의 '사실적 정황'을 그려내는 작업이다. 따라서 이는 '경험표상 영역'과는 구분되는 한층 고차적 의식 공간, 즉 '대상서술 영역' 속에서의 활동이 된다. 그러나 이러한 활동이 그 어떤 추상적 차원에서 이루어지더라도 그 결과는 다시 '경험표상 영역' 속의 의미 체계로 바뀌어 해석되어야 한다. 만일 그렇게 되지 못한다면 이러한 예상의 결과는 현실 속에서 적용할 그 어떤 실천적 의미도 담아내지 못할 것이기 때문이다. 다시 앞에 언급한 예로 되돌아가보자. 내가 만일 정원에 들어선 이 친구에게 관심을 가진다면 나는 그에 대해 내가 가졌던 기존의 지식과 함께 그가 오늘 이 장소에 지금 이 모습으로 나타났다는 새 지식을 더해 앞으로 그가 보여줄 행위에 대해 의미 있는 예상을 해볼 수도 있다. 그런데 이러한 예상의 내용은 제아무리 충실하게 수행되었더라도 경험적 '사실' 그 자체는 아니며, 따라서 이는 인식 공간 안에서 '경험적 사실의 표상'과는 다른 인식 영역을 점유하게 된다.

인식 주체의 입장에서 보면 현재 보고 있는 정경, 즉 '경험표상 영역' 안에 들어오는 내용은 직접 지각되는 '현실 세계'의 반영이라 할 수 있으나, 자기가 예상해내고 있는 친구의 행위, 즉 '대상서술 영역' 안의 정황은 설혹 그것이 자기가 할 수 있는 최선의 것이었더라도 어디까지나 '예상의 세계'에 속하는 것이다. 물론 그는 이 '예상'의 결과를 바탕으로 다시 '현실 세계' 속에서의 행동, 즉 '반응'을 결정한다. 그러므로 이 두 '세계'는 밀접한 연관을 가지는 것이 사실이지만 엄격한 의미에서는 서로 분리된 '영역'을 지녔다고 해야 한다.[7]

한편 두 영역의 분리가 어떤 절대적 경계를 지니는 것은 아니다. 이는 특히 그 '예상'의 내용이 직접적이고 신뢰성이 클 경우 더욱 그러하다. 예를 들어, 정원의 나무를 보았을 경우 내가 그것을 만지면 부드러운 촉감을 느낄 것이라는 '예상'을 하게 되지만, 이는 굳이 '대상서술 영역'으로 넘기지 않고 '경험표상 영역' 안에서 처리될 수 있는 일이다. 즉 '나무'라는 개념 속에 '부드럽다'는 성질이 함축되는 경우 이 두 관념은 '경험표상 영역'을 떠날 필요 없이 그 안에서 직결되는 것이다. 그리고 이러한 직결 가능성은 또한 '경험표상 영역'에 속하는 공간을 크게 확대시키는 기능을 한다. 예컨대 과거에 확인한 사실적 정보는 그 시간적 변화가 무시될 만한 경우 여전히 지금의 '경험표상 영역' 안에서 유효한 위치를 점유하게 된다.[8] 앞의 예에서, 한 시간 전에 본 나무와 바위는 지금도 여전히 그 자리에 놓여 있을 가능성이 매우 크며, 따라서 내 '경험표상 영역' 안에는 이것이 여전히 그대로 머물러 있을 수 있다.

한편 '대상서술 영역'과 '경험표상 영역' 사이의 구분은 '대상 의존적'이다. 앞의 예에서 보는 바와 같이 하나의 관심 '대상'(정원에 들어선 친구)이 지명됨과 동시에 그와 관계되는 '경험표상 영역'과 '대상서술 영역' 안의 활동이 의미 있게 작동하게 되며, 이들 내용의 성격에 따라 이 두 영역의 구분이 의미를 지니는 것이다. 예를 들어, 앞의 나무나 바위처럼 '대상'이 특별한

'예상'을 필요로 하지 않을 경우, 그것의 인식은 오직 '경험표상 영역'의 문제에 그칠 수 있다. 그리고 이 '영역'에 속하는 내용 또한 인식 주체의 인식적 활동이 진행됨에 따라 끊임없이 증진 혹은 감퇴될 수 있는 가변성을 지닌다. 특히 이와 같은 기능을 의도적으로 증진시키기 위해 수행되는 이른바 '학습'을 통해 이들 영역의 기능 및 내용이 크게 향상되는 것이 사실이지만, 여기서는 편의상 학습 또는 발견에 관한 논의는 모두 생략하기로 한다.

4. 정보의 교류와 '집합적 인식 주체'의 형성

인간의 사물 이해에 관해 앞에서 살펴본 상황을 인정할 때, 우리는 이를 통해 다시 그 인식 주체의 성격을 좀 더 명확히 구명해 볼 수 있다. 즉 인식 주체라 함은 스스로 내적 인식 공간을 형성하여 인식 기능을 수행하게 되는 어떤 지적 체계에 해당할 것이며, 인식 주체의 성격은 인식 기능, 즉 그 안에서 작동되는 '경험표상 영역'과 '대상서술 영역'의 기능에 의해 규정될 수 있을 것이다. 그리고 일단 이 기능을 수행할 수만 있다면, 인식 주체가 자연인이든 인공지능이든 혹은 그 외의 어떤 지적 체계든 상관할 일이 아니다. 예를 들어 인공지능을 제작해 그 안에 적절한 강성기제hardware와 연성기제software를 마련해 넣음으로써 인공지능이 인식 기능을 수행하게 된다면 인공지능은 곧 하나의 훌륭한 인식 주체가 되는 것이다.

그런데 우리가 잘 아는 바와 같이 우리의 많은 지식은 개별 자연인 혹은 개별 컴퓨터에 국한되지 않고 여러 지적 기능자들 간에 공유되는 성격을 가진다. 즉 정보의 교류를 통해 개별 지적 기능자들 사이에 협동적인 인식 활동이 이루어지는 것이다. 개별 주체들은 가능한 정보의 통로를 활용하여 이들 각각이 지닌 '경험표상 영역'을 서로 연결함으로써 한층 확대된 '경험표상 영역'을 공유하게 되며, 마찬가지로 보다 고차적인 사고인 '예상'을 하면서도 서로의 사고 내용을 교환하여 일종의 공유된 '대상서술 영역'을 지닐 수 있게 된다. 이것이 바로 언어와 통신을 매개로 하는 인간의 문화 공동체가 갖는 중요한 특성임은 말할 것도 없다.

사실상 우리가 상식적으로 인정하는 '현실 세계'가 바로 이처럼 공유된 '경험표상 영역'의 내용에 해당한다. 그리고 우리의 일차적인 경험 언어들이 바로 이 개별 주체들의 '경험표상 영역'을 서로 연결시키는 정보의 매체 역할을 한다. 개별 주체들은 언어라는 매체를 통해 서로 의식 공간을 연결함으로써 보다 넓은 '현실 세계'를 공유하며 살아가는 것이다. 마찬가지로 '대상서술 영역' 또한 공유할 수 있는데, 이는 대체로 '경험표상 영역'의 공유 가능성에 비해 덜 직접적이라 할 수 있다. 많은 경우 '서술' 그 자체를 공유한다기보다는 '서술의 방식'을 공유하게 된다. 어쨌든 우리의 일상적 인식 활동은 경험과 사고의 영역을 공유함으로써 크게 증진되는 것이 사실이며, 이때 우리가 만일 공유되는 전체 체계를 기능적인 하나의 새로운 단위로 볼 수 있다면, 이 전체 체계가 바로 하나의 단일한 '집합적 인식 주체'가 되는 것이다. 이렇게 될 경우, 개별 주체들 사이의 '정보 교환'은 오직 집합적 인식 주체의 '의식 공간 내적 활동'에 해당하게 된다.

'인식 공간'의 공유는 비단 일상적 생활 속에서만 발생하는 것이 아니다. 많은 경우 일상적 언어 체계는 좀 더 엄밀한 과학적 개념 규정에 의해 정교화될 수 있으며, 이렇게 다듬어진 정보의 활용에 의해 보다 정치한 '경험표상 세계'와 '대상서술 세계'를 구축해나갈 수 있다. 예를 들어 물체의 크기라든가 사건 간의 시간 간격 등을 보다 엄밀히 규정함으로써 이 세계 안에서의 '경험 내용'들을 훨씬 정교히 파악할 수 있으며, '서술'의 방식을 좀 더 체계적으로 다듬음으로써 '예상'의 기능 또한 크게 증진시킬 수 있다.

사실상 과학은 바로 이러한 의식적인 정교화 과정을 거쳐 마련해낸 공공의 지적 활동이다. 과학이야말로 공유된 지식의 전형이라 할 수 있으며, 이러한 공유성을 지니지 못할 때 우리는 이를 과학이라 부르지 않는다. 우리가 이 점을 인정한다면 과학에서의 인식 주체는, 적어도 그 기능적 측면에서, 그 어떤 특별한 인식 능력을 지닌 개별 자연인이 아니라, 이렇게 정교화된 인식적 기능을 지닌 집합적 지성이라고 보는 것이 타당하다. 흔히 과학 문헌의 서술 주어로 사용되는 '우리'라는 표현이 무의식 차원에서 이미 과학의 이러한 성격을 잘 대변해준다고 할 수 있다.

이는 특정 자연인이 과학에 관여하고 과학을 활용하게 되는 양상과 명백히 구분해야 한다. 과학에 관여하고 과학을 활용하는 모든 자연인들이 기본적으로는 이러한 성격의 인식적 기능을 하는 것은 사실이지만, 과학 자체의 인식적 성격을 고려할 때는 인식 주체로서의 특정 자연인 혹은 전형적 자연인은 관심의 대상이 되지 않는다. 예를 들어 과학 이론 속에 "관측에 의해 대상의 상태가 전환된다"는 언명이 등장할 때 이 관측의 주체가 특정 자연인이 된다는 것은 몹시 어색한 일이다. 오히려 집합적 인식 주체를 기준으로 한다고 보는 것이 가장 합당하며, 자연인으로서는 오직 이 집합적 주체에 그 어떤 형태로 참여하면 되는 것이다. 이상적으로 말한다면 한 사람의 자연인으로서 집합적 인식 주체의 구실을 할 수 있는 것은 사실이나, 이는 곧 집합적 주체 안에 산재되어 있는 모든 가능한 인식적 기구들과의 완벽한 정보 소통이 이루어지고 있음을 의미한다. 과학에서의 인식 주체란 바로 이런 이상적인 주체를 의미하는 것이다.

여기서 한 가지 더 고려해야 할 점은, 과학에서는 많은 경우 '관찰'의 수단으로 '측정 장치'를 사용한다는 사실이다. 이때 측정 장치의 인식론적 위상을 어떻게 설정할 것인가 하는 점이 중요하다. 여기서 말하는 인식론적 위상이란 이 장치를 인식 주체의 일부로 볼 것이냐, 인식 대상의 일부로 볼 것이냐 하는 문제를 의미한다. 이는 기본적으로 우리가 어떠한 관점에서 측정 장치를 대하느냐에 따라 결정될 문제이다. 예컨대 우리가 측정 장치 자체의 성능을 검토하는 과정에 놓여 있다면, 우리는 이를 인식 대상으로 보아 인식 주체의 밖에 위치 짓는 것이 옳다. 그러나 검토 과정이 끝나 '측정 장치' 본연의 기능인 '여타 대상물에 대한 측정 수단'으로 활용될 때는 당연히 인식 주체의 일부분으로 간주되어야 한다. 일단 측정 장치에 어떤 기록이 발생하면 적어도 측정 대상의 입장에서는 이미 측정이 된 것이며, 그 이후 누가 이 기록 내용을 읽느냐 읽지 않느냐는 측정된 대상의 객관적 상태에는 아무런 영향을 주지 않는다. 즉 기록의 내용을 읽느냐 읽지 않느냐는 말하자면 인식 주체의 내부 문제로서, 측정 장치까지 포함된 '집합적 인식 주체' 안의 어느 부분에 정보가 저장되어 있으며 어느 부분으로 이동하느냐는 문제에 해당하는 것이다. 과학이 상정하는 이상적인 인식 주체의 관점에서 보면 이것은 이미 인식된 것으로 간주된다.

이 문제가 지금까지 많은 혼란의 원인이 되어온 것은 우리가 부지불식간에 개별 자연인만을 인식 주체로 생각하는 관점에 매여 있기 때문이다. 인식 주체를 개별 자연인으로 국한할 경우, 관측 기능을 수행하고 있는 측정 장치 역시 인식 주체의 외부에 위치하는 또 하나의 인식 대상으로 간주될 뿐 인식 주체의 한 부분으로 생각되기 어려운 것이다. 양자역학이 대두된 이래 측정의 문제와 관련하여 발생한 많은 인식론적 혼란은 사실상 바로 이 문제에서 기인한 것이라 할 수 있다. 그러나 측정 장치가 인식 주체의 한 부분인가 아닌가는 오로지 현재 측정 장치의 인식적 기능이 무엇인가 하는 점에 의해서만 결정되어야 할 사항인데, 이 점은 인식 주체를 개별 자연인으로 보지 않고 앞에서 언급한 집합적 의미의 주체로 본다면 쉽게 납득될 수 있는 일이다. 측정 장치의 정상적 기능이 관측 대상으로부터 물리적 '자극'을 받아 그 자극 내용을 '경험표상 영역' 안의 언어로 바꾸어주는 것이라면, 이는 바로 인식 주체의 지각 기구에 해당되는 것이다. 한편 측정 장치가 기록한 내용을 해독하고 해독된 정보를 필요한 부위로 전달하는 것 등은 오로지 인식 주체 내부의 과제에 해당한다. 그러므로 적어도 '대상'과의 관계라는 입장에서 볼 때 측정 장치는 어디까지나 인식 주체의 한 부분이며, 측정 장치와 인식 주체의 여타 부분 사이의 관계는 인식 주체 내부의 문제로서 예컨대 눈의 망막에 전달된 물리적 자극이 어떻게 두뇌로 연결되어 의식에 이르게 되는가 하는 일종의 생리적 과정의 문제에 해당한다. 이렇게 볼 때 과학에서의 인식 주체는 가능한 모든 측정 장치를 포함하여 과학 활동에 관여하는 모든 지적 활동의 총체로 이루어진 집합적 지성이 되는 것이다.

5. 양자역학에서의 '측정 문제'

과학에서 대상과 인식 주체 사이의 관계가 대단히 중요함에도 불구하고 과학계에서 인식 주체 문제가 의식적으로 검토된 경우는 그리 많지 않다. 그 이유는 대체로 인식 주체를 어떻게 규정하느냐는 점이 과학을 수행하거나 과학의 성격을 논의하는 데 그렇게 중요한 사안이 되지 않았기 때문이다. 그러나 양자역학이 등장하면서 사정은 급격히 달라진다. 양자역학에서는 대상에 대한 '관측'이라는 행위가 대상의 상태를 규정하는 일에 '적극적으로' 관여하기 때문이다. 양자역학 이전의 고전역학에서도 대상의 상태는 관측에 의해 설정되는 것이 틀림없었다. 그러나 일단 설정된 상태는 오직 동역학적 법칙에 따라서만 변화되어갈 뿐, 더 이상의 관측 여부와는 원칙적으로 무관한 것이었다. 그러므로 관측이란 대상에 대한 정보만을 수동적으로 얻어내는 것일 뿐 대상의 상태 결정에 적극적으로 관여하는 것이 아니었다. 그러나 양자역학에서는 대상에 대한 '관측'이 행해질 때마다, 그 동역학적 서술의 정확성과는 무관하게, 대상의 상태가 새롭게 규정된다. 즉 관측이라는 것은 대상에 대한 수동적 정보 획득 과정이 아니라 대상의 상태를 규정하는 적극적인 관여 과정이 되는 것이다. 이를 대상의 입장에서 보자면, 자신이 관측이라는 과정을 통해 인식 주체에 어떠한 물리적 흔적을 남김과 동시에 자신의 상태를 '재설정' 받게 되는 것이다. 그러므로 양자역학에서는, "어떻게 정의된 인식 주체에 어떠한 의미의 관측이 이루어졌을 때, 대상의 상태가 재설정되는가" 하는 점을 명백히 규정할 필요가 있다.

양자역학에서는 흔히 "관측 전후에 대상의 상태가 달라진다"는 것을 하나의 공리로 설정하고 있다. 이러한 공리적 서술이 과연 양자역학을 나타내는 최선의 표현인가를 떠나, 우선 이 말의 의미를 생각해보자. 이 경우, 어떻게 된 상황을 '관측이 된 것'으로 볼 것인가 하는 문제가 발생한다. 만일 인식 주체를 '과학을 이해하는 그 어떤 자연인'이라고 규정한다면, "그는 과학에 대해 '어떤 정도의 이해'를 지닌 사람이어야 하는가?", 그리고 "그가 관측했다는 것은 '어떤 정도의 인식 단계'에 도달했음을 의미하는가?" 하는 것 등의 문제에 부딪히게 된다. 이는 양자역학의 바른 해석에 앞서 정리되지 않으면 안 될 껄끄러운 과제가 아닐 수 없다. 이 부분이 결정되지 않고는 양자역학적 대상

의 상태가 달라졌다든가 달라지지 않았다는 말을 할 수가 없기 때문이다.[9]

사실 양자역학적 서술 대상의 상태가 한 자연인의 인식 정도에 따라 달라진다는 것은, 적어도 대상의 입장에서 볼 때, 지극히 불만족스런 관점이 아닐 수 없다. 대상의 상태가 이미 대상과의 물리적 '접촉'을 벗어난 인식 주체의 내적 과정에 따라 영향을 받는다는 것은 대상 서술의 합리성과 객관성에 엄청난 손상을 주는 것이기 때문이다. 그러나 우리가 만일 양자역학에서의 인식 주체를 앞에서 설정한 '집합적 인식 주체'로 해석한다면 기존 양자역학 해석이 지녔던 많은 문제점들은 대부분 해소된다. 우선 여기서는 관측 대상이 측정 장치에 '관측된 것으로 해석하기에 충분한' 물리적 흔적을 남기기만 했다면, 이 '집합적 인식 주체' 안의 그 어떤 자연인이 이를 인식했는가 하는 점은 전혀 문제될 것이 없다. 심지어 어떤 자연인이 인식했건 인공지능이 인식했건 또는 오직 물리적 흔적만 남아 있을 뿐 그 누구도 인식하지 않았건 이것은 전혀 문제되지 않는다. 오직 인식 가능한 물리적 결과를 '집합적 인식 주체' 안에 어떤 형태로든 흔적으로 남길 수 있었다면, 인식 대상은 그 '반작용'으로 어떤 물리적 변화를 겪을 것이고, 이것이 바로 이 대상에 새로 설정되는 '상태'로 나타난다고 보면 되는 것이다.[10] 이를 양자역학의 관용적 용어로 말하면, 관측 주체 쪽에 남겨진 '흔적'은 이 장치가 측정해낸 물리량의 '고유치'이며, 이것의 반작용으로 대상 쪽에 재설정되는 '상태'는 이것의 '고유 상태'이다. 관례적인 해석에 따르면 여기서 얻어진 이 '고유치'는 대상 자체가 지닌 '물리량'이다. 하지만 이는 사실상 전혀 불필요한 의미 부여일 뿐 아니라[11] 대상에 대해 이러한 '물리량'을 부여할 경우 엄청난 해석상의 난점을 가져온다.[12] 양자역학에서 나타나는 하나의 불가피한 새로운 양상은 대상과 인식 주체와의 인식적 접촉, 즉 '측정'이 이루어질 때마다 대상의 '상태'를 재규정해야 한다는 점인데, 이는 곧 '측정'이 오직 '기왕에 있는 것을 확인해내는' 수동적인 작업이 아니라, 대상과 인식 주체 사이에 새로운 관계맺음이 이루어지는 능동적 과정임을 말해주는 것이다.

이와 함께 양자역학이 지닌 본질적인 특성은 "대상서술을 통해 이루어진 예상의 결과가 현실 세계 속에서 일의적으로 구현되지 않는다"는 점이다. 즉 현실 경험으로 표상될 사건들에 대해서는 오직 확률적인 예측만이 가능하다는 것이다. 우리가 만일 양자역학의 이 특성을 인정한다면 대상과 인식 주체 사이의 '인식적' 접촉 그 자체는 '동역학적 서술의 대상'이 아니라는 주장을 할 수 있게 된다(여기서 '동역학적 서술의 대상'이라는 말은 '대상서술 영역' 안의 서술을 통해 이해할 수 있는 내용이 된다는 것을 의미한다). 이제 '기왕의 대상과 인식 주체의 한 부분인 측정 장치'를 새로운 '대상'으로 삼아 동역학적 서술을 시도한다고 생각해보자. 이때 얻어지는 서술 내용은 측정 장치를 직접 관찰하여 얻게 되는 정보(즉 '인식적' 접촉을 통해 얻게 되는 정보)와 반드시 일치하지는 않는다. 왜냐하면, 이때 만일 이 서술 내용이 직접 관찰하여 얻은 내용과 동일한 것이라면, "예상의 결과가 현실 세계에서 일의적으로 구현되지 않는다"는 양자역학의 특성에 위배될 것이기 때문이다. 그러므로 적어도 대상과 인식 주체 사이의 '인식적' 접촉에서 얻어지는 내용만은 원천적으로 동역학적 설명의 대상이 될 수 없는 것이다. 사정이 이러함에도 불구하고 그간 많은 논자들은 양자역학에서의 이른바 '측정의 문제'를 "대상과 측정 장치를 함께 묶은 '새로운 대상'에 대해 동역학적 설명을 시도하는 것"으로 보아왔는데, 이는 기본적으로 문제 자체를 잘못 설정한 것이다.[13]

6. 동역학의 인식적 구조

앞에서 논의한 바와 같이 양자역학의 등장은 동역학의 인식적 구조를 새로운 시각에서 바라보게 만드는 몇몇 요인들을 지니고 있다. 그러나 이는 양자역학이 어떤 특이성을 가졌기 때문에 빚어진 결과이기보다는 오히려 양자역학 이전의 고전역학적 질서가 지나치게 단순화된 성격을 가졌기 때문에 그간 동역학의 인식적 구조가 지닌 바른 모습을 충분히 파악하지 못한 데서 온 결과라 할 수 있다. 그러나 이제 동역학으로서 보다 일반적 성격을 지닌 양자역학이 등장함으로써 동역학 일반이 지니게 될 인식적 구조가 한결 명확해지고 있으며, 이러한 인식적 구조는 특히 그 인식 주체의 성격과 관련하여 철저히 규명되어야 할 성격을 지닌다.

이미 앞에서 언급한 바와 같이 과학에서의 인식 주체는 특정 자연인이 아닌 이상적 과학 활동의 기능적 주체가 되어야 하며, 이는 다시 그 안에서 기능하는 '경험표상 영역'과 '대상서술 영역'이 어떻게 규정되느냐에 따라 그 모습이 달라질 것이다. 일반적으로 동역학에서는 지정된 동역학적 '특성'을 지닌 대상의 '상태'를 서술하는 것을 그 일차적 목표로 삼게 되는데,[14] 이를 위해서는 전체 '세계'를 지정된 대상과 그 나머지로 양분하여 그 한쪽을 '대상'으로 그리고 그 나머지 한쪽을 '인식 주체' 영역으로 간주하게 된다. 이렇게 함으로써 이 인식 주체의 '경험 표상 영역' 속에는 '대상' 이외의 전체 세계가 포함되며 이 세계 안의 모든 것은 원칙적으로 '정보적 연결'이 가능한 것으로 본다. 다시 말해 대상으로부터의 물리적 자극에 의한 '정보'가 대상 이외의 세계 그 어느 부분에 전해지더라도 인식 주체는 원칙적으로 이를 해독한 것으로 보는 관점이다. 이와 함께 '대상서술 영역'에서는 전적으로 대상의 상태 및 그 변화만을 다루게 된다.

'대상'과 '인식 주체' 사이의 인식적 경계를 이렇게 설정할 경우, 이른바 '관측'이라 불리는 인식적 활동의 내용이 명확해진다. 즉 관측이라 함은 '대상'과 '인식 주체'의 인식적 경계에서 이루어지는 물리적 접촉에 의한 자극을 주체가 정보적으로 표상하여 그 '경험표상 영역' 안에 위치 지음과 동시에, 이의 '서술적 의미'를 지정된 동역학적 방식에 따라 '대상서술 영역' 안에 투입하는 인식 행위라고 말할 수 있다. 이는 '대상이 지닌' 물리량을 인지해낸다는 관용적 의미와는 크게 다른 것이다. 관용적 의미의 물리량에 해당하는 것은 주체가 받은 자극에 대한 '경험 표상 영역' 안의 '표상' 내용인데, 이것 자체는 '대상에 대한' 아무런 정보 내용을 지니지 않는다. 대상에 대해 정보 내용을 지니는 것은 이를 동역학적 규약에 따라 해석해낸 그것의 '서술적 의미', 즉 '상태'뿐인데, 이는 '초기 상태'라는 형태로 '대상서술 영역' 안에 투입되며 오직 이 영역 안에서만 의미 있게 활용된다. 고전역학에서는 이 '자극'의 표상 내용, 즉 '물리량'과 대상의 '초기 상태'를 사실상 등치시키고 있으므로 마치 '물리량' 자체가 대상에 대해 어떤 의미를 지니는 것으로 착각을 일으키게 하나, 실은 고전역학에서조차 '대상이 지닌 물리량'이라는 말 속에는 '초기 상태'로서의 의미 이외에 다른 아무런 실질적인 내용이 포함되지 않는다.

일단 이러한 관측이 이루어지면 '대상서술 영역' 안에서 '동역학 방정식'이라는 '상태' 변화의 법칙에 따라 예컨대 임의의 시간 이후 또는 이전의 '상태'를 산출할 수 있으며, 이를 다시 주어진 규정에 따라 '해석'함으로써 '경험표상 영역' 안에서 의미를 지닐 현상에 대한 예상치를 얻을 수 있게 된다. 사실상 대상에 대해 인식 주체가 알고 활용할 수 있는 내용은 이것이 전부이며, 그밖에 대상이 지녔다고 생각되어온 물리량들은 실질적인 활용에 아무런 기여도 하지 않는다.[15]

동역학적 서술의 이와 같은 성격을 하나의 도식으로 나타내 보면 〈그림 2〉와 같다.

〈그림 2〉의 도식 윗부분은 전체 세계를 양분하여 대상과 인식 주체로 구획 짓는 상황을 모형화한 것으로, 시간 t_A에 관측을 시작하고 시간 t_B에 예측 내용을 확인하는 모습을 보인 것이다. 한편 도식 아랫부분은 인식 주체의 내적 공간으로서, 이는 다시 '경험표상 영역'과 '대상서술 영역'으로 구분된다. 실제 세계에서 인식 주체는 시간 t_A에 대상과의 물리적 접촉을 통해

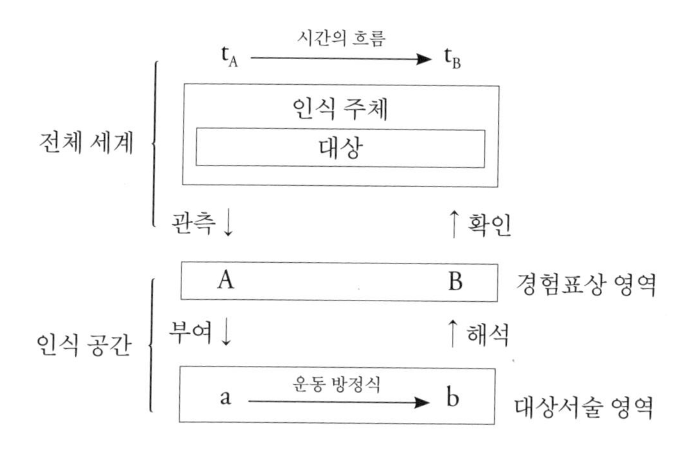

〈그림 2〉 동역학적 서술의 인식적 구조

'경험표상 영역'에서 A라고 불리는 관측 결과를 얻게 되며, 그는 다시 이 A에 대응하는 '상태' a를 대상에 부여하여 '대상서술 영역' 속으로 이전시킨다. '대상서술 영역' 안에서는 '변화의 법칙', 즉 운동 방정식을 통해 그 대상의 상태 변화를 시간에 따라 추적하게 되는데, 임의의 시간 t_B에 이 대상이 지닐 상태를 예컨대 b라고 한다면, 인식 주체는 다시 이 b를 '해석'하여 '경험표상 영역' 안의 가능한 사건 B에 대한 정보를 얻게 된다. 여기서 주목할 점은 사건 A에 대한 정보가 사건 B에 대한 정보로 직접 이어지는 것이 아니라 반드시 '대상서술 영역' 속에 있는 상태 a와 b를 경유하여 이루어진다는 점이다.

동역학에 관한 이러한 구도는 물론 동역학의 성격을 밝히려는 하나의 이상적 형태일 뿐, 실제 활용에서 반드시 이 같은 구도를 따른다는 것을 의미하는 것은 아니다. 현실적으로는 초기 관측치 A로부터 초기 상태 a를 반드시 엄격히 설정하고 후기 상태 b를 정확히 산출하여 후기 예상 관측치 B를 추산해내는 것과 같은 도식적인 상황에만 놓이는 것이 아니다. 이는 인식 주체가 그 대상과의 관계에서 항상 이러한 도식이 함축하는 이상적인 여건에만 놓이는 것이 아니기 때문이다. 대상과 인식 주체 사이에 어떤 물리적 접촉이 이루어졌음에도 불구하고 이것이 인식 주체 안에서 하나의 '상태'를 규정하기에 불충분한 것이거나 또는 인식 주체가 그 정보의 일부를 상실함으로써 결과적으로 '대상서술 영역'에서 활용할 대상의 상태를 일의적으로 설정해내지 못할 경우가 있다. 이런 경우는 '얻어진 정보를 통해 해석해낼 수 있는 최선의 상태서술'로서 대치할 수밖에 없으며, 이렇게 서술되는 상태를 흔히 '혼합상태'라고 부른다. 이 경우, 특히 대상과 주체 사이의 불충분한 물리적 접촉에 의해 마련된 혼합상태를 '원천적 혼합상태'라고 하고, 충분한 물리적 접촉이 이루어졌음에도 불구하고 인식 주체 안에서 그 정보의 일부를 상실하여 얻게 된 혼합상태를 '정보적 혼합상태'라고 할 수 있다. 한편 이상적인 관측에 의해 이상적 방식으로 마련된 대상의 상태는 이들과 구분하여 '순수상태'라고 지칭되기도 한다.

앞서 잠깐 언급한 바와 같이, 이러한 동역학적 서술을 위해 대상의 정체성, 즉 지정된 대상이 "동역학적으로 무엇을 의미하는가"에 대한 '정보'가 요청된다. 이는 '상태'에 대한 정보 이전에 대상 자체에 대해 요청되는 보다 원초적인 정보로서, 대상의 동역학적 '특성'이라 부르는 것이다. 실제 물리학에서는 이를 흔히 라그랑지안Lagrangian 혹은 하밀토니안Hamiltonian이라는 형태로 표현하는데, 어떤 물체가 어떤 힘을 받고 있느냐를 나타내는 것으로 그 내용은 운동 방정식, 즉 '상태 변화의 법칙' 속에 반영된다. 그런데 여기서 특히 언급하고자 하는 점은, 많은 경우 대상의 '상태'와 관련된 정보 없이도 이 '동역학적 특성'만 확인하면 '동역학 방정식'을 활용하여 대상이 놓일 수 있는 '가능한 상태들'을 모두 산출할 수 있으며, 이 '가능한 상태들'에 관한 지식만으로 대상과 관련한 적지 않은 내용들을 예상할 수 있다는 점이다. 예를 들어, 케플러의 세 가지 법칙으로 표현되는 행성 운동에 관한 여러 내용들은 이 '동역학적 특성'만으로 도출되는 내용들이며, 양자역학에서 말하는 수소 원자의 성질 또한 수소 원자의 '동역학적 특성'만으로 얻어지는 내용들이다. 그러나 이 경우에도 역시 어떤 형태로든 대상의 '상태'에 관한 정보가 암묵적으로 함축되어 있는 것이 보통이며, 특히 대상에 관해 의미 있는 예상 관측치를 얻으려 할 경우에는 이와 같은 '상태'에 관한 정보가 필수적이다.

7. 동역학적 서술과 '경험표상 영역'의 확장

앞에서 언급한 동역학의 인식적 구조는 고전역학과 양자역학을 포괄하는 동역학 모두에 적용되는 일반 구조라고 말할 수 있다. 그러나 이를 고전역학에 국한한다면 이 구도를 훨씬 더 간소화할 수 있음을 알게 된다. 즉 〈그림 3〉에서 보는 바와 같이 고전역학의 경우에는 관측치 A와 상태 a가 서로 일치하며, 또한 상태 b와 예상 관측치 B가 서로 일치하게 된다.[17] 그리고 고전역학에서는 초기 관측치 A와 연산 자체의 불완전성만 제거할 수 있다면 예상치 B는 실제 관측으로 얻어질 값과 완전히 일치하는 것으로 보고 있다.

이와 같은 고전역학의 성격을 인정한다면 고전역학의 인식적 구조는 〈그림 3〉에서 보는 바와 같이 '대상서술 영역'이 '경험표상 영역'과 완전히 일치하게 되므로, 이 두 '영역'을 사실상 분리시켜 생각할 필요가 없게 된다. 즉 '대상서술 영역' 안의 내용을 임의의 시간에 대상에 대한 직접적인 관측을 통해 확인함으로써 '경험표상 영역'의 내용과 일치시킬 수 있는 것이다. 물론 이것은 이상적 상황에서의 이야기이며 실제로는 여러 가지 기술상의 문제들로 인해 '대상서술 영역'의 내용과 '경험표상 영역'의 내용 사이에 다소 불일치를 가져올 수도 있다. 그러나

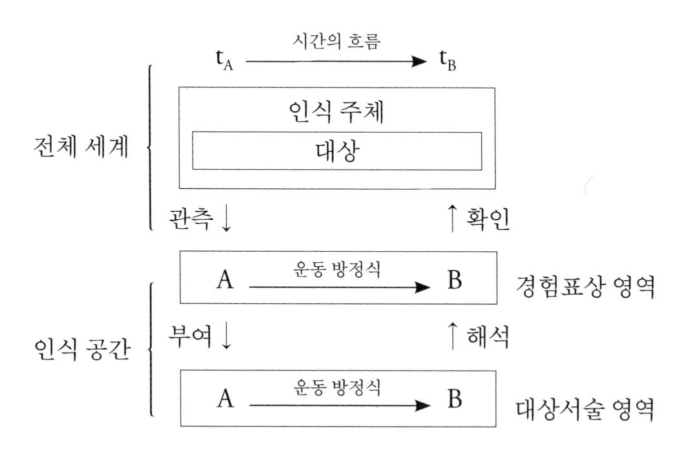

〈그림 3〉 고전역학적 서술의 인식적 구조

이는 실제의 관측을 통해 매번 수정을 거쳐 교정할 수 있는 일종의 '정보' 처리 기술의 문제이므로 결국 '대상서술 영역'의 내용은 본질적으로 '경험표상 영역'으로 환원된다고 말할 수 있다.

'대상 서술 영역'이 '경험표상 영역'으로 환원된다는 것은 곧 '경험표상 영역'의 확장을 의미하며, 이는 다시 현실 세계에 대한 '유일한 표상'으로 해석될 수 있다. 즉 이제 인식 공간 안에는 '경험표상 영역'이라는 하나의 세계만이 존재하므로 이것이 곧 객관적으로 존재하는 세계를 있는 그대로 표상하는 내용이라고 여기게 된다. 이것이 실제로 우리의 '일상적' 세계 이해의 방식이다. 우리는 일상적 경험을 통해 '고전역학적 질서'를 무의식적으로 체득하게 되며, 이러한 경험적 내용이 '대상서술 영역'을 무의식적으로 '경험표상 영역'으로 환원시켜주는 것이다.[18]

8. 실재성 개념에 대한 새로운 검토

우리가 만일 이 점을 인정한다면 우리는 우리의 일상적 관념 속에 깊이 뿌리박고 있는 '실재성'의 개념에 대해 비판적 검토를 수행할 수 있다. 여기서는 물론 '실재성'과 관련한 수많은 철학적 논의들을 재검토해보려는 것은 아니다. 오직 우리가 "무엇이 존재한다"고 할 때, 그 생각 속에는 현실적으로 무엇이 담겨 있는가를 검토하고, 그러한 생각이 어떻게 타당성을 지닐 수 있는가를 살펴보려는 것이다.

이 논의에서 우리가 살피려는 '실재성' 개념은 이른바 '관측 가능량observable', 즉 앞의 논의에 나타난 관측치 A, B 등에 관련된 내용만으로 한정하기로 한다.[19] 즉 우리가 대상에 대해 '관측 가능량'이라 불리는 그 어떤 물리량을 관측했을 때, "대상이 이것을 실제로 가진다고 보느냐 아니냐"는 관점에 의해서만 '실재성'을 인정하느냐 아니냐를 구분하자는 것이다. 그러므로 이러한 의미의 실재성을 부정하는 입장, 예컨대 물리적 서술 대상 자체의 존재를 부정한다든가 또는 더 일반적으로 모든 사물의 존재성에 의문을 표하는 고전적 반실재론反實在論은 고려하지 않는다.

논의를 의미 있게 수행하기 위해서는 물리량이 실재한다고 보는 경우와 그렇지 않다고 보는 경우, 대상에 대한 동역학적 서술에서 어떤 차이가 발생하는가를 살펴볼 필요가 있다. 만일 아무런 차이가 나타나지 않는다면 여기에 대해 어떤 입장을 취하든 그것은 각자의 형이상학적 관점에 맡기면 되는 문제일 뿐 물리학적 논의의 대상으로 삼을 일이 아니다. 그리고 만일 일정한 차이가 나타난다면 이 차이를 검토하여 좀 더 타당한 관점이 무엇인가를 찾아볼 수 있을 것이다.

결론적으로 이야기하면 실재성을 인정하느냐 아니냐에 따라 나타나는 유일한 차이는 뒤에서 좀 더 자세히 논의할 '추정 가능성推定可能性, presumability'을 갖느냐 아니냐 하는 점이다. 즉 실재성을 인정한다는 것은 대상 물리량에 대한 추정이 가능하다고 보는 입장이며, 실재성을 인정하지 않는다는 것은 이러한 추정이 가능하지 않다고 보는 입장이다. 쉽게 말해 "대상이 이러한 값을 가진다"는 것은 "대상에 대해 이러한 값을 '추정'할 수 있다"는 말 그 이상도 이하도 아니라는 이야기이다. 그런데 중요한 점은 이러한 추정 가능성은 하나의 편리한 사고 습관일 뿐, 동역학적 서술에서는 그 어떤 필수적 역할도 담당하지 않는다는 것이다. 추정 가능성이 인정될 경우, 상황에 대한 사고의 편의를 가져올 수는 있으나, 인정되지 않는다고 하여 서술이 불가능해지거나 이론 구조상에 어떤 문제가 생기는 것은 전혀 아니다.

양자역학에서뿐만 아니라 고전역학에서도 이는 마찬가지다. 추정 가능성이 인정될 경우 단지 사고의 편의를 얻는 것일 뿐, 설사 인정되지 않는다고 해서 어떤 결정적 타격을 받는 것은 아니다. 따라서 양자역학에서는 물론이고 고전역학에서조차도, 관측되는 물리량들의 '실재성' 자체가 어떤 본질적 역할을 하는 것은 아니다. 앞에서 강조한 바와 같이, 이 값들은 오직 '동역학적 상태'를 매개하는 기능만 가질 뿐이다.

이제 곧 상세히 살펴보겠지만 이러한 '추정 가능성'은 고전역학적 서술에서는 인정되지만 양자역학적 서술에서는 인정되지 않는다. 바로 그 때문에 고전역학에서는 실재성 개념이 무리 없이 일정한 역할을 담당하는 개념으로 사용되어왔지만, 양자역학에서는 실재성 개념을 무차별적으로 상정할 경우 '추정 가능성'조차 인정해야 하므로 자체 모순에 빠지게 된다. 한편 실재성 개념 그 자체는 인류가 과학 이론을 구상하기 훨씬 전부터 우리 모두에게 너무도 친숙한 것이어서 과학자들조차도 이를 배제하고 사고하기가 매우 어려운 측면이 있다. 그리하여 한편

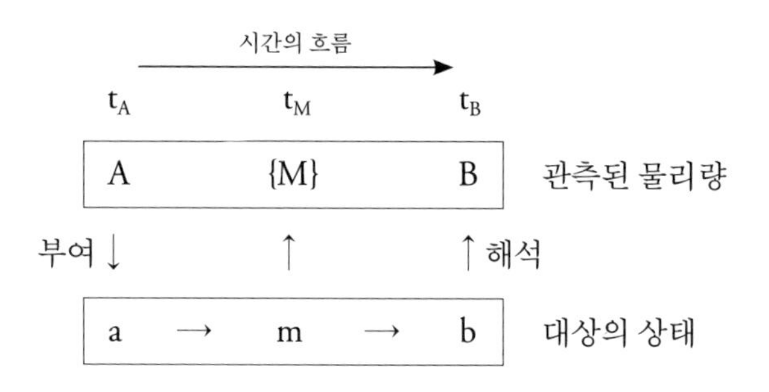

〈그림 4〉 상태 m에서 관측 가능량 O의 예측 가능성: 관측 예상치{M}

에서는 이상한 '상보성원리'를 제안하여 곤경에서 빠져나가려 했으며, 또 한편에서는 양자역학 자체가 '불완전하다'는 주장을 하기에 이르렀다. 그러나 우리가 만일 실재성 개념이 현실적으로는 추정 가능성 개념 그 이상도 이하도 아니라는 점을 인정한다면, 이와 같은 많은 혼란은 어렵지 않게 해소될 것이다.

그렇다면 과연 '추정 가능성'이란 무엇이며, 이것이 이른바 '실재성'이라는 관념과 어떠한 연관을 가지는가? 그 답을 얻기 위해 우리는 먼저 특정 관측 가능량에 대한 예측 가능성과 이에 대한 실제 관측 결과 사이의 관계에 대해 자세히 살펴볼 필요가 있다.

이미 앞에서 논의한 바와 같이 동역학적 서술에서는 관측 가능량을 측정한 뒤 이를 통해 대상의 초기 상태를 '부여'하고, '상태 변화의 법칙'에 따라 임의의 시간에 대한 상태를 계산한 뒤, 이 상태를 '해석'하여 그 물리량을 새로 측정할 경우 나타날 결과에 대한 예측을 수행하게 된다. 이 과정을 〈그림 4〉를 통해 좀 더 구체적으로 살펴보자. 시간 t_A에서 관측 가능량 O를 측정한

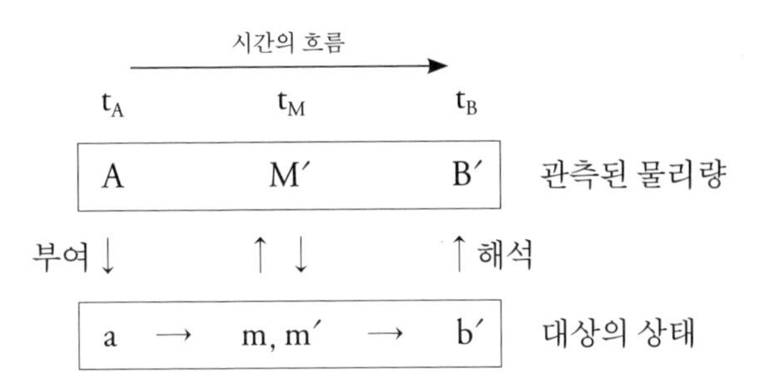

〈그림 5〉 상태 m에서 관측 가능량 O에 대한 실제 관측이 수행되는 경우: m≠m′, B≠B′

결과 관측치 A를 얻었다면 우리는 이에 대응해 초기 상태 a를 부여하게 된다.[20] 이때 상태 a는 동역학의 운동법칙에 따라 시간 t_M에 상태 m으로, 다시 시간 t_B에 상태 b로 변해나간다. 이는 곧 이 관측 가능량을 시간 t_M에 측정할 경우 상태 m을 통해 관측 예상치 {M}이 관측될 것을 예측해주며, 또 시간 t_B에 이를 측정할 경우 상태 b를 통해 관측 예상치 B가 관측될 것을 예측해주는 셈이다. 이처럼 동역학적 서술을 통해 시간 t_M과 시간 t_B에 각각 예상치 {M}과 예상치 B가 예측됨을 가리켜 '예측 가능성'이라 부르기로 한다. 이 경우 물론 고전역학에서는 이들의 값을 확률 1로 예측해주지만, 양자역학에서는 이들의 가능한 값들을 그 해당 확률과 함께 예측해준다.

그러나 이것은 어디까지나 시간 t_M에 실제 측정이 수행되지 않은 경우를 전제로 한 것이다. 만일 시간 t_M에 실제 측정이 이루어졌을 경우에는 (특히 양자역학의 경우) 〈그림 5〉에서 보는 바와 같이 상태 m이 측정치 M′에 대응하는 새로운 상태 m′으로 바뀌게 되고, 이후의 상태 또한 이에 따라 바뀌게 되어 시간 t_B에서

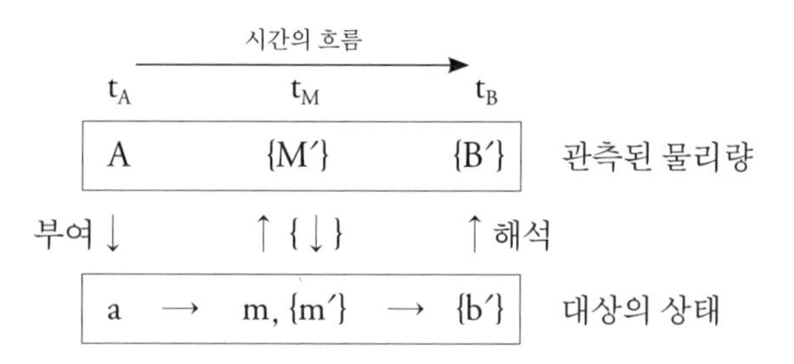

〈그림 6〉 상태 m에서 관측 가능량 O의 추정 가능성: 만일 B = {B′}이면 M은 추정 가능하다. 이 경우 "시간 t_M에 물리량 M′이 실재한다"는 말이 의미를 지닌다.

의 상태는 b가 아니라 b′이 된다. 이는 곧 시간 t_B에서의 관측 예상치가 B에서 B′으로 바뀜을 의미한다. 즉 도중에 실제 관측이 수행되었느냐 아니냐에 따라 최종 결과에는 차이가 발생할 수 있음을 알 수 있다.

이를 바탕으로 우리는 '추정 가능성'에 대해 다음과 같이 생각해볼 수 있다. 〈그림 6〉에서 보는 바와 같이 우리는 시간 t_M에 실제 측정을 수행하지 않으면서도, 측정이 이루어졌다고 가상하여 예상치 {M}에 해당하는 어떤 측정치 {M′}이 얻어진 것으로 추정해보자. 실제 측정이 수행되었더라면 특정한 값 M′을 얻었겠으나, 여기서는 실제 측정은 이루어지지 않았으므로 {M′}은 각 측정치 M′과 함께 그것이 얻어질 확률을 함께 나타내는 것으로 보면 된다. 이렇게 생각할 경우, 이에 대응하는 상태 {m′} 또한 각각의 M′에 대응하는 상태 m′에 그것이 얻어질 확률을 함께 나타내는 것으로 보아야 한다. 이는 "실제로 이러한 측정을 수행하고 나서 그 결과를 확인하지 않은 경우의 상태" 곧 (양자역학에서 흔히 말하는) '정보적 혼합상태'와 그 내용에서 사실상 같은 것이 된다. 만일 우리가 이러한 가상적 조작을 인정한다면, 시간 t_B에서의 상태 또한 시간 t_M에서의 상태 {m'}를 기준으로 새로 산출된 상태 {b'}일 것으로 해석되어야 한다. 그리고 이것은 다시 관측 가능량 O에 대한 새로운 예상치 {B'}을 줄 것이다.

한편, 이러한 추정은 오로지 우리의 머릿속에서만 수행된 지적 조작이다. 실제로 우리는 아무런 측정도 수행하지 않았고, 따라서 이를 기준으로 새로운 예측을 해내는 것은 오로지 우리의 상상 속에서만 일어난 관념적 조작일 뿐이다. 그러므로 이러한 조작이 실제 대상에 그 어떤 영향도 줄 이유가 없다. 실제 대상의 상태는 이미 〈그림 4〉에서 본 바와 같이 a → m → b로 변할 것이며, 시간 t_B에 관측 가능량 O에 대한 예상치 또한 당연히 B가 되어야 한다.

여기서 우리는 '추정'의 정당성에 대해 다음과 같이 말할 수 있다. 즉 시간 t_M에서의 가상 측정을 통해 추정된 예상치 {B'}이 추정을 통하지 않은 본래의 예상치 B와 일치할 경우 이러한 추정은 허용되며, 그렇지 않을 경우 이는 허용되지 않는다. 그리고 만일 이러한 추정이 허용된다면 "시간 t_M에 물리량 M'이 실재한다"는 말이 의미를 지니게 될 것이고, 만일 추정이 허용되지 않는다면 이 말은 아무런 조작적 의미를 지니지 못하게 될 것이다. 현실적으로 "물리량 M'이 실재한다"는 말 속에서 이러한 추정이 가능하다는 것 이외에 어떠한 다른 뜻도 찾아낼 수가 없다.

이와 관련한 대표적인 사례로 양자역학에서 잘 알려진 이른바 이중 슬릿 실험을 생각해보자. 〈그림 7〉에서 보는 바와 같이, 입자 발생 장치 S에서 방출된 한 입자가 각각 단일 슬릿, 이중 슬릿이 뚫린 판 P_1, P_2를 거처 최종적으로 형광판 P_3에 닿음으로써 그 위치가 감지되는 '이중 슬릿 실험' 장치가 있다고 하자. 이 경우 입자가 판 P_1을 통과하는 순간(t_A)의 위치 A가 관측되고, 이 값과 판 P_2 위의 슬릿 위치 M_1, M_2를 감안함으로써 판 P_3에 닿는 순간(t_B)에 도달할 위치 B를 (확률적으로) 예측할 수 있고, 또 이 값이 (반복된) 관측에 의해 확인될 수 있다.[21] 여기서 각별히 유의할 점은 양자역학에서는 단지 입자가 두 슬릿을 가진 판 P_2만을 지나갈 뿐 이 가운데 어느 한 슬릿을 지나가는 것으로 보지 않는다는 점이다. 이러한 추정만으로도 문제가 발생하기 때문이다.

이제 이 상황과 관련하여 관측 가능한 물리량(이 경우에는 대상의 위치 M_1, M_2)에 대한 추정이 어떤 문제를 일으키는지 살펴보자. 입자가 판 P_2 위의 슬릿을 지나가는 순간의 위치를 측정한다면 M_1 혹은 M_2라는 값을 각각 확률 $\frac{1}{2}$로 얻게 될 것이다. 이제 측정에 의해 위치의 값 M_1을 얻었다고 가정하면 이후의 상태는 초기 위

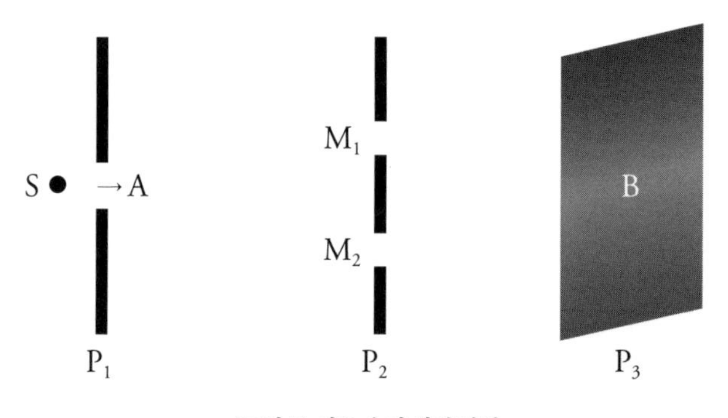

〈그림 7〉 이중 슬릿 실험 장치

치 M_1에 따른 자유입자의 상태로 아무런 간섭 효과 없이 형광판 P_3에 도달하는 모습을 보여줄 것이다. 반대로 위치의 값 M_2를 얻었다고 할 경우에도 이후의 상태는 초기 위치 M_2에 따른 자유입자의 상태로 역시 아무 간섭 효과 없이 형광판 P_3에 도달하게 된다. 그러므로 실제 형광판 P_3에 도달하게 될 입자의 위치는 이 두 경우가 각각의 확률 $\frac{1}{2}$을 가지고 발생할 것으로 예측된다.

이는 이른바 간섭효과 없이 두 경우의 결과들이 단순히 더해지는 것에 해당되어, 이러한 가상적 측정 과정을 거치지 않고 직접 예측되는 결과와 분명히 어긋난다. 다시 말해 적어도 양자역학을 인정할 경우, 대상의 위치에 대한 '추정'은 허용되지 않음을 알 수 있다. 그리고 이러한 추정 가능성이 허용되지 않는다는 것은 대상 입자가 "지속적으로 위치를 지닌다"는 이른바 '실재성' 개념이 이 경우 명백한 모순에 봉착한다는 것을 의미한다.

다음에는 아인슈타인의 유명한 'EPR 역설'의 경우를 생각해 보자. 1935년, 아인슈타인, 포돌스키B. Podolsky, 로젠N. Rosen(이 이름들의 머릿글자를 따 EPR이라 한다)은 그들의 이른바 'EPR 논문'에서 실재성과 관련해 다음과 같이 주장했다.

> 우리가 만일, 물리계에 대한 그 어떤 방식의 교란이 없이, 한 물리량의 값을 확정적으로 (즉 확률 1로) 예측할 수 있다면, 이 물리량에 대응하는 물리적 실재의 한 요소가 존재한다.[22]

이들은 물론 '실재reality의 한 요소'라는 조심스런 표현을 사용함으로써 실재에 대한 '정의'를 내리는 것은 피했지만, 그들의 주장 속에는 이러이러할 경우 실재를 부정할 수 없다는 강한 암시가 내포되어 있다. 이제 이 주장이 나오게 된 맥락을 조금 더 살펴보자.

잘 알려진 바와 같이 양자역학에서는 서로 켤레 쌍을 이루는 (서로 가환되지 않는) 두 변수의 값, 예를 들어 한 입자의 위치 x와 운동량 p의 값은 동시에 정확히 지정할 수가 없다. 그러나 EPR의 주장에 따르면, 이들의 값 자체는 분명히 '실재'하는데, 양자역학에서는 실재하는 것을 원리적으로 지정할 수 없다고 하니, 이것이 바로 양자역학의 불완전성을 말해준다는 것이다. 그렇다면 위치 x와 운동량 p의 값이 실재한다는 이들의 주장은 어디에 근거한 것인가? 이를 위해 이들은 다음과 같은 가상의 상황을 제시한다.

지금 우주의 어느 위치에 정지해 있던 한 입자가 두 개의 입자로 갈라져서 한쪽은 지구로 향하고 있으며, 다른 한쪽은 우주의 먼 반대쪽으로 날아가고 있다고 하자. 이 두 입자는 처음에 한 덩어리로 정지해 있었기에, 운동량 보존의 법칙에 따라 한쪽 입자의 운동량을 정확히 측정하면 반대쪽 입자의 운동량을 정확히 알아낼 수 있다. 그리고 마찬가지 방식으로 한쪽 입자의 위치를 정확히 측정함으로써, 반대쪽 입자의 위치를 정확히 알아낼 수도 있다.[23] 다시 말해 우리는 지구 쪽으로 날아오는 입자에 대해 그 운동량 혹은 위치를 관측함으로써, 지구에서 멀리 떨어져 있는 입자의 운동량 혹은 위치를 간접적으로 측정해낼 수 있다. 만일 우리가 이쪽 입자의 운동량을 측정하면 저쪽 입자의 운동량 값이 정해지지 않을 수 없고, 또 만일 우리가 이쪽 입자의 위치를 측정하면 저쪽 입자의 위치가 정해지지 않을 수 없다. 그런데 우리가 여기서 이 가운데 무엇을 측정하건, 그 측정 행위 자체가 저쪽 입자에 아무런 영향도 줄 수가 없다. 저쪽 입자는 이미 너무도 멀리 떨어져 있어서, 이러한 행위의 물리적 영향이 직접 전달될 방법이 없기 때문이다. 그런데도 우리가 이쪽에서 운동량을 측정하면 저쪽 입자의 운동량 값이 정해지고, 이쪽에서 위치를 측정하면 저쪽 입자의 위치 값이 정해진다는 것은, 저쪽 입자가 이쪽 측정과 무관하게 이미 운동량과 위치에 해당하는 그 무엇을 가졌기에 가능하지 않겠느냐는 것이 EPR의 생각이다. 즉 "(저쪽) 물리계에 대한 그 어떤 방식의 교란이 없이, 한 물리량의 값(이 존재할 것임)을 확정적으로 (즉 확률 1로) 예측할 수 있다면, 이 물리량에 대응하는 물리적 실재의 한 요소가 존재한다"고 보아야 하는데, 저쪽 입자의 운동량과 위치에 대해 이렇게 말할 수 있는 것으로 보아 이들이 동시에 존재하는 것이 틀림없다는 것이다. 그들은 이 논리를 써서, "그럼에도 불구하고 양자역학은 원리적으로 이들 둘을 동시에 지정할 수 없다고 하니, 이는 양자역학 자체가 불완전함을 의미한다"는 주장을 편다.

그런데 과연 이들이 말하듯이 이 두 물리량에 대해 추정 가능성이 성립하는가? 예컨대 저쪽 입자의 위치를 추정한 뒤 그 위치 또는 운동량을 예측한 결과가 이를 추정하지 않고 이들을 예측한 결과와 일치하느냐는 점을 살펴보면, 이들은 분명히 일치하지 않는다. 즉 이 경우 추정 가능성이 성립하지 않는다. 그럼에도 불구하고 EPR은 그 무엇이 관측되리라는 예측 가능성만 가지고 '실재의 한 요소'라고 잘못 판단하고 있다. 이들의 생각 속에는 암묵적으로 "추정 가능성이 성립하지 않는 이유는 측정 과정에 따른 불가피한 물리적 영향력 때문인데, 이 경우 분명히 이러한 영향력이 배제되어 있으므로 추정 가능성 또한 성립해야 한다"는 논리가 담겨 있다. 그러나 양자역학에서 추정 가능성이 성립하지 않는 것은 '측정 과정에 따른 불가피한 물리적 영향력' 때문이 아니라 양자역학적 측정의 인식론적 성격에서 오는 것임을 그들은 미처 파악하지 못했던 것이다.

'EPR 논문'이 발표된 직후 EPR의 이러한 주장에 대해 닐스 보어는 다음과 같이 반박한 일이 있다.

> 고려된 측정 상황에서 대상계와 측정 당사자 측과의 어떤 직접적인 역학적 상호작용이 배제된 것은 사실이나, 좀 더 면밀히 살펴보면 측정의 과정이 해당 물리량의 정의에 직결된 조건들에 본질적인 영향을 주고 있다. 그런데 이 조건들은 '물리적 실재'라는 용어가 명백히 적용될 바로 그 현상의 본연적 요소라고 생각되어야 하므로 위 저자들의 결론은 정당화될 수 없는 것으로 보인다.[24]

여기서 닐스 보어는 측정 과정이 해당 '물리량의 정의에 직결된 조건들'에 본질적인 영향을 준다고 하는데, 과연 이것이 무엇을 의미하는지가 명백하지 않다. 여전히 그는 측정이라는 인식적 과정을 단순히 '물리량의 정의'의 문제로 치부하고 있는 듯하다. 이와 함께 그는 '물리적 실재'라는 개념의 실체를 파헤

치기보다는 이에 적용될 현상의 성격을 문제 삼음으로써 여전히 실재론적 개념에 묶여 있는 사고의 한 단면을 드러내고 있다. 이러한 점으로 미루어 우리는 인식적 구조에 대한 몰이해와 그리고 이와 관련된 실재성에 대한 오해가 일급 물리학자들을 포함한 인간의 사고 틀 안에 얼마나 깊이 뿌리박혀 있는지 실감할 수 있다.

9. 맺는 말

우리는 이 글에서 동역학적 사물 인식 과정을 대상과 인식 주체 사이의 일반적인 관계 속에서 살폈다. 이렇게 함으로써 그간 많은 논란의 대상이 되어온 양자역학의 해석 문제, 특히 측정과 관련된 여러 복잡한 논의들이 실은 이러한 인식적 과정에 대한 이해 부족에 기인한 것임을 밝혔다.

이 글에서는 인식적 기능을 수행하는 지적 기능체로서의 과학의 인식 주체는 자연인이 아닌 집합적 지성임을 밝힘으로써 인식을 통해 대상에 부여되는 '상태'의 성격을 명백히 했으며, 다시 인식 주체의 인식 공간을 '경험표상 영역'과 '대상서술 영역'으로 구분함으로써 '현실'과 '예상' 사이의 원천적 불일치 문제를 이해할 수 있게 하였다.

우리가 여기서 한 가지 강조하려는 점은 우리가 만일 양자역학적 서술의 확률적 성격, 즉 개연성을 인정할 경우, 인식 공간 안의 '대상서술 영역'은 '경험표상 영역'으로 환원될 수 없으며,

따라서 대상의 '상태'에 대한 실재론적 해석이 불가능해진다는 것이다. 그리고 이 경우 '실제 세계'라는 것이 이 두 인식 영역을 통해 서술되는 최상의 내용 그 이상의 어떤 것이 될 수 없다면, 그리고 실재성이라는 것 자체가 하나의 근사적 상황의 소산이었다면, 이는 곧 현상에 대한 '실재론적 해석' 그 자체가 하나의 무모한 시도였음을 말해준다고 할 수 있다.

일단 실재론적 표상의 이 같은 허구성이 밝혀지고 나면 그간 양자역학의 해석을 둘러싸고 나타났던 많은 논란이 정리될 수 있을 뿐 아니라, 인간의 사물 인식에 관한 새로운 장이 열릴 것으로 기대해볼 수 있다. 그리고 이것은 여러 측면에서 시간과 공간에 대한 아인슈타인의 4차원적 이해를 통해 빚어진 관념 체계의 수정 이상의 크고 심오한 의미를 가진다고 말할 수 있다.

6장
이론과학의 성격과 유형

1. 여는 말

인류가 장구한 시일에 걸쳐 나름대로의 문명을 구축해오면서 성취한 중요한 지적 구성물들 가운데 비교적 최근의, 그리고 어쩌면 가장 중요한 지적 구성물이 자연에 관한 '이론과학'이라 할 수 있다. 이론과학이 마련되기 전까지 인류가 지녔던 지식은 대체로 구체적 사실에 관한 것과 구체적 법칙에 관한 것이었다. "이 산에는 철광석이 묻혀 있다"는 것은 구체적 사실에 관한 지식이고, "물질은 고온으로 가열하면 빛을 낸다"는 것은 구체적 법칙에 관한 지식이다. 물론 더 세련된 지식 탐구 방식에 의해 이러한 지식들을 좀 더 정밀하고 정확한 형태로 발전시킬 수도 있다. 가령 "이 지역에 순도 얼마의 철광석이 몇 만 톤 묻혀 있다"든가, "물질이 내는 빛은 온도에 따라 어떠어떠하게 변한다"는 지식들은 더 정량적이고 더 세련된 지식이 될 수는 있으나, 이들이 이론과학의 지식은 아니다.

그렇다면 이론과학의 지식이란 무엇인가? 이는 우리가 창안해낸 개념들을 활용해 가설적인 원리들을 천명하고 이로부터 논리적으로 연역되는 진술들을 도출함과 동시에, 이러한 진술들이 실제 경험 대상이 나타내는 현상들과 부합하도록 개념들의 의미를 규정한 지식 체계라고 말할 수 있다. 이론과학의 이와 같은 성격에 대해 아인슈타인은 다음과 같이 말했다.

> 내가 보기에 한편에는 감각경험의 총체가 있고 다른 한편에는 책 속에 기록될 수 있는 개념들과 진술들의 총체가 있다. 개념과 개념 사이, 진술과 진술 사이, 그리고 개념과 진술 사이의 관계들은 논리적 성질을 지니는 것이며, 논리적 사고의 역할은 개념 및 진술 사이의 이러한 연결을 이룩하는 일에만 엄격하게 한정된다. 개념과 진술이 의미, 즉 내용을 지니게 되는 것은 오직 감각경험과의 관련 아래서만 가능하다. 전자(개념과 진술)와 후자(감각경험) 간의 연결은 순전히 직관적이며 그 자체가 어떤 논리적 성격을 지니는 것이 아니다.[1]

즉 직접적인 감각경험과는 오직 개념의 의미 규정만을 통해 연결되는 하나의 이론 구조(개념들과 진술들의 총체)를 형성할 수 있으며, 이를 통해 현상을 설명하고 예측할 수 있는 지식 체계가 곧 이론과학적 지식이다.

역사적으로 보면 이러한 의미의 이론과학이 최초로 마련된 시기가 17세기이며, 최초로 등장한 체계적 이론과학이 뉴턴의 고전역학이다. 이렇게 대두한 이론과학은 그 후 19세기 말에 이르기까지 수세기 동안 기본 개념 및 진술의 본질적인 수정 없이 지속적인 발전을 이루어오다가, 20세기에 들어서면서 그 개념 구조와 진술 내용에 본질적인 수정이 요청되었다. 그러나 이러한 수정의 과정을 성공적으로 거쳐 나오면서 이론과학 자체의 구조와 역량은 크게 세련되고 향상되었으며, 오늘날에는 이것이 인간의 자연 이해를 위해 상상을 초월하는 기여를 하고 있다.

우리는 그간 이론과학 및 이를 활용한 일련의 연구 활동을 관례적으로 '물리학'이라 칭해왔다. 그러나 대상 중심의 연구 활동 분류상 지칭되는 자연과학의 한 '분야'로서의 물리학이 지니는 의미와, 앞에서 말한 이론과학을 대표하는 학문으로서의 물리학 사이에는 상당한 차이가 있다. 예를 들어 이론과학을 바탕으로 한 연구 활동으로서의 물리학은 그 대상에 대한 아무런 제약이 없다. 우주와 생명 그리고 인간을 포함한 많은 대상들이 모두 이론과학을 바탕으로 한 연구 대상에 포함될 수 있으며, 이러한 연구 활동을 통틀어 넓은 의미의 '물리학'이라 부를 수도 있다. 그러나 연구 대상 중심으로 학문을 분류할 경우, 앞에 열거한 대상들을 취급하는 학문들은 흔히 물리학이 아닌 다른 분야로 지칭된다.

이와 같은 혼란을 피하기 위해 이 글에서는 앞에서 말한 이론과학을 관례적 표현인 '물리학' 또는 '이론물리학'이라 지칭하지 않고 비교적 생소한 새 용어인 '이론과학'이라 지칭했다. 이렇게 할 경우, '물리학'의 의미는 관례적인 '물리적 영역'에서의 활용에 국한되고, 이론과학의 적용 대상이 되는 모든 영역을 포괄하는 학문은 '통합과학'이나 혹은 다른 더 적절한 명칭으로 불리는 것이 마땅하다. 그러나 그간 사용되어온 학문의 명칭을 하루아침에 바꾸기는 어려우므로, 여기서도 때로 이론과학을 '물리학'에 속하는 것으로 간주하고 문맥에 따라 이를 물리학이라 지칭하기도 할 것이다.

현재까지 알려진 이론과학으로서의 물리학은 크게 두 가지 형태의 이론으로 구성된다. 그 가운데 한 가지 형태는 대체로 동역학이라 불릴 수 있는 것이며, 또 한 가지 형태는 통계역학이라 불릴 수 있는 이론이다. 따라서 이론과학의 성격과 구조를 이해하기 위해서는 기본적으로 동역학과 통계역학이 각각 어떠한 성격의 학문이며 어떠한 학문적 구조를 지니고 있는지 이해하는 것이 필요하다.

이 글에서는 이 점을 감안해 먼저 동역학의 이론들을 그 구조적 관점에 초점을 맞추어 고찰하고 다시 통계역학의 이론을 이와 관련하여 논의한다. 그리고 마지막으로 이러한 이론들을 구체적 현상에 적용시켜 물질세계에 대한 현실적 지식을 넓혀 가는 여러 학문 분야들에 대해 간략하게 소개한다.

2. 동역학의 이론 구조

이론과학의 효시라고 할 수 있는 고전역학은 이론과학 가운데서도 동역학의 한 전형적 형태가 되고 있다. 그러나 고전역학 이외에도 전기역학, 양자역학, 양자장이론 등 현대 물리학의 골격을 이루는 여러 이론들 역시 동역학의 범주에 속한다. 이러한 이론들은 어느 의미에서 고전역학을 보완하기도 하고 또 어떤 의미에서는 이를 확장하기도 하는 것이어서 많은 경우 현상을 서술하는 데 고전역학보다 더 보편적이고 더 적절한 기능을 수행하고 있다.

그렇다면 동역학이란 어떠한 성격의 학문이며, 여기에는 어떠한 내용의 이론들이 포함되는가? 이 점을 논의하기 위해 먼저 동역학의 개략적 구조와 성격을 논의하고 이에 따라 가능한 동역학 이론들을 몇 가지로 분류해 소개하기로 한다. 동역학 이론들을 이와 같이 분류하는 데 적용될 기준으로는 우리가 앞에서(4장 참조) 소개한 '의미기반'이 매우 적절하다. 이러한 논의를 통해 우리는 상대성이론, 양자역학, 양자장이론 등 현대 물리학의 골격을 이루는 여러 이론들이 동역학 이론이라는 넓은 테두리 안에서 어떠한 위치를 점유하는가를 좀 더 상세히 파악하게 된다.

동역학의 구조와 분류

동역학의 구조와 성격을 논의하기 위해서는 먼저 동역학이란 무엇인지, 즉 동역학에 대한 의미 규정이 요청된다. 그러나 그에 앞서 먼저 몇 가지 용어부터 규정할 필요가 있다. 우리가 흔히 일상적으로 "무엇이 어떠하다"고 말할 때, 동역학에서는 이를 "어떠한 '특성'의 대상계가 어떠한 '상태'에 있다"는 형식으로 표현한다. 즉 일상적인 표현의 주어, '무엇' 속에는 '어떠한 특성을 지닌 대상계對象系'가 함축되어 있으며, 일상적인 표현의 서술어 '어떠하다'의 내용은 이 대상계가 놓인 '동역학적 상태'로 대표되는 것이다. 이상적으로 말하자면 우리가 자연계에 대해 말할 수 있는 모든 명제 "무엇이 어떠하다"를 전부 "어떠한 특성의 대상계가 어떠한 상태에 있다"로 바꾸어놓을 수 있다고 보는 것이다. 이렇게 되면 다시 동역학의 성격에 의해 현재 어떠하다는 것을 알면 이것이 앞으로 (또는 과거에) 어떠하리라(어떠했으리라)는 것을 합리적으로 예측할 수(들추어낼 수) 있는 것이다.

그러므로 만일 동역학이 모든 현상을 완벽하게 설명 및 예측한다면, 이는 곧 우리가 생각해낼 수 있는 모든 명제 "무엇이 어떠하다"에 대해, '무엇'에 해당하는 '동역학적 특성함수'를 설정할 수 있고, '어떠하다'에 해당하는 '동역학적 상태'를 규정하며, 다시 여기에 해당하는 '동역학적 방정식'을 풀어 미래(또는 과거)의 모든 '동역학적 상태'들을 찾아내고 이를 다시 일상적 의미의 '어떠하리라(어떠했으리라)'로 번역해내는 작업을 완벽하게 수행하게 된다는 것이다.

이 점을 염두에 둔다면 동역학에 대한 잠정적인 정의를 다음과 같이 취해볼 수 있다.[2] 즉 동역학이란

> 시간, 공간 내에 존재하는 어떤 임의의 대상에 대해
>
> i) 이것의 물리적 '특성'을 표상하고 이것의 '상태'를 서술 및 해석할 어떤 일반적 방식들을 규정한 후,
>
> ii) 이것의 임의의 한 시각에서의 상태, 즉 '초기 상태'와, 임의의 다른 한 시각에서의 상태, 즉 '말기 상태'를 합리적으로 관련 지을 법칙을 세움으로써,
>
> iii) 기존의 정보를 통해 규정된 한 초기 상태로부터 원하는 임의의 다른 시점에서의 상태를 산출해내고 이를 지정된 방식에 따라 해석해내어, 대상에 관계되는 물리적 현상들을 예측 또는 설명하려는 하나의 기본적인 이론 체계

라고 규정해볼 수 있다. 이러한 규정을 만족시키는 가장 단순하면서도 전형적인 이론이 앞에서 언급한 고전역학이다. 사실상 19세기 말까지 고전역학은 동역학의 규정에 부합하는 유일한 그리고 완벽한 이론 체계로 인정되기도 했다. 그러나 상대성이론과 양자이론의 등장과 함께, 동역학 이론 체계 또한 크게 수정되어 상대론적 역학과 양자역학을 탄생시켰으며, 따라서 동역학의 형태도 다양해졌다. 한편 전기장·자기장은 초기에 입자들 간의 전자기적 상호작용을 나타내는 편의적인 개념으로만 인정되었으나, 나중에는 어떤 물리적 실체를 표상하는 것으로 인정됨으로써 전기장과 자기장을 다루는 이론이었던 전기역학(일명 전자기학)도 이러한 새로운 실체의 상태를 논의하는 동역학의 한 형태로 이해할 수 있게 되었다. 그리고 전기역학의 양자역학적 확장이라고 할 수 있는 양자전기역학도 물론 동역학의 한 형태이며, 다양한 물질 입자들의 장으로 이를 확장한 이른바 양자장 이론에 속하는 여러 이론들도 모두 동역학의 범주에 속한다.

이러한 동역학 이론들의 구조적 특성을 고찰하기 위해서는 앞의 4장에서 논의한 바와 같이 하나의 동역학 이론을 지지이론과 형식이론의 두 부분으로 나누어 고찰하는 것이 편리하다. 여기서 지지이론은 이론의 서술에 활용되는 각종 개념의 물리적·수학적 성격을 규명하고 이들을 구체적 관측 사실과 연결시키는 역할을 담당하는 이론을 말하며, 형식이론은 이러한 개념 구조를 바탕으로 명시적으로 표현되는 이론의 외형적 논리 체계 및 진술 내용을 의미한다. 앞에 규정한 동역학의 성격에 비추어 볼 때 대체로 i)항에 해당하는 내용을 제공하는 이론이 지지이론이며, ii)항 및 iii)항에 해당하는 기능을 수행하는 이론이 형식이론에 해당한다. 역사적으로 보면 최초로 등장한 동역학 이론인 고전역학의 경우 지지이론에 해당하는 부분은 오직 암묵적으로만 전제되어 있었을 뿐 의식적인 논의의 대상이 되지 않았으며, ii)항과 iii)항에 나타나는 운동 방정식과 이의 구체적 활용만이 그 주된 내용을 구성하고 있었다. 그러나 4장과 5장에서 논의한 바와 같이 상대성이론이나 양자이론에 의한 동역학의 결정적 변혁 과정은 사실상 지지이론의 내용을 형성하는 '의미기반'의 변환에 연유한 것이라고 해석할 수 있다. 따라서 앞에 열거한 다양한 동역학 이론들도 이들이 지닌 형식이론에서보다도 그 지지이론을 구성하는 '의미기반'의 차이에 의해서 그 특성을 구분해볼 수 있다.

그렇다면 '의미기반'의 내용에 관해서 좀 더 자세히 살펴보자. 앞에서 언급한 바와 같이 이는 동역학의 성격 가운데 i)항에 해당하는 내용, 즉 시간, 공간 내에 존재하는 어떤 임의의 대상에 대해 물리적 '특성'을 표상하고 '상태'를 서술 및 해석할 어떤 일반적 방식들을 규정하는 내용이 되는데, 이를 체계적으로 검토하기 위해 이 내용을 세 가지 요소로 나누어 살펴보기로 하자. 첫째는, 시간, 공간의 수학적 구조를 어떻게 설정하는가이며, 둘째는, 선정된 대상의 '특성'을 어떠한 모형에 따라 표상하는가이고, 셋째는, 이것의 '상태'가 어떻게 규정되며 또 어떻게 해석되는가이다. 이렇게 독립된 고찰의 대상이 되는 의미기반의 세 요소들을 각각 '서술공간'(시공간의 구조), '서술모형'(대상의 표상

모형), '서술양식'(상태 규정 및 그 해석 방식)으로 부르기로 한다.[3]

앞서 언급한 바와 같이 고전역학에서는 이와 같은 의미기반의 내용에 대해 비판적인 검토를 거치지 않고 암묵적으로만 전제해왔는데, 그 내용을 명시적으로 정리해보면 대략 다음과 같다. 즉 서술공간으로서는 3차원 유클리드 공간과 1차원 시간을 상정했으며, 서술모형으로는 대상 물체를 질량을 지닌 입자들의 집합으로 표상하는 입자 모형을 채택했고, 서술양식으로는 '고전역학적 서술양식', 즉 대상의 상태를 이들의 위치와 속도(또는 운동량)의 값으로 규정하고 이러한 양들이 관측 기구에 의해 일의적으로 측정될 수 있다는 방식을 취해왔다. 그러나 역사적 과정을 거쳐오면서, 이와 같은 개념 설정은 자명한 것이 아닐 뿐 아니라 이들 모두 어떤 의미에서 더 우월한 다른 선택 가능성이 있음이 밝혀지고 있다. 즉 서술공간으로서는 서로 독립된 1차원과 3차원의 시간, 공간 대신에 상호 의존하는 4차원의 시공 개념을 선택할 수 있으며, 서술모형으로는 입자들의 집합으로 보는 입자 모형 대신에 시공간의 함수인 파동으로 대상을 표상하는 파동 모형을 채택할 수 있고, 서술양식에서도 위치와 속도의 값을 물리적 대상의 상태로 규정하는 '고전역학적 서술양식' 대신에 상태함수를 별도로 설정하고 이를 특정된 방식으로 해석하는 '양자역학적 서술양식'을 채택할 수 있게 된 것이다.

사실상 이러한 가능성으로 인해 현재 상이한 명칭을 지닌 서로 다른 여러 동역학 이론들이 출현했으며, 따라서 동역학의 의미기반이 지닌 세 가지 요소를 각각 어떻게 채택하느냐에 따라 동역학의 여러 이론들을 체계적으로 분류해볼 수 있다.

먼저 서술공간에서 공간과 시간 개념을 종래의 3차원 공간과 이에 독립된 1차원 시간으로 보는가, 혹은 공간과 시간이 결합하여 4차원 벡터를 이루는 것으로 보는가에 따라 동역학 이론을 크게 비상대론적 이론과 상대론적 이론의 두 부류로 나눌 수 있다.[4] 동역학 이론은 어떠한 형태로든 시간과 공간을 기본적인 변수로 삼고 있으며, 따라서 단순히 시공을 3차원 벡터와 이와 독립된 1차원 변수로 보느냐 혹은 통합된 4차원 벡터로 보느냐에 따라 형식이론의 모든 수학적 표현이 3차원 공간에서 공변하는 형태로 표시되느냐 혹은 4차원 공간에서 공변하는 형태로 표시되느냐가 결정된다.[5] 동역학 이론이 취할 기본적인 서술공간은 서술모형이나 서술양식과 무관하게 거의 독립적으로 선택될 수 있으므로, 어떠한 동역학 이론이든 일단 상대론적 형태와 비상대론적 형태를 생각해볼 수 있다.

다음에 대상의 서술모형, 즉 대상의 기본 성격을 입자로 잡느냐 파동으로 잡느냐에 따라 동역학 이론을 질점역학(또는 간단히 역학)과 장場, field이론(비상대론적 이론의 경우는 탄성체이론이 대표적임)으로 크게 나눌 수 있다. 대상 물체를 입자들의 집합으로 모형화하는 고전역학이 입자 모형을 택하는 질점역학의 대표적인 경우라면, 빛의 정체를 파동이라고 보아온 고전광학이 파동 모형을 택하는 장이론의 대표적인 경우라고 말할 수 있다. 고전광학은 곧 전기자기장이론, 즉 전기역학의 한 특수한 경우로 이해되었으며, 이는 다시 양자이론적으로 수정되어 양자전기역학이라 불리는 양자장이론의 한 형태를 이루게 된다. 한편 비상대론적 역학의 영역에 속하는 각종 탄성체이론들도 파동 모형을 취한다고 해석될 수 있으며, 이들도 양자이론적으로 수정되어 소리의 입자인 포논phonon 등의 대상을 서술하는 양자탄성체이론으로 발전하고 있다.

마지막으로 서술양식을 택하면서 '고전역학적 서술양식'을 택하느냐 '양자역학적 서술양식'을 택하느냐에 따라 고전역학적 이론과 양자역학적 이론으로 구분할 수 있다.[6] 역사적으로 보면 고전역학적 서술양식으로부터 양자역학적 서술양식으로 전환한 대표적 이론으로, 질점역학의 양자화에 해당하는 비상대론적 질점양자역학(통상적으로 쓰이는 좁은 의미의 양자역학)과 전기역학의 양자화에 해당하는 상대론적 양자전기역학(양자장이론의 최초의 성공적 이론)이 있다. 이들 두 이론이 외형상으로는 상당한 차이를 가지나, 본질적으로는 각각 비상대론적 질점역학과 상대론적 장이론에 단지 양자역학적 서술양식을 체계적으로 적용시켰다는 점 이외에 아무런 차이가 없다. 이 이론들 외에도 비상대론적 탄성체이론과 상대론적 질점역학에 각각 양자역학적 서술양식을 적용시킨 양자탄성체이론(고체 내의 격자진동이론이 대표적임)과 상대론적 양자역학(초기 입자이론에서 시도되었으나 결국 상대론적 양자장이론만큼 성공적이지 못함)도 의미 있는 동역학 이론으로 볼 수 있다.

이와 같은 분류를 가능하게 하는 분류 기준과 이를 통해 분류된 동역학 이론들의 계통을 간략히 요약해보면, 〈표 1〉과 〈표 2〉에 나타난 바와 같다. 〈표 2〉에서 보는 바와 같이 현재 대학 또는 대학원의 표준 교과목에 해당하는 대부분의 과목들이 특정한 의미기반을 바탕으로 하는 동역학의 한 형태임을 알 수 있다. 더욱이 흥미로운 사실은 이 분류의 각 항목에 해당하는 이론들이 제한된 영역에서나마 아직도 유용한 이론으로서 제몫을 하고 있다는 점이다. 이는 이와 같은 분류의 기준이 된 세 가지 개념 요소들의 중요성을 간접적으로 암시해주는 것이며, 따라서 동역학 이론들의 종합적·구조적 이해를 위해서는 이들에 대한 더 철저한 검토가 필요하리라 생각된다.

그렇다면 동역학 이론들이 지닌 형식이론 부분을 살펴보자. 형식이론 또한 지지이론의 종류 및 대상 실체의 성격에 따라 다양한 형태를 지니는 것이 사실이나, 그 기본 구조는 비교적 단순하며 또한 하나의 커다란 공통점을 지닌다. 동역학의 형식이론을 구성하는 내용은 앞에서 제시한 동역학의 성격 규정에서 ii)항과 iii)항에 해당하는 내용이며, 이 가운데 ii)항의 내용은 계의 동역학적 특성함수를 설정하고 이를 통해 동역학 방정식을 도출하는 과정에 해당하고, iii)항의 내용은 이 동역학 방정식의 해를 구해 구체적 현상을 설명 또는 예측하는 과정에 해당한다. 이러한 과정들은 모두 이미 고전역학에서 보아온 과정과 기본적으로 다를 바가 없다. 오직 대상을 표상하는 서술모형의 차이에 의해, 그리고 대상 자체의 동역학적 특성의 차이에 의해, 그 특성함수의 형태가 다소 달라질 수 있을 뿐, 이로부터 동역학 방정식을 도출하는 과정에서 '최소작용의 원리least action principle'를 사용한다는 점도 거의 모든 동역학 이론들에서 차이가 없다.[7]

서술공간	비상대론적 시공 개념: 비상대론적 이론
	상대론적 시공 개념: 상대론적 이론
서술모형	입자 모형: 질점역학
	파동 모형: 장(field)이론
서술양식	고전역학적 서술양식: 고전역학적 이론
	양자역학적 서술양식: 양자역학적 이론

〈표 1〉 동역학의 분류 기준

서술공간	서술모형	서술양식
비상대론적 이론	질점역학	고전역학
		양자역학
	탄성체이론	고전탄성체이론(음향이론)
		양자탄성체이론(격자진동이론)
상대론적 이론	상대론적 역학	상대론적 고전역학
		상대론적 양자역학
	상대론적 장이론	고전장이론(고전전기역학)
		양자장이론(양자전기역학)

〈표 2〉 동역학의 분류 내용(괄호 속은 구체적 내용 예시)

동역학의 의미기반

앞서 논의한 바와 같이 동역학 이론은 그 의미기반을 구성하는 서술공간, 서술모형 및 서술양식을 각각 어떻게 취하느냐에 따라 각각 상이한 형태의 이론이 된다. 따라서 여러 동역학 이론의 특징적 성격을 이해하기 위해서는 의미기반의 내용에 대해 좀 더 깊이 고찰해볼 필요가 있다.

a. 서술공간: 상대론과 비상대론

모든 동역학 이론은 이론이 취하는 서술공간에 따라 상대론적 이론과 비상대론적 이론으로 구분된다. 상대론적 이론에서는 서술공간으로서 상대론적 시공 개념을 택하며, 비상대론적 이론에서는 비상대론적 시공 개념을 택한다. 그렇다면 이 두 시공 개념은 각각 어떠한 의미를 지니는가? 이제 시간, 공간 내에서 어떤 사건이 발생했다고 하자. 우리는 이 사건의 발생 시각과 위치를 t, x, y, z의 4개의 수치로 표시한다. 여기서 t는 어떤 한 시점을 기준으로 했을 때의 사건 발생 시각을 나타내며 x, y, z는 3차원 직교 좌표계를 설정했을 때의 사건 발생 위치를 나타낸다. 이들의 값은 물론 시계와 자를 통해 측정될 수 있으나 여기서는 이상적인 측정이 이루어질 수 있다고 보아 그 측정의 정밀성은 문제 삼지 않는다. 이제 편의상 시간변수 t 대신에 $\tau = \mathrm{ict}$로 정의되는 새 변수 τ를 도입하여 시각을 나타내기로 하자. 여기서 i는 $i^2=-1$의 관계를 만족하는 이른바 허수 단위이며 c는 속도의 차원을 지니는 어떤 상수이다. i와 c가 정해진 값이므로 t의 값이 주어지기만 하면 τ의 값은 일의적으로 정해지게 되며 따라서 t 대신 τ를 시간변수로 생각하는 데 형식상 아무런 문제가 없다.

이렇게 할 경우 한 사건의 시공간적 위치는 집합적으로 (τ_1, x_1, y_1, z_1)로 나타낼 수 있으며 이와 인접한 또 한 사건의 시공간적 위치는 (τ_2, x_2, y_2, z_2)로 나타낼 수 있다. 이때 이 두 사건 사이의 시간 간격 $\Delta\tau$를

$$\Delta\tau = \tau_2 - \tau_1$$

로 정의하고 또 이들 사이의 공간 간격 $\Delta\ell$을

$$(\Delta\ell)^2 = (x_2 - x_1)^2 + (y_2 - y_1)^2 + (z_2 - z_1)^2$$

의 관계를 만족하는 값으로 정의할 수 있다.

이제 만일 좌표계의 원점을 그대로 두고 좌표축의 방향만 달리하는 또 하나의 좌표계를 생각하여 이 두 사건의 시공간적 위치를 나타낸다면, 이들 두 사건의 공간 위치를 나타내는 좌표값들이 처음 좌표계에서의 값들과 달라질 것이다. 즉 처음 좌표계에서의 공간 위치들의 값들 $x_1, y_1, z_1, x_2, y_2, z_2$와 새 좌표계에서의 공간 위치들의 값들 $x_1', y_1', z_1', x_2', y_2', z_2'$은 일반적으로 서로 일치하지 않는다. 또한 $(x_2 - x_1)^2$, $(y_2 - y_1)^2$, $(z_2 - z_1)^2$의 값들도 새 좌표계에서의 값들 $(x_2' - x_1')^2$, $(y_2' - y_1')^2$, $(z_2' - z_1')^2$과 일반적으로 서로 일치하지 않을 것이다. 그러나 이 두 사건 사이의 공간 간격 $\Delta\ell$은 좌표계에 따라 달라지지 않는다는 것을 경험적으

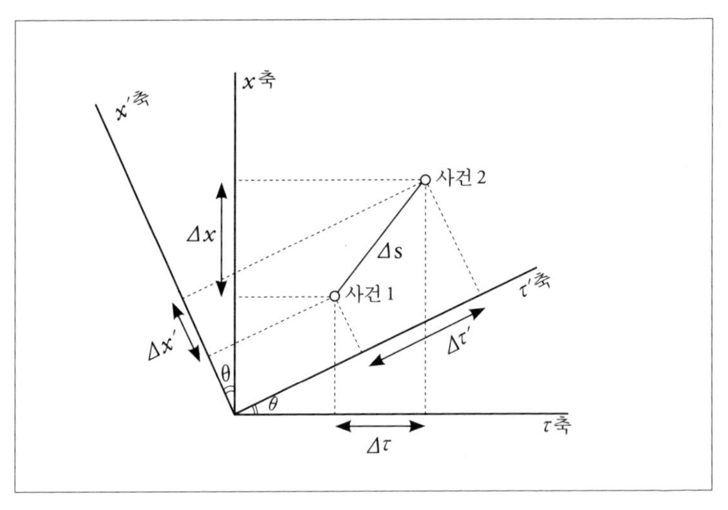

〈그림 1〉 두 개의 사건 1과 2를 상대속도 u를 지닌 두 좌표계에서 나타낸 그림 τ-x 평면상의 회전각 θ는 속도 u에 비례한다.

로 알 수 있으며, 이 사실은 곧 앞에 표시한 $(\Delta\ell)^2$의 값은 두 좌표계에서 서로 같다는 이야기이다. 이는 곧 공간이 3차원 유클리드 공간이라는 것 그리고 유명한 피타고라스 정리가 적용된다는 것을 말해준다. 이것이 바로 공간좌표 (x, y, z)가 3차원 유클리드 공간 상의 벡터량이 된다는 진술 속에 포함되는 의미이며, 이러한 내용이 동역학의 의미기반 속에 암암리에 전제되어 있다. 이 점에 관해서는 상대론적 시공 개념에서나 비상대론적 시공 개념에서 아무런 차이가 없다.[8]

그런데 이제 이 두 시공 개념 사이에 실제적 차이가 나타날 수 있는 다음과 같은 경우를 생각해보자. 즉 두 개의 좌표계가 처음에는 좌표의 원점과 좌표축 방향이 모두 일치하나, 한 좌표계는 정지해 있고 다른 좌표계는 나머지 좌표계에 대해 일정한 방향, 일정한 속도로 움직인다고 해보자. 이 경우, 어떤 두 사건 사이의 시간 간격 $\Delta\tau$와 공간 간격 $\Delta\ell$은 이 두 좌표계에서 각각 어떻게 보일 것인가? 그 대답은 시공간의 기하학적 구조를 우리가 어떻게 규정하느냐에 따라 달라진다.

먼저 시공간을 4차원 연속체로 보는 상대론의 경우를 생각해보자. 이 경우는, 마치 x, y, z좌표가 서로 대등한 3차원 구조를 이루듯이, τ, x, y, z 이렇게 4개의 좌표가 서로 대등한 4차원 구조를 이루는 것으로 보는 입장이다. 이럴 경우, 한 좌표계가 다른 좌표계에 대해 가령 x축 방향으로 속도 u로 움직인다고 하면, 이는 곧 〈그림 1〉에 표시된 바와 같이 x축과 τ축으로 이루어지는 평면상에서 한 좌표계가 다른 좌표계에 대해 좌표축들을 (속도 u에 따라 결정되는) 각도 θ만큼 회전시켜놓은 것과 같은 상황이 된다. 이렇게 될 경우 〈그림 1〉에서 보는 바와 같이 두 사건 사이의 시간 간격 $\Delta\tau$와 공간 간격 Δx (여기서는 편의상 Δy, Δz는 각각 0이라고 가정한다)는 각각 $\Delta\tau'$, $\Delta x'$로 일정한 양만큼 달라지겠지만

$$(\Delta s)^2 = (\Delta\tau)^2+(\Delta x)^2$$

으로 정의되는 4차원적 간격 Δs는 양쪽 좌표계에서 모두 같게 된다. 즉,

$$(\Delta\tau)^2+(\Delta x)^2 = (\Delta\tau')^2+(\Delta x')^2$$

의 관계가 성립하며, 이는 곧 변수 τ와 x로 이루어진 평면이 피

타고라스의 정리가 성립하는 유클리드 공간임을 의미한다.

그러나 만일 시공간을 4차원적 존재로 보지 않고 3차원 공간과 이와 독립된 1차원 시간으로 분리된 존재로 보는 경우에는 변수 τ와 x 사이에는 그 어떤 공간적 관계가 성립하지 않는다. 이는 곧 시간의 흐름이 좌표계의 운동과는 무관함을 의미하는 것이며 따라서 $\Delta\tau$의 값은 두 좌표계에서 모두 동일하게 되고, Δx의 값만이 양쪽 좌표에서 적절한 차이를 갖는 것으로 나타나게 된다.

그렇다면 이 두 가지 시공 개념 가운데 어느 쪽을 선택하는 것이 옳은가? 또는 이 두 가지가 모두 옳지 않은가? 여기에 대해 명확한 해답을 줄 아무런 선험적 이유도 존재하지 않는다. 만일 우리에게 충분히 정밀한 실험 방법이 주어진다면 서로 운동하는 두 좌표계에서 앞에서 언급한 시간 간격 $\Delta\tau$와 공간 간격 Δx 등을 정확히 측정하고 이들이 만족하는 관계를 살펴봄으로써 더 합당한 시공 개념을 선택할 수 있겠으나, 현실적으로 그럴 수 있는 가능성은 별로 없다.

따라서 더 간접적인 방법으로 이들의 우열을 검토해보지 않으면 안 된다. 즉 이들 각각의 시공 개념에 입각하여 물리법칙들을 서술한 후 어느 법칙들이 자연현상을 더 적절히 설명해주는가를 비교함으로써, 어느 시공 개념이 더 적절한가를 판단하는 것이다.

이러한 방식에 의해 거듭 확인된 바에 따르면, τ의 정의 속에 포함된 상수 c의 값을 광속도의 값으로 택할 경우 4차원적 시공 개념을 취하는 것이 월등히 더 나은 선택임을 알 수 있다. 그러나 현실적으로 광속도 c에 비해 충분히 낮은 속도로 운동하는 대상들을 서술할 경우에는 이 두 가지 상이한 시공 개념에 기반을 둔 현상 서술에 실질적인 차이가 나타나지 않으며, 따라서 더 간편한 비상대론적 시공 개념을 사용해도 별 무리가 따르지 않는다.

사실상 고전역학의 경우 거의 무비판적으로 비상대론적 시공 개념을 채용해 이론을 전개해왔으며, 이러한 이론의 전개 또는 적용 과정에서 실제로 그 어떤 모순이나 문제점에 부딪히지도 않았다. 그러나 비상대론적 시공 개념을 바탕으로 전기역학이론을 전개하는 경우, 한 좌표계를 기준으로 설정된 물리법칙들이 이 좌표계에 대해서 상대적으로 움직이는 다른 좌표계에서는 동일한 형태로 성립되지 않는다는 것이 알려지게 되었다. 만일 좌표계들의 상대적 운동 여하에 따라 물리법칙의 형태가 달라져야 한다면 물리법칙 자체의 보편성에도 커다란 손상을 주는 것이므로 아인슈타인은 "서로 등속도로 움직이는 모든 좌표계에서 물리법칙은 동일한 형태로 성립되어야 한다"는 이른바 '(특수)상대성원리'를 전자기법칙들에 대해서도 성립시킬 시공 개념을 모색한 결과, 앞에서 말한 상대론적 시공 개념, 좀 더 정확히 말해 특수상대론적 시공 개념을 찾아내기에 이른 것이다.

한편, 이러한 특수상대론적 시공 개념을 채용해 중력을 포함하는 고전역학 이론을 전개할 경우 새로운 문제점에 부딪힌다. 즉 중력 자체가 특수상대론적 시공 개념으로 자연스럽게 표현되지 않으며, 이러한 난점을 극복하기 위해 아인슈타인은 다시 시공 개념을 더 확대하여 비유클리드적 4차원 시공간인 일반상대론적 시공 개념을 얻기에 이르렀다.

b. 서술모형: 입자와 파동

다음에는 동역학 이론에서 대상 실체를 표상하는 가능한 서술모형들에 대해 생각해보자. 이미 말한 바와 같이 이러한 서술모형으로는 대상 실체를 입자들의 집합으로 보는 입자 모형과 대상 실체를 일종의 파동으로 보려는 파동 모형이 있다.

앞서 고전역학의 경우에서 본 것처럼 입자 모형을 취한다는 것은 대상 실체를 한 무리의 입자로 보아 이들의 위치를 나타낼 변수들을 시간의 함수로 설정한 뒤, 계의 동역학적 특성함수를 이들 변수 및 그 시간적 변화율(속도)의 함수로 나타내는 것을 말한다. 이에 반해 파동을 기본적인 실체로 간주하는 파동 모형에서는 지정된 대상 실체가 한 무리의 파동함수들로 대표된다고 보아, 이들을 위치 및 시간의 함수로 나타내고 이들 파동함수들을 기본 변수로 삼아 계의 동역학적 특성함수를 설정한다.

입자 모형의 경우 계의 동역학적 특성함수가 흔히 위치 및 속도의 함수인 '라그랑지안'으로 표현되는 것에 반해, 파동 모형의 경우에는 이것이 이른바 '라그랑지안 밀도'라는 형태를 취하게 된다. 이때 라그랑지안 밀도는 앞에서 말한 파동함수들과 이들의 시간적 변화율을 매개함수로 취하는 범함수 꼴이 된다.

입자 모형 혹은 파동 모형에 따라 대상계의 라그랑지안 혹은 라그랑지안 밀도가 설정되면 이들의 시간적분(라그랑지안 밀도의 경우에는 시간 및 공간적분) 형태로 이른바 '작용'을 정의하게 되며, 다시 이 '작용'을 최소화시키는 '최소작용의 원리'를 도입하여 이 변수들(파동 모형의 경우에는 파동함수들)이 만족할 방정식들을 얻을 수 있게 된다. 이렇게 얻어진 방정식들이 곧 동역학 방정식에 해당하고, 여기에 적절한 초기 조건(파동 모형의 경우에는 경계 조건 포함)을 활용해 이들의 해를 얻어낼 수 있다. 이 과정이 바로 동역학의 형식이론이 취하는 주요 부분인데, 이렇게 얻어진 해들을 적절한 방식에 따라 해석함으로써 대상 실체에 관련된 현상들을 설명 또는 예측하게 된다.

대상 실체를 입자로 표상하는 대표적인 동역학 이론이 고전역학이라면, 이를 파동으로 표상하는 대표적인 고전적 동역학 이론이 전기역학이다. 고전역학에서는 앞에서 설명한 과정을 통해 동역학 방정식으로 뉴턴의 운동 방정식을 도출하게 되며, 전기역학에서는 역시 같은 과정을 통해 유명한 맥스웰의 방정식들을 도출해내게 된다. 전기역학에서는 그 대상 실체인 전기장과 자기장을 본질적으로 장場, field, 즉 파동적인 것으로 보아 앞에서 말한 형태로 라그랑지안 밀도를 설정할 수 있으며, 여기에 최소작용의 원리를 적용함으로써 놀랍게도 그 기본 방정식인 맥스웰의 방정식들을 얻을 수 있다. 뉴턴의 운동 방정식의 경우와 마찬가지로 맥스웰의 방정식들도 처음에는 경험적 법칙의 형태로 도입되었으나, 후에 이처럼 체계적 동역학의 한 부분임이 밝혀진 것이다. 한편 맥스웰의 방정식이 알려지기 전부터 파동적 성격을 지닌 것으로 이해되었던 '빛'의 경우, 뒤늦게 이것이 맥스웰의 방정식을 만족시키는 전자기파임이 판명되었으며 이로 인해 고전적 광학이론은 자연스럽게 전자기학의 한 부분으로 편입되었다.

역사적으로 보면 이와 같은 대상 실체에 대한 모형 선택의 문제는 대상 실체의 본성이 무엇인가 하는 문제와 관련하여 많은 논란의 대상이 되어왔다. 19세기 말에 이르러 입자 모형에 따라 서술되는 모든 '물질'은 그 본성이 '입자'이며, 파동 모형에 따라 무리 없이 서술되는 '빛'은 그 본성이 '파동'이라는 관점이 지배적이었다. 그런데 20세기에 들어서 빛의 '입자성'을 암시하는 몇몇 현상들이 알려지면서 이른바 '빛의 이중성' 문제가 제기되었고, 다시 한 걸음 나아가 물질 입자들의 '파동성'을 말해주는 현상들이 나타나 '물질 입자 이중성'이라는 문제로 확대되었다. 그러나 이것은 자연의 본성에 의해 나타나는 것이라기보다 우리가 이것을 서술하는 과정에서 빚어지는 것으로, 특히 동역학 이론의 체계적인 이해를 통해 이러한 혼란은 대부분 제거할 수 있다.

물질 입자의 경우 초기의 양자역학에서는 입자 모형에 따라 대상을 표상한다는 점에서 고전역학과 다를 바 없었으나 이것의 '상태'를 나타내는 데 도입된 상태함수가 파동성을 지니는 것으로 이해되었으며, 반대로 광光의 입자, 즉 광자의 경우에는 파동 모형에 따라 대상을 표상한 후 이것의 가능한 '상태'들을 규정하는 과정에서 입자성의 도입이 요청되었다. 그런데 후기에 발전된 양자장이론에서는 이른바 물질 입자들도 처음부터 파동 모형에 따라 표상하며, 이들의 입자성은 광자의 경우와 마찬가지로 이들의 가능한 상태들의 성격에 의해 표출되는 형식을 취하게 된다. 그런가 하면 탄성매질을 대상으로 하는 비상대론적 동역학 이론에서는 일단 입자 모형에 따라 대상을 표상한 후, 이를 파동 모형에 따른 수학적 서술형태로 바꾸어 취급하는 것이 보통이다. 이 경우 파동 모형을 취한다는 것은 대상 실체의 본성에 관한 어떠한 관점을 가진다는 것을 의미하는 것이 아니라, 오직 수학적 편의에 의해 취하는 것임이 분명하다.

이러한 점들로 미루어 보아 일반적으로 어떠한 서술모형을 택하느냐는 대상 실체의 본성이 무엇이냐는 것과 직접적인 관련이 없으며, 오직 어떠한 서술모형을 택할 때 대상 실체가 동역학적으로 더 간편하고 일관성 있게 서술되느냐에만 의존한다고 말할 수 있다. 현재까지 알려진 바로는 기본 입자의 경우 파동 모형(양자장이론)을 선택하는 것이 이들의 동역학적 서술을 위해 더 적절한 것으로 여겨지며, 거시적 대상의 경우 일차적으로는 입자 모형을 택하는 것이 더 간편하다고 할 수 있다.

c. 서술양식: 고전역학과 양자역학

동역학의 '서술모형'이 주로 계의 동역학적 '특성'을 어떠한 모형에 따라 서술하느냐에 관련된 것이라면, 동역학의 '서술양식'은 주로 계의 동역학적 '상태'를 어떻게 규정하고 어떻게 해석하느냐에 관련된 사항이다. 따라서 계의 서술양식에 따라 구분되는 고전역학과 양자역학 사이에는 계의 동역학적 특성을 표현하는 방식에는 아무런 차이가 없으며 오직 계의 '상태'를 어떻게 설정하고 이를 관측 가능한 양들과 어떻게 연결시키느냐에 결정적인 차이가 나타난다.

고전역학의 경우 한 무리의 입자로 구성된 계의 상태는 이들 구성 입자 각각의 위치와 속도(또는 운동량)의 값으로 규정된다. 그리고 이 대상계에 관계된 모든 관측 가능한 물리량들은 이 상태량의 함수로 일의적으로 표현된다고 본다. 그러나 양자역학적 서술양식에서는 대상의 상태를 위치와 속도의 값으로 보는 대신, 흔히 위치(또는 운동량)의 함수 형태로 표현되는 이른바 '상태함수'라는 어떤 수학적 실체로 규정한다. 그리고 대상에 관계된 관측 가능한 물리량들은 모두 어떤 수학적 '연산자operator'들로 나타낼 수 있다고 보고, 이러한 물리량을 관측했을 때 얻어질 결과들은 계의 상태함수에 연산자를 적용해 얻게 되는, 즉 특정 방식에 의해 산출될 수 있는 것으로 규정한다.

이를 좀 더 구체적으로 이해하기 위해 다음과 같은 경우를 생각해보자. 가령 한 물리계의 어느 시각에서의 상태가 $\psi(x)$(x는 위치변수)라는 상태함수로 주어졌다고 할 때 이 시각에서 물리량 A를 관측하면 어떤 결과를 얻을 것인가? 양자역학에서는 먼저 물리량 A에 대응하는 수학적 연산자 A를 어떠한 방식에 의해 설정하고

$$A\phi_n(x) = a_n\phi_n(x)\,(n = 0, 1, 2, \cdots\cdots)$$

형태의 관계를 만족하는 A의 고유함수 $\phi_n(x)$ 및 고유치 a_n들을 먼저 찾아낸다. 그리고 주어진 상태함수 $\psi(x)$를 A의 고유함수 $\{\phi(x) : n = 0, 1, \cdots\cdots\}$들의 항으로

$$\psi(x) = \sum_{n=0}^{\infty} c_n\phi_n(x)$$

형태로 전개한다(이때 함수 ψ와 ϕ_n은 모두 규격화되어 있다고 전제한다). 일단

연산자 A의 고유치 $\{a_n\}$과 상태함수 $\psi(x)$의 계수 $\{c_n\}$이 이와 같이 주어지면 양자역학에서는 앞의 질문에 대해 다음과 같이 대답한다. 즉 "상태 $\psi(x)$를 지닌 대상계에 물리량 A를 관측하면 그 가능한 관측치들은 A의 고유치 $\{a_n\}$ 가운데 어느 하나가 될 것이며, 한 관측치 a_n이 실제로 관측될 확률은 여기에 대응하는 계수 c_n의 절대치제곱인 $|c_n|^2$이 된다"는 것이다.

왜 양자역학적 서술양식에서는 이렇게 복잡한 상태 규정과 상태 해석 방식을 설정해야 하는가? 여기에 대해서는 어떤 선험적 해답이 존재하지 않는다. 이는 마치 "왜 고전역학적 서술양식에서는 위치와 속도의 값을 상태로 규정하고 모든 관측 가능한 물리량들이 이들의 함수로 표시된다고 보는가?" 하는 질문에 대해 어떤 선험적 해답이 존재하지 않는 것과 같다. 오직 이러한 서술양식을 활용해 현상들을 서술할 경우, 실험 사실들과 일치하는 만족스런 서술이 가능하며 현상들에 대한 합리적 설명 및 예측이 가능하다는 결과론적 이유만을 제시할 수 있을 뿐이다.

다음에는 동역학적 특성이 구체적으로 주어진 계에서 이러한 상태함수를 어떻게 산출해낼 수 있는지에 대해 간단히 살펴보자. 이 점에서 양자역학적 서술의 경우는 고전역학적 서술의 경우에 비해 월등히 더 복잡해진다. 고전역학의 경우 동역학적 특성함수 자체가 동역학적 상태변수(위치 및 속도)의 함수로 직접 표현되므로 이 특성함수에 '최소작용의 원리'라는 하나의 조건만 부과함으로써 곧 초기 상태와 말기 상태를 연결하는 동역학 방정식이 얻어졌으나, 양자역학적 서술의 경우에는 동역학적 특성함수가 상태함수의 항으로 직접 표시되지 않으므로 이런 간단한 조작을 할 수 없게 된다.

그리하여 양자역학에서는 흔히 다음의 두 과정을 거쳐 동역학 방정식을 얻게 된다. 첫째 과정으로, 상태함수에 작용하여 이것의 시간적 변화율을 결정해줄 이른바 '진척 연산자evolution operator'가 지녀야 할 수학적 성격을 규정하고, 둘째 과정으로, 계의 특성함수 및 최소작용의 원리에 해당하는 조건을 적용하여 이러한 진척 연산자가 지닐 구체적 형태 및 연산자들 상호 간에 만족해야 할 부가적 조건(연산자들 상호 간의 교환 관계)을 찾아내게 된다.

이러한 과정을 통해서 도출되는 양자역학적 동역학 방정식이 바로 잘 알려진 슈뢰딩거 방정식에 해당하는 관계식이며, 이때 얻어진 부가적 조건이 바로 불확정성 원리를 내포하는 관계식이다. 이때 대상계가 지닐 가능한 상태들은 주어진 조건 아래 동역학 방정식의 가능한 해들에 해당한다. 일반적으로 계가 지닌 양자역학적 상태의 시간적 변화율은 계의 동역학 방정식인 슈뢰딩거 방정식으로 주어지며 따라서 계의 초기 상태를 알면 계의 말기 상태를 일의적으로 알아낼 수 있다. 그러나 계의 말기 상태를 일의적으로 안다고 해서 그 시각에서의 물리적 관측치를 일의적으로 예측할 수 있는 것은 아니다. 가령 초기에 계의 운동량을 정확히 관측했다면 계의 초기 상태는 이 운동량의 고유 상태가 될 것이며, 이를 슈뢰딩거 방정식에 넣어 유한한 시간 이후의 상태, 즉 말기 상태를 정확히 산출했다고 하자. 만일 이 말기 상태가 처음 상태에서 조금이라도 달라졌다면, 이 시각에 운동량을 다시 관측할 경우 이 운동량의 고유치들 가운데 어떠한 값이 관측되리라는 것은 오직 확률적으로만 예측될 수 있다.

잘 알려진 바와 같이 이러한 양자역학적 서술양식은 고전역학적 서술양식에 비해 그 적용 범위가 훨씬 넓다. 특히 원자적 규모의 대상에 대해서는 양자역학적 서술이 현상을 만족스럽게 기술하는 데 비해 고전역학적 서술은 만족스러운 결과를 주지 못한다. 반면에 고전역학적 서술이 만족스런 결과를 주는 더 큰 규모의 대상에 대해서는 양자역학적 서술이 바로 고전역학적 서술로 환원되어 이 두 서술양식이 모두 유효하다. 이러한 점에서 양자역학은 고전역학에 비해 좀 더 보편적인 이론이라 할 수 있다.

3. 열역학과 통계역학

역사적으로 보면 열역학이라는 학문은 주로 열과 일·온도·압력 등에 관련된 현상들을 경험적 법칙에 의해 설명해보려는 독자적 학문으로 출발했다. 그러다가 19세기 후반 이후 특히 엔트로피의 의미가 점차 밝혀지면서, 동역학과의 연관 아래 이른바 통계역학이라는 형태로 체계화되기에 이르렀다.

그러나 이러한 열 및 통계역학은 본질적으로 기존의 동역학 이론들로 환원되거나 또는 동역학의 새로운 형태로 판명된 것이 아니라, 동역학과 일정한 관계를 가지면서도 고유의 특성을 지니는 독자적 학문으로서의 위상을 유지해오고 있다. 즉 열 및 통계역학은 동역학적 상태 이외에 '열역학적 상태'라 불리는 새로운 형태의 상태 개념을 도입하여 현상에 대한 일종의 포괄적 설명을 시도하는 학문이라 할 수 있다. 이 글에서는 먼저 현상의 열 및 통계역학적 설명이 어떠한 것인가를 엔트로피 개념을 통해 개략적으로 고찰한 후, 이러한 설명을 가능하게 하는 통계역학의 이론 구조 및 서술방식에 대해 간단히 논의하려 한다.

현상의 열 및 통계역학적 설명

우리가 '무엇이 어떠하다'고 할 때, 이 '어떠하다'의 내용이 원칙적으로는 '동역학적 상태'와 일대일 대응성을 지닌다고 할 수 있다. 그러나 현실에서는 이 동역학적 상태 하나하나가 지니는 차이를 식별할 수 없는 경우가 많으며, 오히려 비슷한 여러 상태들을 뭉뚱그려 하나로 생각하는 것이 훨씬 더 편리할 수 있다. 이러할 경우 '어떠하다'의 내용은 동역학적 상태와 일대일 대응이 아니라 일대다 대응을 지니게 되며, 이때 이 '어떠하다'에 대응하는 다수의 상태를 하나로 보아 '열역학적 상태'라 부르기로 한다.

사실상 우리가 일상적으로 접하는 대부분의 대상들에 대해 "무엇이 어떠하다"고 할 때, 그 "어떠하다"라는 표현의 내용은 대상의 '열역학적 상태'를 지칭하게 된다. 따라서 이러한 '열역학적 상태'들 및 이들의 변화에 대한 만족스런 서술 없이는 우리가 접하는 현상을 이해 또는 설명한다고 주장할 수 없다. 그러면 이러한 열역학적 상태들과 그 변화는 어떠한 방식으로 서술해야 할 것인가? 이를 위해 다음과 같은 간단한 예를 살펴보기로 하자. 차가운 물이 반쯤 차 있는 그릇에 뜨거운 물을 어느 정도 부을 때, 그릇의 물이 곧 미지근해지리라는 것을 우리는 잘 안다. 그러나 우리가 이 사실을 '설명'하기 위해서는 다음과 같은 방식으로 상황을 서술해볼 필요가 있다. 즉 물을 붓고 난 처음 순간 물은 '부분적으로 뜨겁고 부분적으로 차가운 상태'였으나 물 분자들 간의 상호작용으로 인해 물은 결국 '전체가 미지근한 상태'로 변하게 되었다. 그리고 이러한 변화를 설명하기 위해 우리는 다음과 같은 세 가지 사실을 지적하게 된다.

첫째, 주어진 상황에서 대상계가 취할 수 있는 동역학적 상태들은 대단히 많으므로 이 상태들을 분류해 '부분적으로 뜨겁고 부분적으로 차가운 상태'(열역학적 상태 I)에 속하는 부류, '전체가 미지근한 상태'(열역학적 상태 II)에 속하는 부류 등 몇몇 커다란 부류들로 나누어볼 수 있다.

둘째, 합류된 물 분자들 사이의 상호작용으로 인해 계의 동역학적 상태는 상황이 허락하는 가능한 동역학적 상태들 사이에서 외형상 무작위적으로 서로 전환하게 되므로, 특별한 이유가 없는 한 이들 가운데 하나의 동역학적 상태에 있을 확률은 다른 하나의 동역학적 상태에 있을 확률과 같다고 보아야 한다.

셋째, '전체가 미지근한 상태'(열역학적 상태 II)에 속하는 동역학적 상태의 수는 예를 들어 '부분적으로 뜨겁고 부분적으로 차가운 상태'(열역학적 상태 I)에 속하는 동역학적 상태의 수에 비해 월등하게 크다.

이제 만일 위의 세 가지 사실을 인정할 수 있다면, 그릇 속의 물은 이것이 놓일 수 있는 가장 가능성이 높은 열역학적 상태, 즉 '전체가 미지근한 상태'로 바뀔 수밖에 없다는 통계역학적 설명이 주어지는 셈이다. 처음에 우연히 열역학적 상태 I에 속하는 매우 희귀한 동역학적 상태에 놓였더라도, 동역학적 상태들 사이의 지속적인 상호전환 과정에 의해 가장 흔한 부류의 동역학적 상태들 가운데 하나로 전환될 가능성이 매우 크리라는 추론이 가능하기 때문이다.

이 예에서 보는 바와 같이 이러한 통계역학적 설명을 위해 핵심적 역할을 하는 개념은 바로 이들 각각의 "열역학적 상태에 대응하는 동역학적 상태의 수"이므로, 바로 이 개념에 대해 독립적인 명칭을 부여하는 것이 매우 유용하다. 따라서 하나의 "열역학적 상태에 대응하는 동역학적 상태의 수" W를 그 열역학적 상태의 '열역학적 확률'이라고 부르기도 한다. 그러나 뒤에 언급할 몇 가지 이유 때문에 W 자체보다도 이와 정성적으로 동일한 의미를 지니는 $\log W$라는 개념이 더 유용하며, 또한 이런저런 역사적인 이유 때문에 여기에 다시 하나의 상수 k를 곱한

$$S = k \log W \qquad (3\text{-}1)$$

라는 물리량을 정의하여 사용하게 된다. 이렇게 정의된 물리량을 열역학적 확률 W를 지닌 하나의 열역학적 상태의 '엔트로피 entropy'라고 부르며, 이때 도입된 상수 k는 $k = \frac{1.38 \times 10^{-23} J}{K}$의 값을 갖는 양으로 흔히 볼츠만상수라 한다.

여기서 엔트로피의 정의를 열역학적 확률 W 자체로 삼지 않

고 굳이 log W에 비례하는 양으로 취한 이유는 부분계들을 지닌 전체계의 엔트로피를 각 부분계 엔트로피의 합으로 표시할 수 있게 하기 위해서이다. 만일 엔트로피를 W 자체에 비례하는 양으로 정의했다면, 전체계의 엔트로피는 부분계 엔트로피들의 곱으로 나타나 연산에 불편을 초래하게 된다.

일단 엔트로피 개념을 이와 같이 도입하고 나면, "한 고립계가 취하게 될 열역학적 상태는 이것에 대해 허용되는 모든 열역학적 상태들 가운데 그 엔트로피가 가장 큰 열역학적 상태로 바뀌려는 경향을 가진다"는 주장을 할 수 있게 되는데, 이것이 바로 '열역학 제2법칙'의 내용이다. 따라서 '열역학 제2법칙'은 곧 확률의 법칙이며, "자연계의 모든 현상은 확률이 가장 큰 열역학적 상태로 전이하려고 한다"는 지극히 당연한 주장에 해당한다.

우리는 앞에서 고찰한 예에서 '부분적으로 뜨겁고 부분적으로 차가운 상태'에 해당하는 엔트로피가 '전체적으로 미지근한 상태'에 해당하는 엔트로피보다 작다는 것, 즉 두 부분계 사이에 온도 차이가 있는 상태의 엔트로피가 온도 차이가 없는 상태의 엔트로피에 비해 작다는 것을 암시했다. 이제 이 사실을 설명하기 위해 우리는 '온도'의 의미가 무엇인지 검토해볼 수 있다.

일반적으로 온도의 차이가 있으면 높은 온도에서 낮은 온도 쪽으로 에너지의 이동이 발생한다. 그 이유는 무엇인가? 그 이유는 높은 온도에서 에너지를 내보냄으로써 감소한 엔트로피 양이, 낮은 온도에서 에너지를 흡수함으로써 증가한 엔트로피

양보다 작아 전체적으로 계 전체의 엔트로피가 증가하는 과정이 되기 때문이라고 말할 수 있다. 그런데 이러한 설명이 일반적으로 가능하기 위해서는 "온도란 계의 에너지 증가(또는 감소)에 대한 엔트로피 증가율(또는 감소율)에 관계되는 양"이라고 보아야 하며, 좀 더 상세한 정량적 고찰에 의하면 "단위 에너지 증가에 따른 엔트로피 증가량의 역수"로 정의되는 물리량이 바로 우리가 흔히 사용하는 절대온도(-273°C를 0°K로 삼는 온도)임이 밝혀진다.

그렇다면 어떠한 물체가 일정한 에너지를 지닐 때, 이것의 엔트로피와 온도는 무엇에 의해서 결정되는가? 이것은 다시 동역학의 문제로 되돌아간다. 즉 "일정한 동역학적 특성을 지닌 대상계에서 지정된 에너지를 갖는 서로 다른 동역학적 상태의 수는 몇이며, 에너지의 값이 달라짐에 따라 이러한 동역학적 상태의 수는 어떻게 달라지는가" 하는 물음에 해답을 얻어야 하며, 이는 원리적으로 동역학적 방정식의 해를 구함으로써 답할 수 있는 문제이다. 이 점에 대해서는 다음 절에서 좀 더 자세히 살펴보기로 한다.

통계역학의 구조와 성격

그러면 통계역학에서는 이런 물리량들을 산출하기 위해 어떤 방식이 채택되고 있는가? 이 점을 특히 동역학의 경우와 비교해 살펴보기로 하자. 통계역학의 경우에도 대상계를 취급하는 데 동역학의 경우와 마찬가지로 대상계의 동역학적 특성을 대표하는 특성함수에서 출발한다. 그러나 동역학의 경우와는 달리, 대상계의 구성 입자 상호 간 그리고 대상계와 외계 사이의 경계면에 나타나는 경미하고 무작위한 형태의 상호작용들을 일단 제외하고 비교적 단순한 특성함수를 설정하여 이것을 고찰 대상으로 삼는다. 이렇게 하는 이유는 경미하고 무작위한 상호작용까지 포함한 동역학 방정식을 현실적으로 처리하기 어렵다는 면도 있지만, 이러한 상호작용들은 계의 동역학적 '상태결정'에 관여하기보다는 계의 동역학적 '상태전환'에 관여하는 것으로 보는 것이 좋은 근사가 되기 때문이다.[9]

우리가 흔히 실제 기체를 이상기체로 근사하는 경우가 그 대표적 사례이다. 이상기체란 그 정의상 구성 입자들 간의 상호작용이 무시되는 가상적 대상을 지칭하지만, 이를 완전히 무시하는 것은 아니며, 이것이 계의 동역학적 상태들 사이에 무작위적인 상호 전환을 가능하게 하는 것으로 본다.

이처럼 통계역학에서는 일단 단순화된 특성함수를 먼저 설정하게 되고, 이를 활용하여 이 계가 놓일 수 있는 가능한 모든 '동역학적 상태'들을 이론적으로 산출하게 된다. 그러고는 이러한 '동역학적 상태'들을 계의 '열역학적 상태'들과 적절히 관련 지음으로써 엔트로피 등 대상계에 관계된 모든 물리량을 의미 있게 서술하는 전략을 취한다.

일반적으로 대상계에 대해 관측상 구분 가능한 '열역학적 상태'들은 몇 개의 관측 가능한 거시적 변수의 값으로 규정된다. 이러한 거시적 변수의 값을 통해 하나의 열역학적 상태를 지정하고 나면 이에 대응하는 동역학적 상태들을 다음과 같은 일반적 방식을 통해 확률적으로 추정하게 된다.

이제 계가 일군의 동역학적 상태 $\{\phi_i : i = 1, 2, \cdots\cdots\}$에 있게 될

확률분포 $\{P_i : i = 1, 2, \cdots\cdots\}$가 알려졌다고 해보자. 이 경우 이 계에 대해 관측 가능한 하나의 물리량 A를 관측한다면, 그 관측의 기대치는

$$\langle A \rangle = \sum P_i a_i \tag{3-2}$$

로 표시된다. 여기서 a_i는 계가 동역학적 상태 ϕ_i에 있을 경우 취하게 될 물리량 A의 값이다(양자역학의 경우 ϕ_i는 A의 고유상태이고 a_i는 이것의 고유치인 것으로 해석하면 편리하다). 일반적으로 거시적인 계의 경우 물리량 A의 기대치 $\langle A \rangle$는 계의 '열역학적 상태'를 규정하는 관측 가능한 거시적 변수 역할을 하게 된다. 따라서 앞에서 언급한 합리적인 추정방식이라 함은 (3-2)식 형태로 주어진 하나 또는 몇 개의 변수치를 안다고 할 때 추정되는 가장 합리적인 확률분포 $\{P_i\}$가 무엇인가를 찾아내는 방식을 의미한다.

그런데 이러한 추정을 가장 합리적으로 수행하기 위해서는 확률분포 $\{P_i\}$의 항으로 표시되는 더 일반화된 엔트로피 개념을 정의하고, 주어진 조건 아래서 이 엔트로피 값을 최대로 하는 확률분포가 무엇인가를 찾아나가면 된다. 이는 비단 물리학에서만 쓰이는 방법이 아니라 흔히 '정보이론'이라 불리는 정보처리에 관한 일반이론에서 합리적인 추정을 위해 많이 사용되는 방법이다.

이제 만일 한 계의 열역학적 상태가 각 동역학적 상태에 존재할 확률분포 $\{P_i\}$로 주어진다면 이 열역학적 상태의 엔트로피 S는

$$S = k\sum_{i} P_i \log P_i \qquad (3\text{-}3)$$

로 정의된다. 이렇게 정의된 엔트로피는 앞에서 (3-1)식으로 정의된 엔트로피의 일반화된 형태임을 곧 확인할 수 있다. 만일 이 열역학적 상태가 각각 동일한 확률을 지닌 W개의 동역학적 상태에 대응하는 상태라고 하면 $\left\{P_i = \frac{1}{W} : i = 1, \cdots W\right\}$의 확률분포가 될 것이며 이를 앞의 정의식에 대입하면 $S = k\log W$라는 관계가 곧 얻어진다. 따라서 (3-3)식으로 정의된 엔트로피는 우리가 앞 절에서 고찰한 엔트로피의 모든 물리적 성질을 포함하는 물리량으로 해석될 수 있다.

한편 이렇게 정의된 엔트로피가 또한 확률분포의 가장 합리적인 추정을 위해 극대화되어야 할 엔트로피와 일치한다는 점은 매우 흥미로운 사실이다. 정보이론에서 많이 논의되고 있는 엔트로피의 이와 같은 성질에 대해서 여기서는 오직 직관적인 수용의 자세만을 취하기로 하고, 다만 이 방법을 활용하여 동역학적 상태들의 확률분포가 어떻게 얻어지는지를 좀 더 구체적으로 생각해보자.[10]

이제 계의 열역학적 상태를 규정하는 하나의 거시적 변수로서 계의 내부 에너지를 생각하고, 그 내부 에너지의 값 $\langle E\rangle$가 주어져 있다고 하자. 이 경우 에너지 $\{E_i\}$를 갖는 모든 가능한 동역학적 상태 $\{\phi_i\}$의 확률분포 $\{P_i\}$는 다음과 같은 방식으로 얻어진다. 우선 확률분포 $\{P_i\}$는 그 정의에 따라 다음의 두 구속 조건을 만족시켜야 한다.

$$\sum_i P_i = 1 \qquad (3\text{-}4)$$

$$\sum_i P_i E_i = \langle E \rangle \qquad (3\text{-}5)$$

우리는 이제 이 두 조건 아래, (3-3)식으로 주어진 엔트로피 S가 극대가 되는 조건을 적용하여 각각의 확률 P_i가 어떤 관계를 만족시켜야 하는지를 찾아내면 된다. 이를 가능하게 해주는 하나의 편리한 방법이 이른바 '라그랑주 승수법Lagrange's multiplier method'이다. 이 라그랑주 승수법을 사용해 에너지 E_i를 지니는 동역학적 상태 ϕ_i에 계가 존재할 확률 P_i를 구해보면 다음과 같은 결과를 얻는다.

$$P_i = \frac{e^{-\frac{Ei}{kT}}}{Z} \qquad (3\text{-}6)$$

여기서 상수 Z와 T는 원칙적으로 (3-6)식의 표현을 (3-4)식과 (3-5)식에 대입하여 이들을 만족시키도록 정해질 수 있는 상수들이다. 먼저 Z의 값은 (3-4)식에서

$$Z = \sum_i e^{-\frac{Ei}{kT}} \qquad (3\text{-}7)$$

로 정해지며 이를 흔히 계의 분배함수partition function라 부른다. 한편 T의 값은 앞 절에서 소개한 절대온도의 값임을 다음과 같이 간단히 보일 수 있다. 즉 (3-6)식을 (3-3)식의 log 표현에 대입하면 이 확률분포에 대한 엔트로피

$$S = -k\sum_i P_i\left[-\frac{E_i}{kT} - \log Z\right] = \frac{\langle E\rangle}{T} + k\log Z \qquad (3\text{-}8)$$

를 얻게 되며, 양변을 $\langle E\rangle$로 미분하면

$$\frac{1}{T} = \frac{dS}{d\langle E\rangle} \qquad (3\text{-}9)$$

의 표현을 얻는다. 즉 여기서 보다시피 상수 T는 "단위 에너지 증가에 따른 엔트로피 증가량의 역수" 곧 절대온도임을 알 수 있다. 따라서 만일 계가 지닌 온도 T만 적절한 방법으로 측정할 수 있으면, 계가 (에너지 E_i를 지닌) 어느 한 동역학적 상태에 있을 확률 P_i는 앞의 (3-6)식에 의해 쉽게 나타낼 수 있고, 임의의 관측량 A가 지닌 기대치 $\langle A\rangle$의 값도 이 확률분포에 의해 쉽게 표현된다.

한편 계의 많은 중요한 열역학적 성질들은 (3-7)식에 표시된 물리량 Z 속에 함축되었다고 말할 수 있다. 예를 들어 계의 내부 에너지 $\langle E\rangle$는 (3-5), (3-6), (3-7)식을 통해

$$\langle E\rangle = kT^2\frac{d}{dT}\log Z \qquad (3\text{-}10)$$

의 형태로 표시할 수 있다. 따라서 주어진 대상계의 분배함수 Z만 절대온도 T의 함수로 계산해낼 수 있으면, 이를 통해 이 계의 중요한 열역학적 상태량들이 대부분 산출된다.

예를 들어 체적 V 속에 담긴 N개의 분자로 구성된 이상기체

의 경우, (3-7)식으로 정의된 Z의 값을 계산해보면[11]

$$Z = \left(\frac{2\pi mkT}{h^2} \right)^{\frac{3}{2}N} V^N \qquad (3\text{-}11)$$

과 같은 표현을 얻는다(여기서 m은 한 분자의 질량이며 h는 상태간의 구분 정도를 말해주는 상수이다). 따라서 (3-10)식으로 표시된 이상기체의 내부 에너지는 다음과 같이 표현된다.

$$\langle E \rangle = \frac{3}{2} NkT \qquad (3\text{-}12)$$

이는 곧 이상기체의 경우 계는 분자당 평균 $\frac{3}{2}kT$에 해당하는 에너지를 갖게 됨을 말해준다.

이제 이러한 논의에서 동역학과 통계역학이 각각 어떻게 기여하는지를 간단히 요약해보자. 먼저 계의 동역학적 특성함수를 크게 두 부분으로 나누어, '경미하고 무작위한 상호작용'을 제외한 주요 부분을 동역학적으로 다루고, 나머지 무작위한 상호작용의 효과는 '엔트로피 증가의 원리'만을 통해 다룬다. 계에 대한 특성함수의 주요 부분이 주어지면, 이것이 지닐 가능한 동역학적 상태 $\{\phi_i\}$와 이들이 지니는 물리량 A의 값 $\{a_i\}$를 동역학적 방식에 의해 이론적으로 산출해낸다(실제 계산의 경우에는 이들 대신에 분배함수 Z를 산출하는 것이 보통이다). 그러나 이 속에는 계가 어떠한 동역학적 상태 혹은 열역학적 상태인지에 관한 '정보'는 전혀 들어 있지 않다. 이제 만일 계가 어떤 물리량 A에 대한 거시적 변수 $\langle A \rangle$를 지니는 상태라고 한다면, 이는 하나의 구체적 정보에 해당하며 이 정보에 대응하는 상태를 하나의 열역학적 상태로 규정할 수 있다. 이때 이에 대응하는 동역학적 상태들의 분포는 앞의 (3-6)식과 같은 형태로 주어지며, 그 엔트로피는 (3-8)식과 같이 주어진다. 그리고 이러한 열역학적 상태들의 변화는 ('경미하고 무작위한 상호작용'의 효과를 통한) '엔트로피 증가의 원리'에 의해 규명해나가게 되는데, 이것이 바로 통계역학의 몫이다. 실제로는 거시적 변수 $\langle A \rangle$가 주어지는 대신 (3-9)식과 같은 $\frac{dS}{d\langle A \rangle}$의 값(예컨대 절대온도 T의 값)이 좀 더 쉽게 관측된다. 이러한 경우에도 이 정보에 해당하는 상태를 열역학적 상태로 규정하고 위와 비슷한 논의를 따름으로써 계에 대한 통계역학적 서술을 추구할 수 있다.

4. 이론과학을 바탕으로 한 주요 연구 분야

지금까지 논의한 동역학과 통계역학 이론들은 원칙적으로 대상이 무엇인가에 관계없이 보편적으로 적용되는 이론들이라 할 수 있다. 물론 현실적으로는 이들 각각이 어느 정도 제한된 적용 영역을 지니며 또 역사적으로는 구체적인 현상들에 대한 연구와 병행해 발전해온 것이 사실이지만, 이론 구조의 성격상 이들은 보편적 이론의 영역에 속한다고 보아야 한다.

이러한 보편적 이론 자체의 연구와 함께 현대 과학 특히 물리학에서는 구체적 대상에 관한 연구도 끊임없이 수행해나가고 있다. 역사적으로 보면 천체의 운동과 함께 지상 물체들의 운동이 최초의 그리고 가장 성공적인 연구 대상이 되었고, 이러한 연구는 곧 고전역학을 비롯한 보편적 이론으로서의 동역학을 탄생시키는 계기를 마련했다. 한편 빛과 전기 및 자기 현상들도 물리학의 주요 관심 대상이 되었는데, 이들은 곧 전자기학과 양자전기역학 등의 이론을 통해 만족스럽게 해명되면서 동시에 또 한 부류의 동역학 이론을 성립시키는 계기가 되었다. 또 한편, 열을 비롯한 각종 비가역 현상들 역시 물리학의 주요 관심사를 이루었으며, 이들을 연구하는 과정에서 열역학과 통계역학 이론들이 얻어지게 되었다. 이 이론들 역시 어떤 특정 대상에만 적용되는 이론이 아니라 모든 현상에 적용될 수 있는 보편적 이론임은 이미 언급한 바와 같다.

이러한 측면에서 볼 때 역사적으로 문제시되었던 많은 현상들은 동역학과 통계역학이라는 보편적 이론들을 구축하는 과정 속에서 대부분 해명되었으며, 동시에 우리에게는 상당히 신뢰할 만한 한 무리의 보편 이론들이 연구의 성과로 남겨지게 되었다. 그러나 이것으로서 물리학의 창조적 역할이 끝나는 것은 아니다. 이미 대부분 해명되었다고 생각되는 연구 대상 이외에 새로운 문제점과 연구 대상이 계속 추가되고 있기 때문이다. 예를 들자면 전기자기 현상에 곁들여 전하의 운반체로서의 '전자'가 연구의 대상으로 추가되며, 이와 더불어 물질을 구성하는 각종 기본 입자들이 다시 관심의 대상으로 들어온다. 또한 종래에 평범하게 생각되었던 각종 형태의 물체들이 다시 "기본 입자들과 이들 사이의 상호작용에 의해 이루어진 결과물"이라는 새 관점에서 이해될 처지에 놓임으로써, 각종 물체들이 새로운 의미에서의 연구 대상물로 자리매김을 하게 된다.

이렇게 하여 오늘날에는 수많은 대상에 대한 다양한 연구 분야들이 열리게 되었다. 따라서 이들의 종류와 성격은 무척 다양하지만, 편의상 이들을 크게 몇 가지 분야로 나누어보면 대략 다음과 같다.

첫째, 물질을 구성하는 가장 기본적인 구성 요소들과 이들 사이의 상호작용을 연구의 주제로 삼는 '입자물리학'이 있으며, 다음에는 이러한 기본 입자들이 모여서 원자의 핵을 이룰 경우 이 핵이 지니는 여러 성질들을 기본 입자의 성격과 관련하여 연구하는 '핵물리학'이 있다. 그리고 다시 핵 주위에 전자들이 배치되어 원자를 구성하고 이 원자들이 결합하여 분자를 구성할 경우, 원자와 분자들의 상태 및 이와 관련된 여러 현상들을 연구 대상으로 삼는 '원자 및 분자물리학'이 있다. 그런데 원자와 분자들의 상태 전환 과정에서 방출 또는 흡수되는 빛을 연구하는 분야를 따로 떼어 '광학'이라 하기도 하고, 또는 이를 '원자 및 분자물리학'과 함께 묶어 '원자, 분자 및 광물리학'으로 부르기도 한다.

다음에는 원자와 분자들이 모여 이루는 고체, 액체 등의 다양한 각종 응집물질들의 성질을 구성 입자들의 성격과 관련지어 연구 대상으로 삼는 '응집물질물리학'이라는 넓은 분야가 있다. 그리고 물질의 구성 입자들이 원자, 분자, 또는 응집물질과 같은 결합 상태를 이루지 않고, 대전된 형태로 대규모의 집합적 운동 상태를 이루는 이른바 플라즈마 상태를 연구 대상으로 삼는 '플라즈마물리학'이 있고, 원자, 분자들로 이루어진 유체의 운동을 주로 연구하는 '유체물리학'이 있으나, 때때로 이 둘을 함께 묶어 '플라즈마 및 유체물리학'이라 부르기도 한다.

다음에는 우주의 대규모 구조 및 그들의 진화 그리고 여기에서 중요한 역할을 하는 중력의 성질과 우주 안에 떠다니는 각종 물질입자로 구성된 우주선cosmic ray을 연구 대상으로 하는, '중력, 우주론 및 우주선물리학'을 역시 하나의 독립 분야로 인정할 수 있으며, 그 외에 인근 분야들과의 경계에 위치하는 여러 연구 활동들, 그리고 물리학의 성과를 여러 유용한 용도에 활용하는 것을 주목적으로 삼는 연구 활동 등을 넓게 한 부류로 묶어 '경계분야 및 응용분야'라고 분류할 수 있다.

이렇게 볼 때, 대체로 일곱 분야, 즉

입자물리학
핵물리학
원자, 분자 및 광물리학
응집물질물리학
플라즈마 및 유체물리학
중력, 우주론 및 우주선물리학
경계분야 및 응용분야

등이 현재 물리학 분야에서 가장 활발하게 연구되는 분야들이라 말할 수 있으며, 이들 각각에 관련된 연구 내용 및 과제들에 대해서는 여기서 더 이상 자세히 논의하지 않겠다.[12]

한편 동역학 및 통계역학을 바탕으로 자연현상을 이해하려는 노력은 앞에서 열거한 이른바 '물리학 분야'에 국한되지 않는다. 관례적 의미의 '물리학 분야' 밖에서 동역학 및 통계역학이 성공적으로 적용되어 현상 이해에 지대한 성과를 거두게 된 가장 대표적인 분야로서 화학 분야를 생각할 수 있다. 원자들이 모여 분자를 형성하고 분자들이 다시 주변 분자 또는 주위의 여건들에 의해 분해 또는 재결합되는 과정들을 취급하는 이른바 화학 분야의 연구 활동들은 역사적으로 보아 물리학과는 별개로 발전해온 독립된 학문 분야였다. 그러나 이론과학 특히 양자역학과 통계역학이 확립되면서 이러한 모든 현상들은 양자역학과 통계역학이론에 의해 성공적으로 이해되기에 이르렀고, 따라서 오늘날에는 이들을 굳이 물리학과 구분해 별개의 학문으로 생각해야 할 이유가 점점 엷어지고 있다.

그런가 하면, 생명과학의 많은 현상들은 화학 이론과 물리학 이론들을 통해 이해되고 있으므로 이 역시 이론과학을 바탕으로 하는 연구의 한 분야라고 말해도 무리가 없다. 실제로 우리는 이 책의 2부에서 생명과학에 관련된 몇몇 중요한 내용들을 이러한 관점에 입각해 살펴볼 것이다.

그리고 마지막으로 천문학과 지구과학의 여러 연구 활동들 또한 이들 분야 자체의 독자적인 연구 방법과 함께 그 이론적 기반으로서 이와 같은 이론과학을 그 바탕에 깔고 있다는 점을 강조할 필요가 있다. 현재 우리 앎의 진척 정도로 볼 때, 이 모든 내용을 이론과학만을 통해 이해하는 단계에 이르지는 못했으나, 최소한 이들이 이론과학에 어긋나는 결과를 주지는 않는다는 점 또한 널리 인정되고 있다. 따라서 누군가 자연현상을 설명하면서 이론과학과 명백히 모순되는 주장을 들고 나온다면 이는 기필코 거짓이라는 의혹을 가져볼 만하다.

2부

생명과 인간

2부의 주제는 생명과 인간이다. 그러나 이것은 독립된 주제로서의 생명과 인간이 아니라 1부에서 이해된 과학과 인식을 바탕으로 하는 생명과 인간이다. 그러므로 우리는 먼저 현대 과학의 주요 바탕 이론인 동역학과 통계역학을 바탕에 둔 생명과 인간의 이해를 시도한다. 그리고 생명과 인간에 대해 이러한 이해를 넘어선 그 무엇이 있는지를 살핀다. 이렇게 얻어지는 내용이 바로 주체성이다. 그러므로 우리는 주체성을 과학의 바탕 이론을 통해서 이해하기보다는 바탕 이론에 대비해, 즉 바탕 이론과의 관계를 통해 이해한다. 그리고 이것은 곧 인간의 주체적 삶의 문제와 직결된다.

우선 7장에서 말하는 '우주 이야기'는 이 전체에 대한 총론적인 논의이다. 우리는 생명과 인간을 포함한 '우주'에 대해 이미 많은 것을 알고 있지만, 이것이 단순한 사실적 지식에만 그쳐서는 별 의미가 없다. 그래서 이것이 '나'에게 무엇인가, 이것이 우리 삶에 어떤 의미를 가지는가를 알자는 것이 바로 '우주 이야기'이다. 그러나 이 '우주 이야기'에서 처음부터 너무 '이야기' 쪽에 치우치면 '우주'를 잃게 된다. 그래서 우리는 여기서 이 '우주 이야기'를 어떻게 해야 제대로 할 수 있는지를 살핀다.

2부의 나머지 논의들은 대략 세 토막으로 나누어진다. 첫째로, 8장과 9장에서 생명을 어떻게 이해해야 할 것인가를 살피고, 둘째로, 10장에서 그 안에 놓인 인간은 또 어떠한 존재인가를 생각해본 후, 마지막 11장과 12장에서 우리가 어떻게 살아야 하는가, 우리가 가져야 할 바른 가치 이념이 무엇인가를 살펴본다.

먼저 8장에서는 생명의 물질적 성격에 대한 이해를 시도한다. 현상으로서의 생명은 자연의 기본 법칙들을 통해 이해된다는 것을 전제로 생명 현상의 가능성을 살피는 가운데 생명은 곧 '온생명' 개념을 통해서만 이해될 수 있음을 보인다. 9장 또한 생명의 단위에 관련된 존재론적 성격을 살핌으로써 온생명 개념에 도달하게 되는 경위를 이야기하고 있다. 온생명을 이야기하는 이 두 편의 글은 대략 25년의 시차를 두고 씌어졌다. 9장의 내용이 온생명에 대한 최초의 글이라면, 8장의 내용은 그간 필요한 보완을 거쳐 마련한 최근의 글이다. 혹시 이러한 논의의 진전에 관심을 가진 독자라면, 이 두 글을 비교하며 읽어보아도 흥미로울 것이다. 엄격히 말해 온생명에 관한 최초의 논문은 9장 내용의 영문본인 「The units of life: global and individual」인데, 관심 있는 독자들을 위해 이 글의 전문을 부록으로 실었다.

10장은 낱생명 그리고 특히 그 대표적 존재인 인간에 관한 논의이다. 여기서는 온생명 안에 나타나는 인간 현상을 모형과 실재라고 하는 새로운 시각에서 살펴나간다. 그리고 특히 이러한 인간이 다시 주체적 존재가 되어 스스로 삶의 의미를 찾아나가게 되는 경위를 살펴본다.

마지막으로 11장과 12장에서는 현실 세계 안에서 오늘날 인간이 추구해가야 할 삶의 방향과 과제를 살펴본다. 11장에서는 인류 문명의 변혁기에 들어선 오늘날 한 개인으로서 그리고 인류라는 한 생물종으로서 인간은 어떠한 삶을 살고 있는지, 그리고 어떠한 문제에 부딪히고 있는지를 생각해본다. 그리고 12장에서는 이 시대에 요구되는 새로운 가치 이념을 마련하는 문제, 특히 현대 과학의 이해가 여기에 어떻게 기여할 수 있는지에 대해 생각해본다.

7장
우주 이야기[1]

1. 여는 말

물리학자 브라이언 스윔Brian Swimme과 종교 사상가 토머스 베리Thomas Berry는 『우주 이야기』라는 무척 흥미로운 책을 한 권 펴냈다.[2] 이 책이 흥미롭다는 것은 이것이 단순한 '우주에 관한' 이야기가 아니기 때문이다. 사실 '우주에 관한' 이야기는 수없이 많다. '우주'를 대상으로 하는 거의 모든 학문의 내용이 다 '우주에 관한' 이야기가 될 수 있다. 그런데 이 책의 강조점은 '우주' 쪽에 있는 것이 아니라 오히려 '이야기' 쪽에 있다. 그러니까 우리는 저자들이 말하는 '이야기'의 의미에 주목해야 한다.

표면적으로만 보자면 이 책은 우주의 출발에서 시작해 오늘에 이르기까지 특히 지구상의 생명 그리고 우리들 자신에 대해 그 역사적 연원을 '이야기' 형태로 그려나간 책이라 할 수 있다. 이야기 형태로 그려나갔다면 어려운 전문용어들을 되도록 피하면서 일상용어를 통해 누구나 알기 쉽게 서술했다고 보는 것이 일반적인 생각이다. 그런데 이 책은 우리의 이러한 상식적 이해를 넘어선다. 여기서 '이야기'란 어려운 내용을 일상적 용어로 해설한다는 의미를 넘어서서, 이것이 우리의 주된 관심사 곧 내 삶의 궁극적 지향과 어떻게 연결되고 어떠한 의미를 가지는가에 더 큰 비중을 두고 있다.

우리가 '이야기'에 이런 의미를 부여한다면, 사실 '우주 이야기'를 제대로 한다는 것은 매우 중요한 일이다. 우리가 우주에 대해 아무리 많은 것을 안다고 해도 이처럼 내 삶의 궁극적 지향과의 연결점이나 의미에 대한 이야기를 제대로 해내지 못한다면 그저 우리의 일차적 호기심을 충족시키는 용도나 기껏해야 우주 개발을 위한 실용적 용도 이상을 생각하기 어려울 것이다. 사실 지금까지 우주에 관해 일반인들에게 알려진 많은 내용들은 대부분 이러한 성격에서 크게 벗어나지 않았다. 하지만 그 누구도 본격적 의미의 '우주 이야기'를 선뜻 하겠다고 나서지 못하는 것은 이것이 결코 쉬운 일이 아니기 때문이다. 우주에 대한 사실적 지식도 파악하기 어려운데 여기에 이처럼 새로운 의미까지 부여한다는 것은 거의 불가능에 가까운 일이라고 할 수 있다.

그러므로 우리는 이 두 저자가 '우주 이야기'라는 제목의 책을 내면서 그 책에 우리가 앞서 지적한 의미까지 부여했다는 점에 일단 깊은 관심을 기울여보지 않을 수 없다. 저자들에 따르면 우리 인간은 이미 오래전부터 매 시대 역사적 상황 아래서 수많은 '우주 이야기'를 해왔다고 한다. 구석기 시대와 신석기 시대를 비롯해 지난 5천 년간 각 단계 고전 문명 시대에 인간은 늘 우주의 이야기를 해왔으며, 이 안에는 삶과 그리고 존재 자체에 관한 의미가 담겨 있었다고 한다. 그러다가 근대에 이르러 우리는 총체적인 우주의 이야기를 잃어버렸다는 것이다. 우주의 물리적 차원과 우주의 인간적 차원에 대한 이해가 분리되면서 우리는 더 이상 우주에 대한 의미 있는 접근을 이루지 못하게 되었고, 그로 인해 이 땅에서의 인간 존재 양상이 뒤틀려버렸다고 한다.

그렇다면 우리는 이제 어떻게 해야 한다는 것인가? 이 책의 저자들은 책의 말미에 해당하는 12장에서 자신들이 전해주려는 '이야기'의 성격을 비교적 소상히 밝히고 있다. '현대의 계시'라고 명명된 이 장에서 저자들은 최근까지 이루어진 자연과학의 중요한 지적 성취들을 간단히 되돌아본 후 다음과 같이 말하고 있다.

> 그러나 이 모든 것을 해석해야 할 더욱 중요한 과제가 아직 남아 있다. 코페르니쿠스 이래 현재에 이르기까지 과학적 탐구의 전 과정을 통해 이루게 될 가장 중요한 성취가 하나 있다면 이는 곧 우주에 관해 우리가 가진 데이터들이 이야기의 형태를 통해 가장 잘 이해되리라고 하는 인식이다. (……) 오늘 우리는 전체가 아닌 파편으로 된 우주 이야기를 알고 있다. (……) 물리적 사실들 그 자체가 너무도 매혹적이어서 더 깊은 이해가 필요하리라는 생각을 못할 수도 있다. 하지만 지금 요구되는 것은 막중한 역량과 의지를 동원하여 이러한 이야기를 해내는 일이다. (……) 이 일은 지성적 이해와 함께 상상의 능력이 동원되어야 하는 과제이다. 이는 또한 우리가 과학적 추구scientific venture의 신화적 연원mythic origins으로 돌아갈 것을 요구하기도 한다.[3]

이렇게 말하면서 이 책의 저자들은 이 이야기가 저 밖에 놓인 우주에 관한 이야기가 아니라 우리들 자신에 관한 우리들 자신의 이해를 말하는 이야기라는 점을 강조한다. 그렇기에 이 이야기 안에는 우리가 지금까지 이루어낸 과학적 이해라는 게 어떻게 가능했는가에 대한 이야기도 한 부분으로 포함된다. 즉 이 이야기 안에는 이야기를 해내는 주체 자신이 포함됨으로써 이 이야기는 우주의 이야기이면서도 이야기하는 나 자신의 이야기가 된다. 그리고 나 자신은 우주의 한 부분일 뿐 아니라 우주를 보고 우주를 생각하는 우주의 한 주체이기 때문에 이 이야기는 곧 '우주의 자기 이야기'가 된다.

2. 우주의 자기 이야기

우리가 일단 자기 이야기를 말할 때는 자기에 대한 객관적 사실들을 말할 수도 있지만 동시에 주체로서 오직 내면적으로만 파악되는 자신의 이야기를 말할 수도 있다. 예를 들어 자신만이 느낄 수 있는 내면적 느낌이 그러한 것이다. 그렇다면 우주 이야기 안에 담을 수 있는 이런 느낌은 어떤 것일까?

『우주 이야기』의 저자들은 이러한 것을 우리의 샤먼적 능력shamanic powers과 관계되는 것으로 보는 듯하다. 이들은 이러한 이야기를 위해 우리 인간이 전통적으로 가지고 있던 샤먼적 능력이 요청된다면서, 이것은 인간 존재가 우주에 관여하게 되는 특성적 면모라는 주장을 편다. 특히 아인슈타인의 업적에 이러한 샤먼적 능력이 관여했다는 주장이 이채롭다. 그들의 글을 직접 인용해보자.

> 이러한 성찰은 과학자들이 일정한 정도 샤먼적 능력에 참여해야 한다는 것을 느끼게 해주는 상상적 비전의 영역으로 우리를 깊숙이 인도한다. 이 능력은 인간이 우주에 의미 깊은 방식으로 동참하게 되는 한 특성적 면모이다. 상대성이론을 통해 당시의 뉴턴 과학을 전환시킨 아인슈타인의 능력 또한 비상한 지적 명민함뿐 아니라 샤먼적 색깔을 띤 상상력을 필요로 했다. 그렇기에 다음 단계의 과학적 진전을 위해서는 무엇보다도 샤먼적 능력에 대한 통찰이 요구된다고 말할 수 있다. 오직 이러한 능력만에 의해 우주에 관한 이야기는 진정 깊은 의미를 담아낼 수 있기 때문이다.[4]

그리고 이들은, 아마도 기독교의 창세기 설화를 염두에 둔 듯, 이러한 이야기가 지난 시대 인류 문명의 초석을 이루었던 계시적 설화들revelatory narratives에 비견될 장엄성을 지녀야 한다고 설파한다.

> 이러한 이야기는 인간사human affairs의 과정을 통해 일찍이 알려진 바가 없다. 이는 오직 지난 시대 세계의 다양한 문명들의 초석이 되었던 계시적 설화들에 비견될 만한 것이다. 우주 이야기는 바로 이런 차원에서 논의되어야 한다. 그렇지 못할 경우 이는 빈 껍질이 될 것이며, 우리 지구는 최초로 응분의 장엄성을 갖추어 역사적 상황을 해석해낼 설화적 능력을 결여하게 될 것이다.[5]

여기서 저자들이 말하는 샤먼적 능력이라는 것이 과연 무엇인지에 대해 좀 더 생각해보자. 이는 아마도 자연물 그리고 더 크게는 우주 자체와 주체적 일체성을 느끼게 되는 어떤 경지에 이르게 됨을 말하는 것이 아닌가 생각된다. 특히 이 우주 이야기 속에는 우리들 자신이 우주의 일부로서 우주의 형성과 진화 과정을 통해 태어났음을 말해주고 있으므로, 이 모든 이야기를 내 이야기라는, 그리고 한 걸음 더 나아가 내가 직접 겪은 이야기라는 환상 속에서 엮어나가고 또 받아들일 수 있을 것이며, 이러한 심적 상태가 바로 이들이 말하는 샤먼적 상황이라고 이해할 수 있다.

이와 같은 이해에 도달할 때 나와 우주 그리고 내 삶과 우주가 어떻게 연결되는지를 단순한 관념만이 아니라 주체적, 심정적으로 느낄 수 있으며, 이는 곧 내 삶의 의미와 직결되는 것이어서 단순한 기계론적mechanical 의미의 우주 이해와는 다른 성격을 지닌다. 그리고 이와 같은 경지는 우주에 대한 우리의 통합적 이해가 깊어갈수록 더욱 깊어질 것이다.

그런데 이와 관련하여 몇 가지 살펴봐야 할 사항들이 있다. 첫째, 오늘날 우리는 그간 과학이 이룬 놀라운 진전에도 불구하고 아직 전체 우주에 대한 완성된 지식을 갖지 못했다는 점이다. 이는 어쩌면 영구히 도달할 수 없는 목표일 수도 있다. 그러나 우리는 지난 시대의 그 어떤 지식과는 비교도 할 수 없는 깊은 이해에 도달해 있으며, 따라서 이것만을 엮어내더라도, 적어도 소재의 측면에서, 과거의 어떤 이야기보다 훌륭한 이야기를 엮어낼 여건을 지녔다고 말할 수 있다. 문제는 우주에 관한 이해 속에 '나'의 위치가 얼마나 잘 정리되어 있느냐 하는 점이다. 우리의 '이야기'는 외계에서 찾아온 누군가가 우리의 우주를 보고 전하는 이야기가 아니라 내 삶이 뿌리박고 있는 나의 우주, 그리고 나 자신의 우주이기 때문이다. 나와 우주의 이러한 관계 또한 객관적 지식에 바탕을 두어야 하겠지만, 여기에는 필연적으로 객관적 지식에만 의존할 수 없는 주관적 요소가 개입되지 않을 수 없다. 그러니까 훌륭한 이야기를 만들어내기 위해서는 과학적 지식 자체가 남겨둔 공간들을 가장 합당한 방식으로 이어내는 동시에 이들과 주관적 요소와의 관계를 무리 없이 연결해나갈 지성적 그리고 심정적 창조의 능력이 요청된다고 할 수 있다. 이것이 아마도 '우주 이야기'의 저자들이 말하는 '이야기'의 주된 성격일 것이며, 실제로 이 책 자체가 대체로 이 점을 배려해 씌어진 것이라고 생각된다.

3. '자기조직 능력'의 허구성

그런데 우주의 신비성, 생명의 신비성을 이야기하는 사람들이 종종 빠져드는 함정이 하나 있다. 그것은 바로 우주가 자연의 합법칙적 질서를 따르고 있다는 점 이외에 우주가 처음부터 신비스러운 그 어떤 '자기조직의 능력'을 지녔다는 관점이다. 이 점에서는 『우주 이야기』의 저자들 또한 예외가 아니다. 그들은 우주 이야기 안에 '신비스러운 자기조직의 능력'을 지닌 우주의 모습이 담겨야 한다는 점을 강조하면서, 이러한 능력이 제대로 경험될 때 비로소 우리는 지금까지 인류가 경험해본 적이 없는 새로운 차원의 경외의 느낌으로 인도될 것임을 다음과 같이 설파하고 있다.

> 중요한 점은, 여기서 말해질 이야기는 기계론적 우주, 본질적으로 아무 의미도 가지지 않는 우주의 이야기가 아니라, 처음부터 신비스러운 자기조직의 능력을 지닌 우주의 이야기라는 점이다. 우주의 이러한 능력은, 이것이 제대로 경험될 수만 있다면, 지평선 너머 새벽이 동터 오름을 보거나, 언덕 위로 달려드는 번개와 폭풍, 또는 한밤중에 들리는 열대 우림의 소리를 접하며 옛사람들이 느꼈을 경외의 정도와는 비교도 되지 않을 엄청난 경외의 느낌을 불러일으킬 것이다.[6]

이 점을 논의하기 위해 먼저 여기서 말하는 '자기조직의 능력'이란 것이 도대체 어떤 경우에 활용되는 개념인지 생각해볼 필요가 있다. 예를 들어 물이 얼어 얼음이 되는 경우, 물이 '자기조직의 능력'을 발휘하여 얼음이 된 것이냐는 점이다. 아마도 현대 과학에 대한 기본적 소양을 가진 사람이라면 그런 표현을 쓰지 않을 것이다. 물 분자들과 그 주변 물리계의 자연스런 열적 접촉이 이루어질 때, 해당 온도(0°C 이하)에서는 얼음의 상태가 되는 것이 전체 체계로 볼 때 가장 있음 직한 상태에 해당하기에, 열역학의 법칙에 따라 그러한 상태로 전이되었을 뿐이라는 것이 일반적인 상식이다. 그럼에도 불구하고, 물이 '자기조직의 의지'를 지니고 있으며 이 '의지를 발동할 능력'이 있어서 얼음의 상태가 되는 것이라고 말한다면, 이는 곧 전과학적前科學的인 물활론物活論 혹은 애니미즘animism에 해당하는 사고라고 비판받을 것이다. 그 이유는 이런 식의 사고가 단순히 현대 과학에서의 이해와 다르기 때문이 아니라, 과학적 이해 자체를 가로막아 사물에 대한 좀 더 넓고 깊은 인식의 길을 차단하기 때문이다. 물이 '자기조직의 의지'를 지니고 있어서 얼음을 이룬다는 설명은 물이 어째서 0°C 이하에서는 얼음이 되는지에 관한 근본적인 이유를 추궁할 필요를 차단함으로써 이를 파악할 수 없게 만들며, 나아가서는 자연 자체가 지닌 심층적 모습을 볼 수 없게 만든다.

이는 양성자와 중성자가 모여 원자핵을 만들 때도 적용되며, 원자핵과 전자들이 모여 중성원자를 구성하는 경우에도 적용된다. 이 모두를 각 대상들이 지닌 '신비스러운 자기조직 능력의 발현'이라고 말해버리면 다 설명이 되는 듯하지만, 실제로는 아무런 설명도 되지 않는다. 마찬가지로 초기의 원자들이 모여 은하를 구성하는 것이나, 수소 원자핵들이 모여 태양을 비롯한 항성을 구성하는 것도 '자기조직 능력의 발현'이라고 해버린다면, 이는 실제로 하나마나한 이야기가 된다. 적어도 자연현상에 관한 한 이런 식의 설명은 이해를 돕는 것이 아니라 가능한 심층적 이해를 차단하게 된다.

그런데 아쉽게도 『우주 이야기』의 저자들은 이런 식의 설명을 자주 반복할 뿐 아니라 공개적으로 이를 정당화하려는 시도를 하고 있다. 바로 앞에 인용한 글에도 나와 있듯이, 우주 이야기는 우주가 '신비스런 자기조직' 능력이 있음을 보여야 하며 이를 통해서만 우리가 경외의 느낌을 얻게 된다고 주장한다. 이는 마치 자연의 질서와 조화 속에서 신의 모습을 찾을 수 있는 것이 아니라 자연의 질서를 거스르며 불가사의한 행적을 보여야 신의 현존이 나타나는 것으로 생각한 전근대적 사고로의 회귀와 흡사하다. 자연 속에서 이러한 불가사의를 보고 이를 감지해내는 능력이 바로 이들이 말하는 '샤먼적 능력'이라고 한다면, 아인슈타인은 결코 그의 창의적 과정에서 샤먼적 능력에 의존한 일이 없다. 때때로 '신의 마음'이 어떠할 것인가를 엿보고 이에 합치되는 생각을 해보려고 노력했던 것은 사실이지만, 이는 결코 '신비한 그 어떤 능력'을 인정해서가 아니라 오히려 자연의 질서와 조화를 통해 이를 이해해보고자 했기 때문이다.

그러니까 진정 자연의 신비를 느끼고 그 안에서 지고한 경외의 느낌을 얻는 단계에 이르기 위해서는 자연의 합법칙적 질서가 제공하는 극한의 영역에까지 이르러 그곳에서 자연 그리고 우주의 모습을 보고, 이를 다시 넘어서는 영역이 있는지, 그리고 있다면 그것이 무엇인지를 먼저 확인하는 작업이 필요하다. 이러한 점에서 현대 과학은 거의 극한의 영역에 도달하고 있으며, 또 과학의 체계 안에서는 결코 도달할 수 없는, 그러나 이와 밀접한 연관을 갖는 세계가 있음을 보여주고 있다. 그러므로 진정한 우주 이야기는 이 영역을 모색하며 이 영역의 일들을 엮어낸 이야기들로 구성되어야 마땅하다.

4. 생명의 기원에 대하여

이제 그 하나의 사례로서 우리가 생명의 기원 문제를 어떻게 이해해야 할는지에 대해 생각해보자. 『우주 이야기』의 저자들은 생명의 기원에 대해 다음과 같이 역동적으로 서술하고 있다.

> 생명은 번개가 점화시킨 지구 동역학에 의해 불러일으켜졌다. 한 줄기의 번개가 아니라 수백만 년 동안 대양을 자극하는 지구 규모의 번개폭풍이었다. (……) 그때나 지금이나 우주의 모든 영역에는 자기조직의 역학이 잠재된 형태로 퍼져 있다. 이런 질서형성의 패턴은 물질의 구조와 그 영역의 자유에너지가 충분히 복잡하고 강해졌을 때 비로소 나타났다. 약 40억 년 전 지구는 초기 활동의 가마솥 가운데에서 한 결정적 전기를 만들어내었다. (……) 수백 가지에 이르는 지구 물질 원소들을 빚어낸 (옛) 항성 티아마트의 작용에 힘입어, 티아마트의 에너지 그리고 새 태양계 안에서의 서로 부딪힘에 따른 열기를 활용하고, 중력과 지구화학적 작용의 궤도를 좇아, 지구는 복잡성을 무기물 형태가 지닐 수 있는 극한에까지 이끌어내고는, 급기야 번갯불의 번쩍임 아래 하나의 심오한 새 사건, 즉 최초의 살아 있는 세포 아리에스의 출현을 맞이하게 되었다.[7]

그리고 이어지는 서술에서 저자들은 이것은 대단한 우연이며 만일 처음의 이 조건들이 조금만 달랐더라도 전혀 다른 결과들이 빚어졌을 것으로 보고 있다. 여기서 우리는 「창세기」에 나타나는 아담의 창조 과정을 떠올릴 수 있다. "야훼 하느님께서 진흙으로 사람을 빚어 만드시고 코에 입김을 불어넣으시니, 사람이 되어 숨을 쉬었다"(「창세기」 2장 7절). 즉 우주적 의지를 담고 있는 하나의 '사건'으로 이를 규정하고자 하는 암시를 느끼게 된다.

야훼 하느님의 능동적 역할 대신 '자기조직의 역학self-organizing dynamics'이라든가 '질서형성의 패턴ordering pattern'과 같은 현상 서술적 용어를 활용하고 있지만, 이미 앞에서 본 바와 같이 자기조직이라든가 질서형성이라는 말들은 정확히 물리적으로 규정할 수 없는 다분히 '생기론적' 색채를 띠는 용어들이다. 그러니까 자연 안에는 이미 생명의 '기'가 들어 있는데, 이를 불러낸다는 느낌을 던져주고 있으며, 이렇게 만들어진 생명체 곧 세포 안에는 이러한 생명이 구현되어 들어 있는 것으로 보는 관점을 취한다.

이는 생명이 자연의 보편적 질서 안에서 이해되는 하나의 현상임을 부인하지는 않으면서도 자연 안에는 생명을 만들어내고자 하는 어떤 원천적 의지 혹은 성향이 담겨 있으리라는 관념을 바탕에 깔고 있는 듯한 느낌을 준다. 이는 곧 자연 안에 인성에 가까운 어떤 성향을 부여하려는 의인적擬人的 사고 혹은 인간중심적 관점이라는 혐의를 받을 수 있다.

이러한 관점에 대비하여 생명을 일단 자연의 보편적 질서 안에서 자연스럽게 발생하는 자연의 한 보편적 현상으로 바라보는 시각이 있을 수 있다. 이 시각에서는 '자기조직의 역학'이라든가 '질서형성의 패턴'이라는 특수한 생기론적 개념을 도입하지 않고, 자연의 보편적 동역학과 자연의 보편적 존재 양상 안에서 오직 어떤 특수한 물리적 여건이 어떤 방식으로 이루어질 때 생명이 발생할 수 있는가를 생각하는 자세를 취한다. 이는 곧 초자연적인 하느님의 손과 숨결을 도입하는 대신, 이미 자연 안에 내재된 보편적 질서 아래서 어떤 구체적 여건과 과정에 의해 생명이 이루어지는가를 보려는 관점이다. 이러한 관점의 장점은 신화적 관점에 비해 사물의 실상에 더 한층 가까이 다가설 수 있다는 점이다. 이를 또 다른 관점에서 말하면, 설혹 '자기조직의 역학'이라든가 '질서형성의 패턴'을 활용하여 설명하더라도 개념들을 더 보편적인 물리적 언어로 환원시켜보자는 것이며, 이러한 환원을 통해 보편적인 물리적 언어로 표현되는 상황을 좀 더 깊이 이해하자는 것이다.

그러한 시도의 일환으로 '자체촉매적 국소질서auto-catalytic local order'라는 개념을 도입하는 것이 매우 유용하다. 물질 체계가 비평형적 상황에 놓일 때 이른바 요동fluctuation이라는 것에 의해 하나의 국소질서가 발생하는 것은 확률적으로 가능한 일이며, 또 이러한 국소질서가 주변에 영향을 주어 어떤 현상을 촉진하는 촉매적 기능을 나타낼 수 있음도 보편적으로 잘 알려진 물리적 현상이다. 이보다 한층 더 희귀한 경우지만, 이 국소질서가 바로 자신과 흡사한 또 하나의 국소질서를 형성시키는 데 촉매적 기능을 하는 일 또한 원리적으로 가능하다. 이는 물론 그 국소질서 자체만의 성격이 아니며 이를 가능케 하는 주변의 여건이 함께 기능할 때 가능하게 된다. 이제 일정한 주변의 여건 아래 이러한 기능을 나타내는 국소질서가 발생했다고 하고 이를 일러 '자체촉매적 국소질서'라 부르기로 하자.

가장 원시적인 자체촉매적 국소질서의 형성은 생명의 출현을 위한 결정적 조건이 된다. 예컨대, 초기 지구의 상황에서 자체촉매적 국소질서가 나타나 자신의 기대수명 동안 평균 1회 이상의 자체촉매적 기능을 수행한다면, 이러한 존재는 기하급수적으로 증가할 것이다. 그리고 만약 이들이 서로 결합하거나 혹은 주변의 다른 물질들을 흡수하여 한층 더 큰 규모의 고차적인 자체촉매적 국소질서를 이루어낸다면, 지구는 곧 두 계층의 자체촉매적 국소질서들로 가득 차게 될 것이다.

이 같은 현상은 충분한 시간과 함께 물질적 기반만 주어진다면 확률적으로 얼마든지 발생할 수 있다. 이런 성격의 고차적 국소질서들은 여건만 허락된다면 지속적으로 만들어질 수 있으며, 이것이 예컨대 수십억 년간 지속될 경우 오늘날 우리가 보는 것과 동일한 생명 현상이 나타날 수 있는 것이다. 이와 같은 상황이 이루어지는 과정의 역학적 바탕을 일러 우리는 '자기조직의 역학'이라 부를 수도 있을 것이며, 또 이 전 과정이 이루어져나가는 패턴을 일러 '질서형성의 패턴'이라 부를 수도 있다. 단지 이들이 어떤 특별한 생기론적 성격을 지닌다든가 보이지 않는 내적 의지의 발동이라고 여겨야 할 이유는 전혀 없음에 유의할 필요가 있다.

이는 단순한 관점의 전환만을 의미하는 것이 아니다. 이렇게 함으로써 우리는 생명의 정체가 무엇인지를 좀 더 분명히 파악하게 된다. 우리가 흔히 생명이라고 할 때, 이는 세포 혹은 그 이상의 생명체 안에 들어 있는 '그 무엇'으로 생각한다. 그렇기에 생명의 탄생은 곧 세포의 탄생이 되고, 이는 다시 하나의 큰 사건으로 간주된다. 그러나 앞에서 언급한 자체촉매적 국소질서를 살펴보면, 초기의 자체촉매적 국소질서는 우리의 일상적 생명관으로로는 도저히 생명이라 부르기 어려운 단순한 화학적 구조물임에 반해 몇 십억 년이 지난 지금의 자체촉매적 국소질서는 사람의 몸을 비롯한 거의 모든 생명체들을 망라하게 된다. 그렇다면 과연 어느 시기에 생명이 아니던 단순한 물질이 생명으로 바뀌었는가? 과연 우리는 이러한 자체촉매적 국소질서를 '생명'이라 부를 수 있는가? 그리고 생명 현상이라는 것은 자체촉매적 국소질서의 내적 구성 속에서만 보아야 하는가, 아니면 이들의 자체촉매적 활동을 포함하여 이 같은 활동이 이루어지는 전체 체계 속에서 보아야 하는가? 이렇게 볼 때 우리는 일상적으로 당연시해왔던 생명 개념 자체가 문제를 지니고 있음을 알게 된다. 즉 생명이라 함은 낱생명 단위 곧 자체촉매적 국소질서 단위로 이해해야 할 것이 아니라 이를 가능케 하는 전체 체계 곧 온생명 단위로 이해해야 함을 알게 되는 것이다.[8]

그렇다고 생명의 개념을 이 모두를 포괄하는 가장 큰 체계 곧 우주 자체와 일치시킬 필요는 없다. 당연히 우주가 있어야 생명이 있는 것은 사실이지만 그렇다고 해서 우주가 곧 생명이라는 말은 아니다. 만일 그렇다면 생명이란 우주의 또 다른 이름일 뿐이며, 우리가 동일한 대상에 여러 가지 이름을 부과할 필요는 없을 것이다. 분명히 생명은 우주 안의 특정 지역에서 발생하는 특별한 현상을 지칭하는 것일 뿐 아니라 사실상 매우 희귀한 현상에 해당한다. 그러니까 생명은 우주 안에서 어떤 물리적 여건이 이루어질 때 나타나는 어떤 성격의 것을 생명이라고 부를 수 있는지 명확히 규정할 필요가 있으며, 그러기 위해서는 먼저 생명 현상을 발생시키고 유지시켜나가는 자족적 단위가 무엇인지 찾아보아야 한다. 이렇게 찾아진 대상을 우리는 '온생명'이라 부를 수 있으며, 생명이라 함은 우주 어느 곳에서든 하나의 온생명을 이루는 체계가 이루어질 때 바로 그 안에 나타나는 특징적 성격이라고 말할 수 있다. 그러니까 우리는 온생명의 모습을 보기 위해서도 이를 가능케 하는 물리적 체계가 어떤 범위에서 어떤 형태로 이루어지는지를 자연에 관한 가장 보편적인 원리를 통해 파악할 수 있어야 한다.

5. 진정 신비로운 것

우주 안에서 가장 신비한 현상의 하나라고 지목되어온 생명을 이해하기 위해서도 우리는 일단 자연의 합법칙적 질서가 제공하는 극한의 영역에까지 이르러 이것이 보여주는 자연의 모습, 그리고 그 안에 나타나는 생명의 모습을 추구해야 하며, 오직 그러할 때에만 생명의 제 모습을 바로 파악할 수 있다. 마찬가지로 우리가 우주를 이해하고 그 안에 우주의 이야기를 담기 위해서도 먼저 철저히 객관적인 세계, 철저히 과학적인 세계가 무엇인가를 탐색해야 하며, 이 과정에서 섣불리 그 어떤 샤먼적 능력의 힘을 빌리려 해서는 안 될 것이다.

이러한 자세를 취할 때, 우리는 어쩌면 이미 여러 해 전에 자크 모노Jacques Monod가 그려낸 냉혹한 우주의 모습을 정면으로 마주하게 될지도 모른다. 모노는 그의 저서 『우연과 필연』에서 다음과 같이 말한다.

> 만약 인간이 과학이 갖고 있는 모든 메시지를 받아들인다면 인간은 수천 년 동안 내려오는 꿈에서 깨어나 스스로의 완전한 고독과, 스스로 근원적으로 단절된 존재임을 깨닫게 될 것이다. 이제 그는 집시처럼 낯선 이역 땅에 살고 있다는 엄연한 사실을 자각하게 될 것이다. 우주는 그의 음악에는 귀도 기울이지 않으며, 그의 고통이나 죄악에 대해서도, 또한 그의 희망에 대해서도 그저 무관심할 뿐이다.[9]

그러나 이게 과연 전부일까? 그렇지 않다. 모노가 말하듯이 우리 인간은 지난 수천 년 동안 내려오던 작은 꿈에서 깨어날 필요가 있다. 그러나 우리는 결코 근원적으로 단절된 존재도 아니며 집시처럼 낯선 이역에 살고 있지도 않다. 이 우주 안에서 태어났으며 이 우주가 내 집이며 내 몸이기도 하다. 그런데 더 한층 놀라운 것은 우리는 '나'라고 불리는 주체를 형성하고 있고 이 '나'의 의지에 따라 '삶'이라는 것을 영위해나간다. 이 신비로운 '나'와 '내 삶'이라는 것은 우주의 질서 안에서 이와 철저히 동행하고 있으면서도, 또 한편으로는 자유의지의 형태로 이를 이끌어가고 있다.

앞에서 언급한 바와 같이 우리가 진정 깊은 자연의 신비를 느끼고 그 안에서 지고한 경외의 느낌을 얻기 위해서는 자연의 합법칙적 질서가 제공하는 극한의 영역에까지 이르러 이것이 보여주는 자연 그리고 우주의 모습을 보고, 이것을 넘어서는 영역이 있는지, 그리고 있다면 그것이 무엇인지를 확인해야 한다. 이렇게 할 때 과학의 체계 안에서는 결코 도달할 수 없는, 그러나 분명히 이와 밀접한 연관을 갖는 하나의 세계를 확인할 수 있으니, 이것이 바로 우리의 주체 곧 '나'라는 것이다.

우주 안에서 이러한 신비가 발생한다는 것, 그것이 다름 아닌 나 자신이라는 것, 그래서 우주인 내가 우주인 나를 보고 '우주 이야기'를 써내려간다는 것, 이것이 진정 우주 안에 나타나는 가장 큰 신비이다. 이것은 우리의 몸 곧 생명을 통해 나타나는 것이면서도 생명의 물질적 측면만으로는 담아낼 수 없는 새로운 지평에 해당하는 것임을 발견하게 된다.

이러한 신비를 우리는 어떻게 표현할까? 생명철학자 한스 요나스Hans Jonas는 '신적 존재'라고도 불릴 수 있고 또 '존재의 근원'이라고도 불릴 수 있는 그 어떤 존재가 태초에 '끝없는 되어감becoming' 속에 자신을 내맡겼다고 본다.[10] 이 신적 존재는 기회와 위험을 동시에 지닌 이 모험적 과업의 진행에 대해 아무런 직접적인 영향도 행사하지 않는다. 오히려 이를 통해 나타나는 결과에 따라 기쁨과 괴로움을 스스로 감수하면서 그 결과를 스스로 지켜볼 뿐이다. 결국 이 사업이 성공할 것인가 실패할 것인가를 결정하는 것은 이 안에서 빚어진 우리들 자신이라고 그는 말한다. 이 같은 사실을 그는 "신이 우리를 구하는 것이 아니라, 우리가 신을 구해야 한다"는 역설적인 말로 표현하고 있다.

우리가 신의 개념을 도입할 것인지, 또 도입한다면 어떻게 도입할 것인지는 온전히 우리의 몫이다. 그러나 어떠한 방식으로 도입하든, 한 가지 분명한 것은 우리 자신의 존재 이상 더 신비로운 방식으로 도입하기는 어려울 것이라는 사실이다. 신이 아직도 숨어 있는 신비라면, 우리는 이미 드러나 있는 신비에 해당한다. 드러나 있는 이 신비를 통해 궁극의 신비—만일 그러한 것이 있다면—를 찾아 나서는 것이 바른 순서일 것이다. '우주 이야기' 혹은 '우주의 자기 이야기' 속에는 바로 이 신비를 찾아 나서는 우리의 모습이 담겨야 할 것이다.

8장
물질과 생명

1. 여는 말

물질과 생명은 어떤 관계가 있을까? 물질과 생명은 서로 구분될 수 있을까? 이 문제를 생각하기 위해 좀 더 간단한 문제, 곧 "눈과 눈사람은 구분될 수 있을까"를 생각해보자. 이 문제는 우선 "눈과 장독대는 구분될 수 있을까"라는 문제와는 다르다. 눈과 장독대는 어느 모로 보나 분명히 구분되지만, 눈과 눈사람의 경우에는 그리 간단하지 않다. 눈과 눈사람은 분명히 서로 다른 개념이다. 눈은 눈사람을 구성하는 소재의 명칭이고, 눈사람은 눈으로 이루어진 어떤 형상을 지칭하는 말이다. 따라서 우리가 만일 "눈과 눈사람은 구분될 수 있을까?" 하고 묻는다면, 우리는 아마 다음과 같이 대답해야 할 것이다. 소재로 볼 때 눈사람은 눈의 일부이므로 전혀 구분되지 않는다. 그러나 눈으로 된 모든 형상이 다 눈사람은 아니므로 만들어진 형상이 어떤 모습일 때 눈사람이고 어떤 모습일 때 눈사람이 아닌가를 가려내는 일이 중요해진다.

이제 눈과 눈사람에 대한 이와 같은 고찰을 바탕으로 우리는 다음과 같은 물음을 제기할 수 있다. 물질과 생명의 관계는 눈과 장독대의 관계에 해당하는가, 아니면 눈과 눈사람의 관계에 해당하는가? 여기에 대해 많은 사람들은 눈과 눈사람의 관계보다는 눈과 장독대의 관계에 더 가까운 것으로 생각해왔다. 생명 또한 물질로 구성되기는 했지만 생명체를 구성하는 이른바 유기물은 여타의 물질인 무기물과 근본적으로 다르다고 생각해온 것이다. 그러나 이 생각이 옳지 않음은 곧 판명되었다. 생명체 안에는 유기물뿐 아니라 많은 양의 무기물이 들어 있으며, 유기물 또한 생명체 안에서만이 아니라 생명체 밖에서도 합성될 수 있음이 밝혀진 것이다. 실제로 우주 공간 안에 떠도는 성간물질interstellar matter 속에는 상당량의 유기물이 섞여 있는데 이들 모두 생명체와 무관하게 합성된 것이다. 그리고 더욱 중요한 점은 유기물 또한 여타의 무기물과 같이 몇몇 종류의 아주 흔한 원자들로 구성된 다소 복잡한 분자들일 뿐 물질의 범주에서 전혀 벗어나지 않는다는 사실이다.

그럼에도 불구하고 사람들은 아직 물질과 생명의 관계 안에는 눈과 눈사람의 관계를 넘어서는 그 무엇이 있지 않을까 하는 생각을 떨쳐버리지 못하고 있다. 이러한 의문을 풀기 위해 우리는 다음과 같은 몇 가지 문제를 생각해볼 필요가 있다. 생명이 설혹 물질로 구성되어 있다 하더라도 이것이 과연 물질세계에 적용되는 법칙들만을 통해 이해될 수 있는 것일까? 생명이라 불리는 '눈사람' 안에는 눈으로 만든 눈사람 속에서는 볼 수 없는 어떤 특별한 무엇이 들어 있지 않을까? 만일 그렇다면 그 특별한 것은 또 어떻게 이해될 수 있을까?

이 문제를 생각하기 위해 우리는 먼저 기왕에 알고 있는 자연법칙들을 통해 생명 현상들을 설명할 수 있는지, 그럼에도 불구하고 원천적으로 설명할 수 없는 그 어떤 부분이 남아 있는지를 살펴볼 필요가 있다. 그리고 이러한 설명 과정을 통해 과연 생명이라는 것을 어떻게 규정해야 할지에 대해 좀 더 적절한 새로운 시각을 찾아봐야 할 것이다.

2. 생명을 어떻게 이해해야 할까?

기왕에 알려진 자연법칙들을 바탕으로 생명 현상을 이해해보려는 시도에는 크게 두 가지 상반된 접근 방식이 있다. 그 하나가 부분적·미시적 방식이며, 다른 하나는 전체적·원론적 방식이다.

생명에 관해 일상적이고 경험적인 이해를 넘어 이를 과학적으로 이해해보려는 시도는 먼저 부분적·미시적 방식에서 출발했다. 이후 현미경의 발명으로 생명체의 미세 구조를 밝힐 수 있게 되면서 줄기차게 발전하여 현재 분자생물학에서 그 정점에 이르고 있다. 여기서 과학자들은 생명에 관한 미시적 관점, 즉 생명을 이해하기 위해서는 그 구성 요소를 먼저 알아내고 이들 사이의 관계를 통해 그 성격을 파악해야 한다는 입장을 채택하고 있다. 이는 곧 생명의 구성 요소를 최소의 물질 단위까지 내려가서 파악하자는 것인데, 이 입장은 엄청난 성공을 거두어 생명체의 분자적 구조 및 이들이 나타내는 기능에 대해 거의 완벽한 이해에 도달하고 있다.

이와 같은 성공이 말해주는 중요한 성과 가운데 하나는 생명체의 내부를 아무리 깊이 들여다보아도 그 안에 원자, 분자를 비롯한 이미 알려진 물질 요소들 이외에 다른 어떤 것도 들어 있지 않다는 사실이며, 또 이들 사이에는 물리학과 화학으로 대표되는 기본 자연법칙들 이외에 다른 어떤 법칙들도 적용되지 않는다는 사실이다. 그러니까 적어도 미시적 현상의 차원에서는 생명 현상이 기왕에 알려진 물질과 자연법칙을 통해 거의 완전히 이해될 수 있으리라는 점에 별다른 이견이 없다.

하지만 이런 성과에도 불구하고 생명이 과연 무엇인지, 그리고 산 것과 그렇지 않은 것 사이의 경계가 무엇인지 등 일상적 생명관이 제기하는 여러 문제에 대해 적절한 답을 얻었다고는 말할 수가 없다. 오히려 이를 통해 확실해진 것은 생명체 안을 아무리 뒤져보아도 그 안에 생명의 '정수'라 불릴 그 어떤 것도 따로 발견되지 않는다는 점이다. 물론 유전정보를 담고 있는 DNA의 존재를 확인하기는 했지만 "이것이 곧 생명"이라는 주장은 할 수 없게 되었다.

오히려 생명이라는 것은 이러한 구성 요소들이 모인 특정한 '체계' 속에서 찾을 수밖에 없게 되었는데, 그렇다면 그 체계의 범위가 어디까지 나아가야 하는지, 그리고 그것은 또 어떻게 하여 생명 노릇을 하게 되는지 하는 새로운 문제들을 남겨놓는다. 그리하여 우리는 다시 생명 문제에 관한 전체적인 그리고 원론적인 접근 방식을 생각해보게 된다.

전체적이고 원론적인 접근 방식 또한 짧지 않은 역사를 갖고 있다. 이미 잘 알려진 것으로 다윈의 진화론이 있고, 진화론만큼 주목받지는 못했지만 이에 못지않게 중요한 것으로 볼츠만의 부否-엔트로피negative entropy 이론이 있다. 에르빈 슈뢰딩거Erwin Schrödinger는 자신의 책 『생명이란 무엇인가?What is life?』(1944)에서 생명을 '부否-엔트로피를 먹고 사는 존재'라고 규정했는데,[1] 사실 이는 19세기의 유명한 물리학자 루트비히 볼츠만Ludwig Boltzmann에 의해서 그보다 60여 년 전에 먼저 언급된 것이다. 볼츠만은 1886년에 열역학 제2법칙에 관한 글 속에서 다음과 같은 말을 남겼다.

> (그러므로) 생명체가 생존하기 위해 애쓰는 것은 원소들을 얻기 위해서가 아니다—유기체를 구성하는 원소들은 공기와 물, 그리고 흙 속에 얼마든지 있다. 에너지를 얻기 위해서도 아니다—이것도, 불행히 형태가 잘 바뀌지는 않지만, 열의 형태로 물체들 속에 얼마든지 있다. 오히려 엔트로피(더 정확히 말하면, 부-엔트로피negative entropy)를 위해서이다. 이것은 뜨거운 태양에서 차가운 지구로의 에너지 흐름을 통해 얻을 수 있다.[2]

사실상 이 언급은 생명을 이해하는 데 결정적으로 중요한 단서를 제공한 것으로, 지금까지 생명의 이해를 위해 씌어진 글들 가운데 이보다 더 깊은 직관이 담긴 글은 찾아보기 어렵다. 우리는 이 언급이 함축하고 있는 내용을 뒤에 다시 자세히 살펴보겠지만, 우선 볼츠만의 이런 언급이 관심을 끌게 된 역사적 배경에 관심을 기울일 필요가 있다.

볼츠만과 슈뢰딩거 등 일부 과학자들이 생명 문제를 엔트로피 개념과 연관시킨 것은 생명 현상이 열역학 제2법칙에 위배되는 것이 아닌가 하는 의혹이 제기되었기 때문이다. 잘 알려진 바와 같이 고립된 계 안에서 질서 곧 부-엔트로피는 오직 감소만 할 뿐 증가할 수 없다는 것이 적어도 물질계에 적용되는 보편적 법칙인데, 이른바 생명 체계에 대해서는 이 법칙이 적용되지 않거나 혹은 이를 뛰어넘을 어떤 새로운 원리가 존재하지 않을까 하는 의문이 지속적으로 제기되어왔다. 이 물음에 대한 대답은 당연히 두 가지이다. 첫째는, 이른바 환원론reductionism으로서 생명 현상이 열역학 제2법칙에 위배되지 않는다는 입장이며, 다른 하나는 이른바 생기론vitalism으로서 생명 현상 안에는 기존의 자연법칙에 구애되지 않는 어떤 비물질적 요인이 담겨 있거나 혹은 열역학 제2법칙에 역행하는 제3의 원리가 성립하리라고 보는 입장이다.

이 문제에 접근하는 과학적 자세는, 아직 이런 비물질적 요인이 발견되었거나 혹은 제3의 원리가 명시적으로 밝혀지지 않은 상황에서, 우선 환원론적 입장을 취하고 생명 현상이 열역학 제2법칙 안에서 이해되거나 최소한 이것과 모순되지 않음을 보이려는 노력이라 할 수 있다. 일단 생명 현상이 발생하는 지구 자체는 고립된 계가 아니어서 여기에 열역학 제2법칙이 엄격하게 적용되어야 할 이유는 없지만, 그러면서도 생명 현상 자체가 보이는 바와 같은 질서의 증가 곧 엔트로피의 감소가 어떻게 가능한지를 보일 필요는 있다. 바로 이 점에 대한 가장 명료한 답변이 바로 앞 절에서 인용한 볼츠만의 언급이다. 즉 뜨거운 태양에서 차가운 지구로의 에너지 흐름이 존재할 때 일정한 정도의 부-엔트로피를 얻을 수 있다는 이야기이다. 슈뢰딩거 역시 이를 인용하여 동일한 언급을 하고 있는데, 볼츠만도 슈뢰딩거도 그 구체적인 수식적 표현은 제시하지 않았다.

이 글에서는 이 물음 자체의 중요성에 비추어 이들 관계에 해당하는 내용을 구체적인 수학적 표현을 통해 논의하려 한다. 이 경우 '부-엔트로피'라는 개념을 직접 활용하기보다는 동일한 성격의 내용을 에너지 형태로 변용시킨 '자유에너지free energy' 개념을 통해 서술하는 것이 생명의 이해를 위해 좀 더 유용하다. 슈뢰딩거 또한 그의 책 개정판 각주에서 이를 '부-엔트로피'라는 물리량보다는 '자유에너지'를 통해 서술하는 것이 더 적절하리라는 동료 물리학자들의 지적이 타당하다고 인정하면서도 개념의 선명성을 부각시키기 위해 자신은 '부-엔트로피'라는 말을 선호한다고 언급하고 있다.[3]

3. 열역학 제2법칙과 생명 현상

우리는 6장에서 엔트로피 개념과 이와 관련한 열역학 제2법칙을 논의했다. 여기서는 이를 적용해 생명의 이해를 위해 필요한 형태의 수학적 논리를 구축하고 어째서 생명 현상이 열역학 제2법칙에 위배되지 않는지, 이 과정에 왜 볼츠만이 말하는 "뜨거운 태양에서 차가운 지구로의 에너지 흐름"이 요청되는지를 살펴보려 한다. 그리고 이를 위해 다시 자유에너지 개념을 소개하고 이것에 대해 열역학 제2법칙이 함축하는 바가 무엇인지에 대해 논의하기로 한다.

6장에서 논의한 바와 같이 엔트로피란 한 대상의 열역학적 상태에 대응하는 동역학적 상태의 수를 나타내는 개념이다. 그런데 이 열역학적 상태가 지닌 에너지가 클수록 여기에 대응하는 동역학적 상태의 수는 월등하게 많아지고 따라서 그 엔트로피 값도 커지게 된다. 이는 곧 엔트로피가 에너지의 함수임을 의미하며, 실제 에너지의 증가에 따라 엔트로피가 증가하는 정도 곧 에너지에 대한 엔트로피의 변화율이 중요한 의미를 지니게 된다.

어느 대상 물체가 지닌 에너지 변화(ΔE)에 따른 엔트로피 변화(ΔS)의 비율 곧 $\frac{\Delta S}{\Delta E}$의 값은 그 물체의 차가운 정도 곧 '냉도冷度'를 나타낸다. 물체가 차갑다는 것은 주변으로부터 에너지 곧 열을 빨아들이는 성질이 강한 것을 말하는데, 만일 한 물체의 $\frac{\Delta S}{\Delta E}$ 값이 주변 물체의 이 값보다 크다면 주변의 열이 이 물체 쪽으로 이동하는 것이 전체 엔트로피(해당 물체 엔트로피와 주변 물체 엔트로피의 합)를 증가시키는 방향이 되므로, 열역학 제2법칙에 의해 이 물체 쪽으로 열이 빨려 들어갈 것이다.

사실상 이 냉도의 개념은 매우 중요한 것이지만 관례적으로 우리는 이 개념의 반대 의미를 지닌 '온도'라는 개념을 더 많이 사용한다. 실제로 우리가 흔히 말하는 절대온도 T(앞으로는 줄여서 그냥 온도라고 말함)는 바로 앞에서 말한 냉도 $\frac{\Delta S}{\Delta E}$의 역수, 즉

$$T = \frac{\Delta E}{\Delta S}$$

의 관계식에 따라 정의되는 양이다[이 관계식은 6장에서 (3-9)식으로 표현된 온도의 정의와 동일한 내용이다]. 한편 이 표현에서 엔트로피의 변화 ΔS는 온도 T와 에너지 변화 ΔE에 의해

$$\Delta S = \frac{\Delta E}{T}$$

라는 관계로 표현됨을 알 수 있다(이 표현이 바로 루돌프 클라우지우스Rudolf J. E. Clausius가 처음으로 엔트로피를 도입할 때 사용했던 정의식이다).

여기서 우리는 볼츠만이 생명에 관해 말했던 부-엔트로피가 어떻게 해서 "뜨거운 태양에서 차가운 지구로의 에너지의 흐름이 있을 때" 얻어질 수 있는지 이해할 수 있다.

이제 차가운 지구의 온도를 T_1이라 하고 뜨거운 태양의 온도를 $T_2(T_1 < T_2)$라 하자. 그리고 이 사이에 정교한 중간 장치를 하나 삽입하여 태양에서 오는 에너지 ΔE가 이 사이를 통과하면서 이 장치 안의 엔트로피를 ΔS만큼 변화시키도록 한 후 이 에너지가 최종적으로 지구(혹은 온도 T_1을 지닌 그 무엇)에 의해 흡수되었다고 하자. 이때 지구는 ΔE만큼 에너지가 늘었으므로 그 엔트로피는 $\frac{\Delta E}{T_1}$만큼 증가하고 태양에서는 ΔE만큼 에너지가 줄었으므로 그 엔트로피는 $\frac{\Delta E}{T_2}$만큼 줄어든다. 이 과정에서 발생한 전체 엔트로피의 변화 ΔS_T는 열역학 제2법칙에 의해 0보다 크거나 적어도 같아야 한다. 즉

$$\Delta S_T = \Delta S + \frac{\Delta E}{T_1} - \frac{\Delta E}{T_2} \geqq 0$$

의 관계를 만족하게 되고, 이 식은 곧

$$\Delta S \geqq \frac{\Delta E}{T_2} - \frac{\Delta E}{T_1}$$

의 부등식을 낳는데, 여기서 $T_1 < T_2$이므로 ΔS의 값은 0보다 작을 수도 있게 된다. 즉 태양에서 오는 에너지 ΔE를 통과시키는 중간 장치 곧 생명 시스템이 어떻게 구성되느냐에 따라 이 과정에 의해 위의 부등식을 만족시키는 범위 안에서 부-엔트로피를 얻을 수도 있다는 의미이며, 실제 생명 시스템이 질서를 유지 혹은 증가시키기 위해서는 이를 위해 부단히 애써야 한다는 뜻이다.

앞서 언급했듯이 슈뢰딩거는 그의 책에서 "생명이란 부-엔트로피를 먹고 사는 존재"라고 언급하면서 각주를 달고 부-엔트로피 개념 대신에 자유에너지 개념을 활용하는 것이 더 적절하리라고 밝혔다. 여기서는 자유에너지의 정의를 소개하고, 자유에너지가 지닌 몇 가지 중요한 성질들을 살펴보기로 한다.

한 대상이 지닌 에너지를 E, 엔트로피를 S, 그리고 주변의 온도를 T라 했을 때, 이 대상의 자유에너지(좀 더 정확히는 헬름홀츠 자유에너지) F는

$$F = E - TS$$

로 정의된다. 여기서 온도와 에너지가 고정되어 있다고 보면 F는 $-S$에만 관여됨을 알 수 있다. 이는 곧 자유에너지가 에너지

단위를 가지면서도 부-엔트로피와 밀접히 관련된 양임을 말해 준다.

이 정의에 따르면 어떠한 이유로 대상의 에너지가 ΔE만큼 변하고 엔트로피가 ΔS만큼 변한다고 할 때, 이에 따르는 자유에너지 변화 $\Delta F = \Delta E - T\Delta S$에 해당하게 된다. 지금 이 대상이 ΔE만한 에너지를 주변에 방출했다고 하면 이로 인해 주변의 엔트로피는 $\frac{\Delta E}{T}$만큼 증가하게 되고 또 대상 자체의 엔트로피도 변하게 되는데 이제 그 값을 ΔS라 하자. 이 경우 열역학 제2법칙에 따르면 이때 대상과 주변에 발생한 엔트로피 변화의 총합이 반드시 0보다 커야 하므로 부등식

$$\Delta S + \frac{\Delta E}{T} \geqq 0$$

이 성립해야 하고, 이를 통해 대상 자체의 엔트로피 변화 ΔS는 $\Delta S \geqq -\frac{\Delta E}{T}$의 관계를 만족함을 알게 된다. 이제 이 표현을 위에 제시한 ΔF식에 넣으면

$$\Delta F = -\Delta E - T\Delta S \leqq -\Delta E + \frac{T\Delta E}{T_1} = -\Delta E + \Delta E = 0$$

즉,

$$\Delta F \leqq 0$$

의 관계가 성립한다(이때, ΔE만 한 에너지를 주변으로부터 받았다고 해도 ΔE가

$-\Delta E$로 바뀔 뿐 $\Delta F \leqq 0$ 식의 부등호 방향은 바뀌지 않는다). 이는 곧 열평형 상태 주변에 발생하는 모든 자연스런 변화는 자유에너지가 감소하는 방향으로만 일어남을 말해준다. 또 이러한 사실은 역으로 어떠한 변화를 도출하기 위해서는 이에 수반되는 자유에너지를 지불해야 한다는 의미이기도 하다. 그리고 이 자유에너지는 전체 자유에너지량이 증가하지 않는다는 전제 아래 한 물체에서 다른 물체로 이동할 수도 있다. 이러한 점은 우리가 익히 아는 일상적 의미의 '에너지' 개념과 매우 유사하다. 실제로 우리의 '일상적 에너지' 개념은 자유에너지의 한 통속적 표현이라고 말할 수 있다.

그렇다면 총체적으로 감소만 할 수 있는 자유에너지를 얻어낼 방법은 무엇인가? 이는 곧 뜨거운 물체에서 차가운 물체 쪽으로의 에너지 이동이 있을 경우 그 온도의 격차를 적절히 활용함으로써 가능하다. 예를 들어 태양과 같이 대상보다 온도가 높은 외부 물체가 있어서 그 물체에서 에너지가 유입될 경우, 우리가 적절한 장치를 마련하면 대상의 자유에너지를 높일 수 있다. 이제 높은 온도 T'을 지닌 외부 물체에서 ΔE만큼의 에너지가 대상으로 흘러 들어온다고 해보자.

이때 외부 물체는 온도 T'의 상태에서 에너지 ΔE를 잃었으므로 $\frac{\Delta E}{T'}$만큼 엔트로피가 감소했을 것이고, 대상 물체는 에너지가 ΔE만큼 증가하면서 이에 따른 엔트로피 증가를 보았을 것인데 이 값을 ΔS라 하자. 여기에 변화된 엔트로피의 총량이 0보다 커야 한다는 열역학 제2법칙을 적용하면 $\Delta S - \frac{\Delta E}{T'} \geqq 0$의 관계가 성립하고, 따라서 대상의 엔트로피 변화량은 $\Delta S \geqq \frac{\Delta E}{T'}$

의 관계를 만족해야 한다. 이 값을 앞에 소개한 ΔF의 식에 넣으면

$$\Delta F = \Delta E - T\Delta S \leqq \Delta E(1 - \frac{T}{T'})$$

곧

$$\Delta F \leqq \Delta E(1 - \frac{T}{T'})$$

의 관계를 얻는다.

이는 뜨거운 태양으로부터 차가운 지구로 일정량의 에너지가 유입될 때 이 부등식이 만족하는 범위 안에서 자유에너지를 얻을 수 있음을 말해주는 것이며, 이렇게 얻어진 자유에너지는 그 정의식이 보여주는 바와 같이 실제로 부-엔트로피 $-S$를 포함하는 항을 가지고 있어서, 이를 활용하면 엔트로피 증가라는 비용을 지불하면서 또 경우에 따라 엔트로피 자체를 감소시켜가며 필요한 모든 활동을 해나갈 수가 있다. 실제로 지구상에 발생하는 모든 생명 활동은 이러한 방식으로 얻어진 자유에너지를 통해 이루어지고 있다.

4. 생명과 자체촉매적 국소질서

이로서 우리는 생명 시스템이 열역학 제2법칙을 위배하지 않으

면서도 뜨거운 태양에서 상대적으로 차가운 지구로 에너지가 전달될 때 적절한 장치만 마련하면 전해진 에너지의 상당 부분을 자신에게 필요한 자유에너지로 전환시켜 활용할 가능성이 있다는 사실을 증명했으며, 이 점이 바로 생명의 존재는 태양과 같은 뜨거운 부분과 지구와 같은 차가운 부분으로 이루어진 체계 안에서만 가능한 이유라 할 수 있다.

그러나 이것은 어디까지나 원론적인 문제일 뿐 구체적인 생명 시스템이 어떻게 하여 만들어졌는지는 이를 통해서 알 수가 없다. 더구나 우리가 현실 세계에서 보게 되는 생명 시스템은 너무 정교한 것이어서 이런 정교한 체계가 오직 자연의 법칙에 따라서만 자연스런 방식으로 출현할 수 있겠는가 하는 의문을 제기할 수 있다. 여기에 대해서도 우리는 그럴 수 있으리라는 전제 아래, 그 가능했을 과정들을 추정해봄으로써 생명 자체에 대한 이해를 한층 깊이 할 수 있다. 이는 곧 생명을 현재 눈에 보이는 형태로만 파악하는 것이 아니라 그것을 가능케 하는 전체 체계의 모습과 이것이 마련된 역사적 과정에 대한 고찰을 통해 생명이 지니고 있는 전반적인 그리고 원론적인 존재 양상에 접근함을 의미하게 된다.

이러한 점에서 우리는 일단 생명을 '변이 가능한 자체촉매적 국소질서들의 체계'로 규정하고 이것이 어떻게 가능한지를 살펴보기로 한다. 이를 위해 우선 여기서 말하는 국소질서의 의미를 좀 더 부연 설명할 필요가 있다. 이는 한마디로 '제한된 공간 영역 안에 설정된 준안정meta-stable 동적 구조체dynamical complex'라 할 수 있는데, 예를 들어 태풍이나 회오리바람 같은 것을 상정할 수 있다. '동적 구조체'란 시간에 따라 그 물질적 구성에 변화가 가능한 어떤 조직체를 말하며 '준안정'은 자체 및 주변 여건에 의해 일정 기간 유지될 수는 있으나 원천적으로 불안정하여 우연적 상황에 따라 언제고 붕괴될 가능성을 지님을 의미한다. 열역학적으로 이야기하자면 이것은 상대적으로 낮은 엔트로피를 유지하는 상태라고 말할 수 있다.

이제 햇빛을 받고 있는 지구 표면에서와 같이 에너지 흐름이 존재하는 비평형 상황 아래 비교적 풍요로운 물질들이 서로 부딪치며 요동치고 있는 경우를 생각하자. 이 경우 일부 물질들이 우연히 서로 만나 국소질서 곧 준안정 동적 구조체를 형성할 가능성은 많다. 그러나 이것은 스스로 지닌 원천적 불안정성에 의해 일정한 '수명'(확률적 존속 기간) 이후에는 붕괴되고 만다. 따라서 이런 단편적인 구조물의 형성만으로는 오직 한시적 질서의 명멸만 있을 뿐, 높은 수준의 질서를 축적해나갈 수가 없다. 그러나 만일 이 구조물이 자신과 대등한 구조물을 형성시키는 데 기여하는 이른바 자체촉매적 기능을 지닌 것이라면 이야기는 사뭇 달라진다. 즉 그 어떤 우연에 의해 비교적 간단한 구조를 지닌 자체촉매적 국소질서가 나타나 이것의 존속 기간 내에 자신과 닮은 구조체를 한 개 이상 형성시키는 데 기여할 수 있다면, 시간이 지남에 따라 이러한 구조체의 수는 기하급수적으로 증가하다가 전면적인 한계 상황에 이르러서야 그치게 될 것이다.

이제 이러한 일이 구체적으로 어떤 형태로 발생하며 또 어떤 형태로 작동할 것인지를 생각하기 위해 극히 간단한 모형 구조체 하나를 생각해보기로 하자. 실제로 우리가 상상할 수 있는 전형적인 자체촉매적 국소질서의 구현 방식은 먼저 자체 내부에 '종자'를 형성하고 이를 분리시켜 주변에 뿌려주는 방식이라 할 수 있다. 문제를 단순화시키기 위해 원시 지구에는 A, B, C, D 등의 주요 물질 요소들이 뒤섞여 요동치고 있다고 생각하자. 이들 자체가 준안정 구조체일 수는 있으나 아직 자체촉매적 성격은 갖지 않는다고 하자. 물질 요소 A와 B는 어떤 이유 때문에 자연스럽게 결합되기가 매우 어렵지만, 일단 결합하여 A·B라는 구조물을 이루기만 하면 쉽게 C를 하나 끌어들여 새로운 구조물 A·B·C를 이루게 된다고 하자. 이럴 경우, A·B·C는 그 구조적 특성상 다시 A를 쉽게 끌어들여, 예컨대 A·B의 아랫자리에, 그리고 B를 쉽게 끌어들여, 예컨대 B·C의 아랫자리에 각각 부착시킴으로써 새로운 구조체

A·B·C
  A·B

를 손쉽게 만들어낼 수 있다고 생각하자. 그리고 이것은 어렵지 않게 내부에 형성된 A·B를 방출하여 다시 A·B·C와 A·B로 분리될 수 있다고 생각하자. 이렇게 되면 이들 A·B·C와 A·B를 중심으로 위와 같은 과정이 자연스럽게 되풀이될 수 있을 것이다. 이 경우 A·B·C는 성체成體에 해당하고 A·B는 이들에 의해 만들어지는 종자種子에 해당한다. 그리고 설혹 A·B·C 자체는 불안정하여 일정한 시간이 지나면 붕괴되더라도 붕괴되기 전에 이러한 과정을 한 번 이상 거칠 수 있다면, 이 과정은 지속

될 수 있고 이들 구조체는 항상 일정한 수를 유지할 수 있을 것이다. 이제 이 전체 과정을 도식으로 표시해보면 다음과 같다.

A·B ➡ A·B·C ➡ A·B·C ➡ A·B·C …
A·B ⇕ (분리)
➡ A·B ➡ A·B·C …

이것이 1세대의 자체촉매적 국소질서라 한다면, 여기에 다시 이 국소질서들 사이의 결합 혹은 여타 방식에 의해 2세대 자체촉매적 국소질서가 발생할 수 있을 것이고, 이들 또한 1세대와 공존 혹은 경쟁하면서 새 군집을 형성해갈 것이다. 같은 방식으로 3세대, 4세대가 이루어질 수 있으며, 이와 같은 현상이 장기간 지속·반복되는 가운데 오늘 우리가 흔히 생명체라고 부르는 다양한 그리고 정교한 국소질서들이 형성될 것이다.

이제 여기서 이들의 발생 확률에 대해 생각해보자. 이제 i번째 세대의 첫 개체가 단위 시간에 우연에 의해 발생할 확률을 P_i라고 하자. 그러면 이러한 개체가 우연에 의해 발생할 때까지 요하는 시간 T_i는 $\frac{1}{P_i}$이 된다.

따라서 n번째 세대까지 발생하는 데 요하는 시간 T는

$$\begin{aligned} T &= T_1 + T_2 + T_3 + \cdots + T_n \\ &= \frac{1}{P_1} + \frac{1}{P_2} + \frac{1}{P_3} + \cdots + \frac{1}{P_n} \end{aligned}$$

가 되어, 이들 모두가 단위 시간 안에 한꺼번에 발생할 확률

$$T' = \frac{1}{P} = \frac{1}{P_1 \cdot P_2 \cdot P_3 \cdots P_n}$$

과 크게 대비된다.

하나의 간단한 사례로 한 세대가 단위 시간(1년) 안에 우연에 의해 출현할 확률을 각각 $\frac{1}{10,000}$이라고 한다면 [$P_1 = P_2 = P_3 = \frac{1}{10,000}$] 자체촉매적 방식으로 세 세대가 발생할 때까지 요하는 시간은 T = 30,000 곧 3만 년이 되지만, 이 세 번째 세대가 자체촉매적 과정을 거치지 않고 단지 우연에 의해서만 발생하는 데 요하는 시간은 1만 년의 세제곱 수, T' = 1,000,000,000,000 곧 1조 년이나 된다.

이 점으로 미루어 볼 때, 지구 생명의 높은 질서가 단순한 우연에 의해서만 발생할 수는 없으며, 각 단계의 자체촉매적 국소질서들이 누적되어 이룩된 것임을 알 수 있다. 이것은 지금 우리 눈에 보이는 모든 생명체들이 실질적인 자체촉매적 기능에 의해 생성되고 유지되는 것으로 보아 명백한 일이다. 단지, 이것이 가능하기 위해서는 태양-지구계 그 자체가 충분히 풍요로워 이런 다층적인 자체촉매적 국소질서가 형성될 여건을 이룬다는 점이 결정적으로 중요하다. 자체촉매적 국소질서는 오로지 이러한 풍요의 산물일 뿐 그 개별 구조체만의 성격이 아님을 명백히 할 필요가 있다.

지금까지의 논의 과정에서 우리는 이른바 '변이'와 '선택'이라는 다윈의 진화 메커니즘을 명시적으로 고찰하지 않았지만, 그 효과는 이미 물질의 요동과 그 결과 형성되는 국소질서의 출현 과정 속에 쉽게 삽입시킬 수 있다. 즉 구조체에 발생하는 우연한 변이는 여전히 자체촉매적 기능을 지닌 변이 개체들이 생성할 수 있을 것이고, 다른 어떤 것들과의 협동을 통해 상위 구조체들을 형성할 수도 있을 것이다. 여기서 우리는 '변이'를 진화론에서 이야기하는 좁은 의미의 변이와 함께 개체들 간의 협동을 통한 상위의 자체촉매적 개체가 출현하는 과정까지 아우르는 개념으로 이해하기로 한다. 이렇게 할 경우 생명을 '변이 가능한 자체촉매적 국소질서들의 체계'라고 규정하는 데 별 무리가 없을 것이다.

5. 생명의 온생명 구조

우리가 일단 생명을 '변이 가능한 자체촉매적 국소질서들의 체계'라고 규정하고 나면, 우리 눈앞에 지금 펼쳐지고 있는 여러 생명 현상들이 자연의 합법칙적 질서 안에서 어떻게 생겨날 수 있었는지 이해할 수 있다. 즉 우리는 이제 우주 안에 형성된 물질의 보편적 존재 양상 가운데 (물리적으로 가능한) 어떠한 특수 여건이 마련될 때 생명 현상이 나타나는가 하는 물음에 답할 수 있게 된 것이다. 그 해답은 태양과 같은 항성과 지구와 같은 행성 체계 안에 변이 가능한 자체촉매적 국소질서들이 생성될 물리적 여건이 마련될 때 가능하다는 것이다.

그렇다면 우리의 의문은 여전히 생명을 '변이 가능한 자체촉매적 국소질서들의 체계'라고 규정할 수 있느냐에 몰릴 것이다.

이 의문에 답하기 위해 우리가 알고 있는 모든 생명체들이 지닌 한 가지 공통된 특성을 살펴보자. 이는 국소질서 곧 '제한된 공간 영역 안에 설정된 준안정 동적 구조체'로서, 그 자체는 자체 촉매적 기능을 통해 마련된 것임을 알 수 있다. 그리고 이들의 존재를 시간적으로 추적해 올라가면 자체촉매적 기능을 지닌 최초의 그 어떤 국소질서로 귀결되지 않을 수 없다. 그러므로 우리가 알고 있는 생명은 최소한 이 규정에서 벗어나는 것은 아니며, 또 생명 이외에 이 규정을 만족하는 다른 어떤 현상도 찾아볼 수 없다. 그리고 만일 우리가 알고 있는 생명 이외에 이 규정을 만족하는 다른 어떤 것이 실제로 나타난다면 이 또한 생명이라고 하지 않을 근거도 없다.

그러나 여기에 흥미로운 문제가 하나 발생한다. 이렇게 마련된 국소질서 하나하나를 각각 생명이라 할 수 있느냐 하는 문제이다. 이 문제는 엄격히 말하면 "이와 같은 국소질서가 우리가 이미 가지고 있는 '생명'이라고 하는 관념에 부합되느냐 아니냐?" 하는 문제이다. 그런데 우리의 생명 관념은 현존하는 생명체들 곧 '살아 있는 것들' 가운데서 '살아 있음'을 나타낼 어떤 개념을 추상화하여 얻어진 관념이다. 그러니까 이것은 우리가 '경험하는' 생명체들이 공통적으로 지닌 최대공약수에 해당하는 내용이 된다. 그런데 우리의 경험이 넓어지면 넓어질수록 이 생명체들의 범위가 커지고, 이에 따라 이 공약수의 내용은 점점 축소된다. 동물과 식물만을 살아 있는 것으로 보았다가 미생물도 살아 있는 것으로 보게 되면 이들 사이의 공통점은 그만큼 축소될 수밖에 없다. 그러나 여기서 그치는 것이 아니다. 이 생명체들은 모두 이전의 생명체들을 통해서 출생된 것이므로, 이들이 생명체들이라면 그 이전의 것들 또한 생명체여야 한다. 그렇게 추론해나간다면 그 최초의 것은 결국 최초의 자체촉매적 국소질서에 도달하지 않을 수 없다. 결국 우리의 '생명'이 지닌 내용은 이들 모두의 최대공약수, 즉 최초로 출현한 가장 단순한 형태의 자체촉매적 국소질서가 지니는 그 무엇 이상의 것이 될 수 없다.

이로써 생명의 정의는 명료해질 수 있지만 그 내용은 매우 공허하다. 결국 생명의 근원을 추적해보았더니, (앞에 제시한 모형 사례를 놓고 보자면) A와 B는 아직 생명이 아닌데 이들의 단순한 결합 A·B가 자체촉매적 기능만 지니면 이것이 바로 생명이 된다는 이야기이다. 그런데 여기서 더욱 중요한 점은 이것이 자체촉매적 기능을 지니게 된다는 사실 또한 A·B만의 성질이 아니라는 점이다. 이것이 자체촉매적 기능을 지니기 위해서는 A·B 자체가 지니는 물리적 성격보다는 오히려 주변의 물질 분포를 비롯한 당시 태양-지구 체계의 여러 물리적 여건이 결정적으로 중요하다는 것이다. 그러니까 A·B가 자체촉매적 기능을 지니게 되는 것 자체가 그 전체 체계의 성질이지 A·B 자체의 성질이 아니라는 것이다. 그럼에도 불구하고 A와 B가 서로 부딪쳐 A·B가 되는 이 단순한 물리적 과정 안에 '생명'이 지닐 본질적 내용이 담겨 있다고 한다면, '생명'이라는 개념이 가질 수 있는 풍요로운 모든 내용을 다 쏟아버리는 결과가 된다.

여기서 우리는 기존의 생명 관념이 매우 부적절한 바탕 위에 형성되었다고 말할 수 있다. 그리고 이처럼 부적절한 바탕을 기반으로 할 때 생명 자체를 정의할 수도 없으며, 굳이 정의를 한다면 앞에 말한 것처럼 그 안에 전혀 무의미한 내용 이상은 담을 것이 없게 된다. 그렇다고 해서 그 놀라운 생명 현상이 사라지는 것도 아니며 또 생명을 적절히 정의하지 못할 바도 아니다. 단지 이 생명을 기존의 관념과는 다른 바탕 위에서 파악해야 하며, 그렇게 할 때만 생명에 대한 좀 더 적절한 개념 규정과 바른 이해에 이를 것이다.

이런 점에서 우리는 어떤 물질들이 어떠한 모임을 이룰 때 그 안에 생명 현상이 나타나게 되는가 하는 점에 주목해볼 필요가 있다. 분명히 생명은 우주 안에 나타나는 현상이지만 간단한 물질 몇 가지가 모인다고 모두 생명 현상을 나타내는 것은 아니며, 어느 정도 이상의 규모와 성격을 갖춘 물질의 모임이 형성될 때 비로소 나타나게 될 것인데, 이 '모임'의 규모와 성격은 어떤 것인가를 살펴보아야 한다. 이를 위해서는 생명 현상이 나타나기 위해서는 어떤 물질들이 어떤 인과적 상호작용을 이루어야 하는지 그 인과적 연계의 실타래 전체를 추적해내야 한다. 물론 이에 대한 완벽한 해답은 기대할 수 없겠지만 우리는 적어도 현대 과학이 허용하는 범위 안에서 최선의 해답은 추구할 수 있다.

이렇게 볼 때, 열역학 제2법칙에 위배되지 않기 위해서는 태양과 같은 뜨거운 항성에서 지구와 같이 상대적으로 차가운 행성으로 에너지가 유입되는 가운데 이 안에서 변이 가능한 자체 촉매적 국소질서들이 출현하게 되는 이 전체 물리적 체계가 바로 그러한 '모임'이라고 말할 수 있다. 이는 생명 현상이 나타나기 위한 최소한의 여건이어서 이 여건을 충족시키지 못할 경우 우리는 이를 생명이라고 불러야 할 아무런 이유도 없다. 한편 이러한 여건을 갖춘 체계에 대해 이를 생명이 아니라고 해야 할 이유 또한 없다. 따라서 우리가 굳이 생명을 정의하려 한다면 이와 같은 최소한의 여건을 갖춘 체계라는 정의야말로 생명의 정의에 가장 합당할 것이다.

그러나 생명이라는 말은 이미 널리 통용되는 일상의 용어가 되었으므로 이를 별도로 '온생명'이라 명명하여 기존의 생명 개념과 구분하는 것이 편리하다. 이렇게 할 경우 온생명이라 함은 외부로부터 더 이상의 결정적인 도움이 없어도 생명 현상이 유지되는 생명의 '자족적 단위'가 된다. 이것은 지금까지 우리가 생명이라 생각해온 각종 생명체들과 대조되는 개념이다. 이들은 모두 온생명 내의 여타 부분이 함께할 경우에 한해 생명 현상을 나타내는 존재들이다. 앞에서 규정한 정의에 따르면 이들은 모두 자체촉매적 기능에 의해 출현한 국소질서들에 해당하는 것으로, 이를 온생명과 구분하여 낱생명이라 부르는 것이 적절하다. 이런 낱생명들은 온생명 안에서 그 자체로 독자적인 생명 활동을 하고 있지만 이는 어디까지나 온생명의 나머지 부분이 함께한다는 전제 아래 가능한 일이다. 이때 이 온생명의 나머지 부분을 이 낱생명에 대한 '보생명'이라 부를 수 있으며, 그러한 의미에서 모든 낱생명은 오직 그 보생명의 결정적인 도움을 통해서만 생명 구실을 하는 생명의 '조건부적 단위'라 말할 수 있다.

이렇게 볼 때, 지금까지 생명의 정의 문제를 둘러싸고 나타났던 수많은 문제들이 모두 깨끗이 해명된다. 지금까지는 낱생명들을 '생명'으로 보아왔기에 이것이 왜 생명이 되는지, 그리고 이것들 가운데 어느 범위까지를 생명이라고 해야 할 것인지에 대해 아무런 근거와 기준을 마련할 수 없었으나, 이들이 모두 온생명 안에서의 낱생명이라고 보면 모든 문제가 해결된다. 이와 아울러 생명의 기원 문제 또한 원론적으로는 매우 간단히 해결된다. 오직 최초의 낱생명에 해당하는 A·B가 어떤 여건 아래 어떤 물질로 만들어졌는지를 좀 더 구체적으로 추정해보는 일만이 남아 있을 뿐이다.

결론적으로, 생명이라는 것을 낱생명 중심적 관점에서 볼 것이 아니라 온생명 중심적 관점에서 보아야 하며, 온생명 안에서 낱생명들이 그 보생명들과 어떠한 연관을 가지며 생명 활동을 이루어나가게 되는지를 이해하는 것이 생명을 이해하는 데 결정적으로 중요하게 된다. 여기서 다시 우리가 앞에서 제기했던 물음, 즉 현상으로서의 생명은 과연 물질세계에 적용되는 법칙들만을 통해 이해될 수 있는가를 묻는다면, 다음과 같이 답할 수 있다. "그렇다. 온생명 전체를 한눈에 볼 때는 이해가 된다. 그러나 낱생명들만 놓고 볼 때는 이해가 되지 않는다."

6. 주체로서의 생명

이상의 내용은 현상으로서의 생명, 즉 물질적 체계로서 우리가 파악할 수 있는 생명의 모습이다. 그런데 생명이 지닌 매우 특이한 성격은 이러한 생명 체계의 내부에서 자신을 주체로 파악하는 '의식'이 발생한다는 점이다. 이러한 의식은 그것의 주체가 되어보지 않고는 파악할 수 없는 독특한 성격을 지닌다. 제아무리 완벽한 지적 능력을 가진 외계의 지성이라 하더라도 스스로 이와 유사한 의식의 주체가 아닌 이상 이 의식을 이해할 방도는 없다. 눈사람이 스스로 느끼는 눈사람의 성격은 눈사람 자신이 되어보아야 알 수 있는 것이다. 다행히도 우리들 자신이 바로 이 '눈사람'이기에 우리는 우리가 어떻게 느끼는지를 안다.

여기서 주목할 것은 생명이 지닌 이 두 가지 성격, 즉 현상으로서의 생명과 주체로서의 생명은 서로 다른 두 대상에서 나타나는 것이 아니라 하나의 대상이 지닌 두 가지 측면이라는 점이다. 그렇기 때문에 이들 사이에는 일정한 관계가 맺어진다. 우선 어떠한 의식이 어떤 범위에서 발생할 것인가 하는 것은 전적으로 이 의식을 담아내는 신체의 물리적 여건에 의존한다. 사람의 몸에 마취약을 투여하면 의식을 잃고 마는 것이 그 단적인 사례이다.

그런데 여기에 한 가지 까다로운 문제가 끼어든다. 즉 이 의식과 물리적 여건 사이에 인과관계가 존재하는가 하는 것이다. 생명 현상을 물리적 입장에서 바라볼 때 이것이 물리적인 인과관계를 벗어난다는 아무런 증거도 찾을 수 없다. 이 점은 의식을 담당하는 기구인 중추신경계에 대해서도 마찬가지이다. 그렇다면 의식 그 자체도 물리적 인과관계에 예속되는 것인가? 의식 주체의 이른바 자유의지라는 것도 실은 물리적 인과의 사슬에 묶여 있는 허상에 불과한 것인가? 이 점이 매우 어려운 매듭이다. 우리는 분명히 제한된 범위에서나마 신체의 일부를 '마음대로' 움직일 수 있다. 내가 마음먹기에 따라 나는 내 팔을 들어 올릴 수 있다. 그런데 이것이 이미 물리적 필연에 의해 들어 올릴 수밖에 없게 되어 있는 것이라면, 내 의지로 들어 올렸다고 하는 이 느낌은 도대체 어떻게 된 것인가?

그 해답은 바로 "의식이 물질을 바탕으로 일어난다"는 간단한 사실 속에 숨어 있다. 내 의식이 물질을 떠나 있을 수 없는 것이므로 내가 어떠한 의식을 지닌다는 사실은 곧 내 신체를 구성하고 있는 물질이 이러한 의식을 갖도록 마련되었다는 이야기가 된다. 그러므로 내가 자유의지를 가지고 내 몸을 움직인다고 할 때는 이미 내 몸이 이를 움직여낼 물리적 여건을 갖추고 그러한 움직임을 일으킬 여건에 당도해 있다는 것을 의미한다. 이는 곧 내가 자유를 느끼는 것만큼 내 몸이 이에 상응하는 상황에 놓여 있음을 말하는 것이다. 이것은 내 의지가 물질에 종속된다는 말과 다르다. 물질의 상황을 떠나 '내 의지'라는 것이 따로 있지 않기 때문이다. 그럼에도 "내가 의지를 발동하여 몸(물질)을 움직인다"든가, 혹은 "내가 몸(물질)에 이끌려 그러한 의지를 발동하게 된다"고 생각하게 되는 것은 우리가 무의식적으로 '나'라는 것과 '물질'이라는 것을 별개의 존재로 보는 이원론적 관념에 매여 있기 때문이다. 우리가 일단 이러한 이원론적 전제에서 벗어나 마음과 물질이 한 가지 대상의 다른 두 측면이라고 생각한다면 의식과 물질의 인과관계는 전혀 문제가 되지 않는다.

물론 우리가 이원론적 전제에서 벗어난다 하더라도, 일정한 형태의 물질적 구도에 지나지 않는 우리의 중추신경계 안에서

'나'라는 의식이 발생한다는 사실은 여전히 자연법칙의 틀 안에서는 해명해낼 수 없는 커다란 신비로 남는다. 자연법칙 그 자체는 사물의 물질적 측면에 대한 서술을 일관되게 해내는 것이며, 적어도 물질적 측면에 관한 한, 생명체라든가 심지어 사람의 의식을 발생시키는 중추신경계에 대해서도 예외를 허용하지 않는다. 그러나 이에 위배되지 않으면서, 즉 그 안의 어떠한 물리적 질서를 거스르지 않으면서 자기의 의지에 따른 주체적 삶을 영위해나갈 존재로 내면화된다는 이 사실 자체는 자연법칙의 관여만으로는 이해할 수 없는 별개 차원의 일이다. 그런데 이런 신비한 일이 실제 나타나고 있으며, 우리 자신이 바로 그 신비의 주인공이 되어 주체로서의 소중한 삶을 누리게 된다.

이와 관련해 우리가 생각해보아야 할 점은 주체적 삶이 내포하는 '나'의 내용은 무엇으로 구성되는가 하는 점이다. 우리의 이른바 의식이라는 것이 신체 특히 중추신경계를 통해 발생하는 것이므로 이는 어느 의미에서 물리적 기구의 주체적 양상이라고 볼 수도 있다. 그런데 흥미로운 점은 내가 '나'라고 생각하는 주체의 내용이 이러한 물리적 기구와 일치하는 것은 아니라는 사실이다. 실제로 의식의 주체로서는 자기의식을 가능하게 하는 물리적 기구가 어디에 어떻게 놓여 있는지도 잘 알지 못한다. 그러면서도 우리의 일차적인 상식에 의하면 '나'라는 것이 '내 몸' 곧 의식을 일으키는 내 신체를 지칭하게 된다. 그런데 좀 더 깊이 고찰해보면 '나'라는 내용 속에는 신체로서의 내 몸만 들어 있는 것이 아니라 인격체로서의 '나', 그리고 한 '삶'의 주체로서의 '나'가 더 중요한 내용으로 담기게 된다.

그러나 '나'의 범위가 이것에 그치는 것은 아니다. 같은 목표를 지향하며 협동해 살아가는 다수 개인의 집단이 우리에게는 다시 의미 있는 삶의 단위를 형성하며, 이것이 곧 '좀 더 큰 나' 곧 '우리'를 형성한다. 같은 이유로 우리는 삶이 이루어지기 위해 필요한 가장 포괄적인 체계인 온생명을 '나' 속에 포함시키지 않을 이유가 없다. 사실 이렇게 규정된 '나'야말로 '작은 나' 그리고 '좀 더 큰 나'를 넘어서는 '가장 큰 나'라고 할 수 있다. 이렇게 확장시켜나간다고 해서 보다 작은 '나'들이 해소되거나 의미를 상실하는 것은 아니다. 작은 단위의 '나'는 그 나름대로의 의미와 역할을 갖는 것이며, 여기에 더해 좀 더 큰 '나' 그리고 최종적으로는 온생명으로서의 '나'가 함께 의식의 주체로 떠올라 우리 삶의 다차원적 구조가 이루어진다. 이것이 곧 개인으로서의 삶 그리고 역사의 주체로서의 삶이 이루어지는 바탕이 된다.

정리해보자면, 생명에는 현상으로서의 생명, 즉 객체적 측면과 삶으로서의 생명, 즉 주체적 측면이 있다. 객체로서의 생명은 다시 자족적 단위로서의 생명, 즉 온생명과 그 안에 의존적 존재성을 지닌 생명, 즉 낱생명들이 있다. 주체적 측면에서의 생명 또한 일차적으로는 자신이 속한 개체, 즉 낱생명을 '나'로 의식하게 되지만, 자신이 지닌 생명의 모습을 객체적으로 파악해나가면서 자신이 곧 온생명 그 자체임을 알게 된다. 생명에 대한 이러한 이해의 중요성은 이것이 곧 소중히 여겨야 할 대상이 무엇인지를 알리는 기준을 마련한다는 데서 찾을 수 있다. 생명에 대한 편협한 이해가 가치의 전도를 가져오게 되며 이것이 다시 성급한 기술과 연결될 때 문명의 위기가 올 수도 있다는 점에 우리는 각별한 주의를 기울여야 한다.

7. 맺는 말

이제까지 밝혀본 생명에 대한 새로운 이해를 바탕으로 물질과 생명의 관계를 다시 한 번 살펴보자. 이것은 과연 눈과 눈사람의 관계와 같은 것이라 할 수 있는가? 적어도 현상으로서의 생명에 대해서는 그렇게 말할 수 있다. 단지 그 규모가 온생명에 이르지 않는다면 '눈사람'(생명)이라 부를 수 없다는 점을 명심해야 한다. 그러나 무엇보다도 놀라운 점은 이 눈사람이 바로 우리들 자신이라는 점이다. 우리를 구성하는 물질은 어느 모로 보나 자연계에서 자연의 법칙을 충실하게 따르는 여느 물질과 다를 것이 없지만, 그 안에서 우리가 스스로 '나'라고 부르는 주체의식이 발현될 수도 있는 신비한 성격 또한 가지고 있다. 물론 이 상태에 도달하기 위해 태양과 지구 사이에서 수십억 년에 걸친 성장 과정이 진행되었으며, 신체 내부의 생리뿐 아니라 생태계의 균형이라는 어려운 여건을 계속 유지해나가야만 지금의 상태가 지속될 수 있다.

한마디로 우리의 생명은 물질로 구성된 눈사람이기는 하되, 태양과 지구 규모의 눈사람, 40억 년의 성장 과정을 거친 눈사람, 그리고 스스로 주체의식을 가지고 삶을 영위해나가는 신비하기 이를 데 없는 눈사람이다. 그리고 이 눈사람은 자기 자신이 바로 이러한 눈사람임을 스스로 깨달아 알게 되는 정말 놀라운 눈사람이기도 하다.

9장
생명의 단위와 존재론적 성격[1]

1. 여는 말

'생명의 단위'라는 말은 매우 평범한 듯하면서도 생소한 표현이다. 이것이 평범하다는 것은 생명이라는 말과 단위라는 말이 매우 일상적인 말들이기 때문이며, 이 말이 생소하다는 것은 아직 그 어느 누구도 이 두 말을 결합하여 '생명의 단위'라는 개념을 제시하고 이를 진지하게 문제 삼은 일이 없기 때문이다.

그렇다면 어째서 지금까지 이 단순한 두 용어가 결합된 '생명의 단위'를 아무도 문제 삼지 않았던가? 필자는 그 대답을 다음 두 가능성 가운데에서 찾을 수 있으리라 생각한다. 첫째는, 그 내용이 너무도 뻔해서 전혀 문제 삼을 필요가 없다고 보았을 가능성이다. 흔히 유기체organism라 불리는 개체individual들이 극히 당연한 생명의 단위가 아니겠는가 하는 관점이다. 사람 한 사람 한 사람, 소 한 마리 한 마리가 모두 자연스런 생명의 단위가 된다고 보는 것이다. 그러나 조금만 생각해보면 이들을 생명의 단위라고 하기에는 무리한 점들을 곧 발견할 수 있다. 한편에서는 모든 다세포 유기체들을 구성하는 세포 하나하나가 독립된 생명의 단위인 듯이 보이기도 하며, 다른 한편에서는 유기체들을 계통학적으로 연결하는 종species이 더 본질적인 생명의 단위로 보이기도 한다. 따라서 생명의 단위를 문제 삼으려 하지 않았던 또 하나의 가능한 이유는 이것이 너무도 복잡한 문제여서 의미 있는 해답이 추구될 수 없으리라고 본 데 있지 않은가 생각된다. 그러나 생명의 단위를 규명하는 문제는 지극히 단순한 문제도 아닐뿐더러 그 명확한 규명이 불가능한 문제도 아니다.

이유가 어떠했든 간에 이 문제가 진지하게 다루어지지 못함으로써 생명에 대한 많은 본질적인 이해가 유보되었으며 또한 불필요한 혼란이 야기되었음이 사실이다. 아직까지 생명에 대한 만족스런 정의가 내려지지 못했다는 것이 바로 생명에 대한 본질적인 이해에 접근하지 못했다는 것을 말해주는 것이며, 생물학계의 오래된 미해결 문제인 "바이러스virus가 생명인가 아닌가?" 하는 물음이 바로 이러한 이해의 부족에서 오는 불필요한 혼란의 한 보기이다.

이 글에서는 생명의 단위를 어떻게 규정 지어야 할 것인가 하는 소박한 질문을 던지고 이 문제를 있는 그대로 정직하게 분석해봄으로써, 생명의 존재론적 성격에 대한 개략적인 윤곽을 더듬어 나가기로 한다. 따라서 이 글은 생명의 존재론적 구조에 대한 체계적 서술이나 조직적인 규명이 아니며 오직 이러한 작업을 위한 하나의 시론이라고 볼 수 있다. 그러나 이 글에서 더듬어진 생명의 존재론적 성격만으로도 생명 현상에 대한 기존의 시각이 크게 수정되어야 하리라는 결론이 얻어지며, 아울러 종래의 가치론을 비롯한 인간의 문화 활동과 관련된 문제들 가운데에도 새로운 시각에서 검토되어야 할 과제들이 있으리라는 암시를 얻게 된다.

2. 생명이란 무엇인가?

생명에 관해 말할 수 있는 가장 확실한 사실은 이 지구상에 생명이 존재한다는 사실이며, 또한 거의 분명한 사실은 지구 이외에 태양계 안의 그 어떤 행성에도 생명이 존재하지 않는다는 사실이다. 그렇다면 지구상에는 하나의 생명이 존재하는가, 또는 여러 생명들이 존재하는가? 그 해답은 분명히 우리가 생명의 단위를 어떻게 정의하느냐에 달려 있다. 그러나 생명의 경우 그 단위를 임의로 정의할 수는 없으며, 필연적으로 존재론적 구조에 맞추어 그 단위가 정의되어야 한다.

한편 생명의 존재론적 구조에 대한 고찰은 불가피하게 생명의 본질 문제, 즉 "생명이란 무엇인가?" 하는 물음과 결부되며 따라서 우리의 논의도 이 물음으로 시작하기로 한다. 슈뢰딩거의 『생명이란 무엇인가?What is life?』는 바로 이 물음을 내용으로 다룬 고전이다.[2] 에드워드 욕센Edward Yoxen이 지적하고 있는 바와 같이[3] 슈뢰딩거는 무척 평이하게 씌어진 이 작은 책 속에서 생명의 물리학적 성격에 대한 깊은 통찰을 보여주고 있다. 특히 그는 생명의 본질을 나타내는 데 핵심적인 역할을 하게 될 두 개념, 즉 '부호기록code-script'과 '부否-엔트로피negative entropy' 개념을 도입하고 있다. 그는 다음과 같이 말한다.

염색체 속에는 일종의 부호기록 형태로 개체의 장래 발육과 성숙된 상태에서 이것이 가질 기능에 대한 완전한 패턴이 포함되어 있다. 염색체의 섬유구조를 부호기록이라 부르는 것은, 한때 라플라스Laplace가 상정한 바와 같이 만사를 투시할 수 있는 지능이 있어서 모든 인과관계를 파악할 수 있다고 하면 바로 이 구조만 보고도 이것이 장차 적절한 조건 아래서 검은 수탉이 될 것인지 점박이 암탉이 될 것인지, 혹은 파리, 혹은 옥수수, 혹은 철쭉, 혹은 딱정벌레, 혹은 생쥐, 혹은 한 여인이 될 것인지를 예측할 수 있다는 것을 의미한다. 그러나 부호기록이라는 용어 자체는 너무 폭이 좁다. 염색체 구조는 동시에 이것이 예견하는 발육을 이루어내는 일에도 기여하는 것이다. 이것은 법규와 행정력—좀 다른 비유로 말하면 건축가의 설계와 시공자의 기술—이 하나로 뭉친 것에 해당한다.

슈뢰딩거는 또 다른 문맥에서 부-엔트로피의 중요성을 강조하고 있다.

그리하여 살아 있는 유기체는 지속적으로 그 엔트로피를 증가시키며—또는 정正-엔트로피를 생산한다고 할 수 있다—따라서 최대 엔트로피 상태, 즉 죽음이라는 위험한 상태에 접근하는 경향을 지닌다. 이것은 오직 주변으로부터 지속적으로 부-엔트로피—이것은 사실상 매우 긍정적인 의미를 지니는 양이다—를 끌어들임으로써 이러한 상태의 모면, 즉 생존을 취할 수 있다. 유기체는 부-엔트로피를 먹고 사는 존재이다.

여기서 슈뢰딩거의 긴 문장들을 인용하는 이유는 이 문장들이 우리 논의의 기반을 이룰 생명의 본질적 양상들을 잘 표현해주고 있기 때문이다. 이 글에서 필자는 생명의 구체적 정의에 도달하려는 시도는 하지 않을 것이다. 단지 앞에 인용된 생명 현상의 성격을 바탕으로, 생명이라 불리는 것은 기능하고 있는 '부호기록'을 그 자체 안에 포함하고 있어야 하며 또한 소요되는 '부-엔트로피'를 공급받을 수 있는 상황에 놓여 있어야 한다는 점을 논의의 근간으로 삼으려 한다.

3. 작용체와 보작용자

염색체 안에 포함된 부호기록이라 함은 현대적인 관점에서 보면 특정한 핵산염기 배열을 지닌 DNA 분자들을 의미한다. 앞에 인용된 문장에서 슈뢰딩거는 DNA 분자 속의 정보를 개체 운명 결정의 요인이라고 강조하면서 오직 '적절한 조건 아래서'라는 한정구를 삽입하고 있다. 그런데 우리는 바로 이 한정구에 특히 주목해야 하며 이를 조심스럽게 검토해보아야 한다. 여기서 '적절한 조건'이라는 것은 사실 매우 특정한 조건을 의미하며, 이를 벗어나서는 정보 자체가 아무런 의미도 지니지 못하게 되는 매우 강한 제약 조건을 말한다.

예를 들어 만일 DNA 분자들이 세포 밖에 놓이게 되는 경우에는 이들은 부호기록으로서 아무런 구실도 하지 못하게 된다. 설혹 세포 안에 있더라도 만일 세포를 구성하는 구성 물질의 물리적 상태가 매우 제약적인 특정 범위 안에 있지 않으면 역시 적절한 부호기록으로서의 구실을 할 수 없게 된다. 다시 말하여 DNA 분자들로 하여금 적절한 정보로서의 기능을 하게 하려면, 이 분자들을 둘러싸고 있는 주변 상황이 매우 특정한 물질 구성과 매우 특정한 '작용 상태functioning state'에 놓여 있지 않으면 안 된다. 따라서 이와 같은 특정된 작용 상태에 놓인 특정된 주변 계를 우리는 적절히 인식해야 하며 또한 개념화해야 한다. 앞으로의 논의를 위해 이 같은 특정된 주변 계를 주어진 '작용체body of function'—여기서는 DNA 분자들—에 대한 '보작용자co-functionator'라고 부르기로 한다.

간단히 요약해보자면 하나의 정보가 이루어지기 위해서는 두 개의 상보적인 인자, 즉 정보를 담고 있는 '작용체'와 여기에 대응하는 '보작용자'가 있어야 한다는 것이다. 이러한 상황은 책 속에 적혀 있는 정보의 경우 매우 분명하게 나타난다. 이 경우에 작용체는 종이 위에 인쇄된 글자들이며 이것의 보작용자는 이를 해독할 수 있는 인간이 된다. 만일 글자를 해독할 수 있는 인간 지능이 존재하지 않는다면 이 글자들이 무의미하리라는 것은 자명한 일이다. DNA 정보의 경우 작용체는 특정한 염기 배열을 지닌 DNA 분자들이며, 보작용자는 세포 안의 이를 둘러싼 물질들과 세포 밖의 주변 환경이라 말할 수 있다. 이러한 작용체와 보작용자가 합쳐질 경우 슈뢰딩거가 말하는 법규와 행정력이 되겠으나 이들이 분리될 때 이들은 정보 체계로서의 모든 의미를 상실하게 된다.

이와 같은 상황은 더 일반화되어 어떤 상보적인 계와의 연합을 통해서만 작용할 수 있는 모든 작용체들에 적용될 수 있다. 예를 들어 한 국가의 대통령직이라는 작용체는 그 나라의 국민, 즉 그 보작용자와의 연합에 의해서만 그 기능을 발휘할 수 있다. 따라서 대단히 한정된 의미를 지닌 보작용자와의 관계를 떠나 작용체만을 추상화시키는 경우 이 작용체를 나타내는 개념, 즉 DNA 정보라든가 책의 내용 또는 한 나라의 대통령이라는 개념들은 그 자체만으로는 그들의 존재론적 성격에서 매우 불완전한 의미를 지니는 것이며, 자칫 커다란 개념상의 오류로 이끌 수도 있다. 오직 여기서 도입된 한 쌍의 상보적 개념, 즉 '작용체'와 여기에 대응하는 '보작용자' 개념만이 이러한 상황에 대한 존재론적 구조를 적절히 표현해주는 개념이라고 말할 수 있다.

4. 생명 단위로서의 유전자

유전자gene는 DNA 분자 속에서 일정한 독립적 정보 내용을 지니는 하나의 단위체로서 생명 현상에 관련된 가장 기본적인 단위 요소라고 할 수 있다. 따라서 생명의 단위를 정의하는 데 유전자를 하나의 후보로 생각해보는 것이 극히 당연한 순서일 것이다. 그러나 일단 유전자를 생명의 단위로 생각하고 보면, 유전자를 단위화하는 작업 자체에 의해 유전자가 지닌 생명으로서의 성격을 제거하는 모순적인 상황에 처하게 된다. 즉 어떤 실체를 단위화하는 일 자체가 이를 적어도 개념적으로 고립시키는 것을 의미하게 되며, DNA 정보의 한 작용체라고 볼 수 있는 유전자를 이렇게 고립시키면 오직 보작용자와의 관계 속에서만 가능한 유전자의 정보적 기능을 제거하는 결과를 낳는다. 보작용자와의 관계를 떠난 작용자로서의 유전자는 무의미하며, 따라서 유전자를 독립시켜 하나의 생명의 단위로 보는 것은 이러한 행위 자체가 생명으로서의 유전자를 무의미하게 만든다.

이는 보통의 물질, 가령 물을 단위화하는 경우와 대비해볼 수 있다. 물의 경우 우리는 임의의 분량, 가령 1리터라든가 1시시를 물의 단위로 설정할 수 있다. 이렇게 설정된 물의 단위 분량은 주변의 상황과 무관하게 물의 특성을 유지하게 되며,[4] 따라서 단위화함으로써 그 특성을 잃게 되는 생명의 단위로서의 유전자의 경우와 대조를 이룬다. 이렇듯 우리는 단위 자체를 두 가지 종류로 대별해볼 수 있다. 즉 단위화 자체가 단위화된 실체의 성격에 영향을 미치지 않는 '정상적 단위normal unit'와 단위화가 단위화된 실체의 한 본질적 부분을 필연적으로 단위 밖으로 배제하게 되는, 즉 이것의 정상적 기능을 유지하기 위해서는 단위 밖으로 밀려난 본질적인 한 부분을 항상 전제해야 하는 '조건부 단위conditional unit'로 나누어 볼 수 있다. 이와 같은 구분에 따르면 1리터라는 물의 단위는 정상적 단위이나, 하나의 유전자라는 생명의 단위는 생명으로서의 기능을 위해 필수적인 보작용자를 제외시킨다는 의미에서 조건부 단위가 된다. 동일한 실체라 하더라도 어떤 것에 대해서는 정상적 단위의 구실을 하는 반면 어떤 것에 대해서는 조건부 단위밖에 되지 못하는 경우가 있다. 가령 암소의 다리를 예로 들면 이것은 쇠고기의 단위로서는 정상적 단위가 되나 살아 있는 소의 단위로서는 조건부 단위의 구실밖에 할 수 없다. 하나의 유전자는 유전물질로서는 정상적 단위가 되나 생명 자체로서는 극히 조건부의 단위로밖에 인정될 수 없다.

이런 구분을 '작용체'와 이것의 '보작용자'라는 일반적인 존재론적 개념에 적용시켜보면 우리는 다음과 같은 결론에 도달하게 된다. 즉 하나의 '작용체'를 어떤 개념—예컨대 생명—의 단위로 삼고자 할 때, 만일 이 개념의 본질적 특성이 이 작용체의 작용 자체와 관련되는 것이라면 이렇게 정의된 단위는 필연적으로 '조건부 단위'일 수밖에 없다는 것이다.

5. 생명 단위로서의 세포와 유기체

그렇다면 더 포괄적인 실체인 세포cell나 유기체organism는 생명의 단위로서 더 나은 자격을 갖추고 있는가? 분명히 세포나 유기체는 유전자에 비해 훨씬 더 포괄적이며 독립적인 실체들이라 할 수 있다. 하나의 세포는 그 안에 유전자를 이루는 DNA 분자들뿐 아니라 이들의 보작용자에 해당하는 상당 부분을 포함하고 있으며, 다세포 유기체는 세포들뿐 아니라 세포로 구성되지 않는 체액 및 체내 공간 등을 포함하고 있다. 어떤 의미에서 세포들과 유기체들은 생물계에서 상당한 독자성을 지닌 것으로 볼 수 있다.

그러나 이들 역시 생명의 정상적 단위로서 자격을 갖추고 있지는 못하다. 이들이 일단 생존에 필요한 적절한 환경에서 고립되면 곧 살아 있는 존재로서의 특성을 상실하고 말 것이기 때문이다. 이 점은 앞에서 인용한 슈뢰딩거의 두 번째 인용문이 말해주는 생명의 또 하나의 특성에 비추어 볼 때 더욱 명백해진다. 모든 유기체(이 점에 대해서는 세포의 경우도 동일하다)는 지속적으로 엔트로피를 증가시키기 때문에 주변으로부터 '부-엔트로피'를 지속적으로 받아들이지 않으면 안 된다(이를 더 널리 활용되는 용어로 표현하면 주변으로부터 '자유에너지'를 지속적으로 받아들여야 한다는 이야기가 된다[5]).

이러한 상황은 생명체가 아닌 결정체crystal의 경우와 비교될 수 있다. 한 덩어리의 결정체는 주변으로부터 아무런 '부-엔트로피'나 '자유에너지'를 받아들이지 않고도 결정 상태로 유지될 수 있으며 따라서 별 무리 없이 결정의 정상적 단위 구실을 할 수 있다.[6] 그러나 한 유기체나 세포는 본질적으로 매우 낮은 엔트로피를 지닌 열역학적 준안정 상태metastable state를 유지하고 있으므로 주변으로부터 자유에너지를 지속적으로 공급받지 않고는 능동적인 상태를 유지할 수 없다. 이것은 세포나 유기체에서 찾아볼 수 있는 하나의 단순한 경험적 사실일 뿐 아니라 능동적인 상태를 유지하는 하나의 체계가 만족해야 할 기본 원칙의 문제이다. 이는 물론 이러한 계가 자유에너지 흐름의 경로 위에 놓여 있기만 하면 된다는 것을 의미하는 것은 아니며, 실제로 자유에너지를 공급받기 위한 매우 정교한 외적 조건을 만족하고 있어야 함을 의미한다.

이는 바로 앞에서 도입한 보작용자 개념을 통해 이해될 수 있다. 즉 세포와 유기체들은 자유에너지 공급을 위해 요청되는 매우 특정한 외적 조건, 즉 그들 각각의 보작용자와의 밀접한 연대 아래에서만 그 생존을 유지할 수 있는 것이다. 따라서 생명의 단위라는 관점에서 볼 때 세포나 유기체는 실용적으로 매우 유용하고 상식적으로 타당해 보이기는 하나, 역시 조건부적 단위에 그치는 것이며 또 그렇게 이해되어야 한다.

6. 생명의 '온생명적' 성격

생명의 적절한 단위를 분석하기 위해 우리는 한 걸음 더 나아가 유기체보다 더욱 포괄적인 실체들을 고찰해볼 수 있다. 가장 적절한 후보들로서는 계통학적 측면에서 종species, 단일계통 분류군monophyletic taxa 등을 생각할 수 있으며, 생태학적 측면에서 개체군population, 생태계ecosystem 등을 생각할 수 있다. 그러나 이들에게도 역시 앞서 세포와 유기체에 적용되었던 논의가 그대로 적용될 수 있다. 즉 이러한 실체들의 정확한 정의가 어떻게 내려지든 간에 이 모든 실체들은 최소한 유기체들을 부분계로 포함하는 더 큰 계들을 형성하고 있다. 그런데 이들을 구성하는 유기체들 각각이 주변으로부터 지속적으로 자유에너지를 흡수해야만 생존을 유지하게 되므로, 이들을 포함하는 더 큰 계들로서는 자유에너지의 궁극적인 근원을 그 자체 안에 함유하지 않는 한 역시 주변으로부터 자유에너지를 공급받지 않으면 안 된다. 그러므로 자유에너지의 궁극적 근원을 포함하지 않는 그 어떤 포괄적 실체도 불가피하게 보작용자를 수반하는 작용체의 성격을 지니게 되며, 따라서 생명의 조건부 단위 이상의 성격을 지닐 수 없게 된다.

한편 잘 알려진 바와 같이 지구상의 자유에너지 공급원은 태양이며 지구상의 생명은 이 자유에너지 흐름의 경로 위에서 번성하고 있다. 그러므로 외부로부터 자유에너지를 비롯한 필수 요소들의 공급을 요하지 않는 정상적인 생명의 단위는 적어도 태양과 같은 자유에너지 공급원을 자체 안에 포함하는 항성-행성계star-planet system를 이루어야 한다고 말할 수 있다. 우주 안에는 태양계 외에도 생명이 형성될 수 있는 이러한 항성-행성계가 수없이 많다. 전문가들의 추산에 따르면, 우리 은하계 안에만 해도 이 같은 천체계가 최소한 1천만 개는 존재한다고 한다. 따라서 우주 안에는 지구의 생명 이외에도 다른 독립적인 생명이 무수히 많으리라고 예상할 수 있으며, 그 생명들은 진정한 의미에서 서로 독립된 단위를 형성한다고 볼 수 있다.[7]

그러므로 우리는 생명의 '정상적 단위'로서 하나의 항성-행성계 안에 상호 의존적으로 생존 활동을 하고 있는 모든 작용체 및 그 보작용자의 총합을 생각할 수 있으며, 이를 하나의 단위체로 보아 '온생명global life'이라 부르기로 한다. 생명의 단위가 온생명의 단계에 이르러 비로소 정상적 단위가 되는 것은 생명의 존재론적 구조가 본질적으로 '온생명적 규모global scale'여야 함을 말해주는 것이다. 그러나 여기서 강조되어야 할 점은 '온생명'의 개념은 전체론적holistic 형이상학에 바탕을 둔 것이 아니라, 물질 및 생태계에 관한 물리적 법칙과 경험적 사실들을 바탕으로 얻어진 개념이라는 점이다. 따라서 '온생명'이라는 개념은 그 어감에도 불구하고 다분히 과학적 실체를 지칭하는 개념이다.

7. 개체와 '보생명'

생명이 '온생명적global' 성격을 지녔다는 사실은 곧 세포, 유기체, 종 등의 개념들이 의미 있게 정의될 수 없다는 것을 말해주지는 않는다. 단지 이것이 부정하는 것은 이들이 생명의 정상적 단위로서 고립하여 그 성격을 유지하는 실체일 수가 없다는 점이다. 현대 생물학 또는 생물철학에서는 이들을 대체로 '개체individual' 라고 부르며 우리도 여기서 이들을 개체라고 부르기로 한다. 통상적인 정의를 따르면 하나의 개체란 "내적 결속을 유지하면서 시간에 따라 지속적으로 전개develop되어가는 시공간적으로 국소화된 실체"를 말한다.[8] 데이비드 헐David L. Hull과 닐스 엘드리지Niles Eldredge[9]는 특히 개체의 역사적 성격을 강조한다. 헐에 따르면 개체는 "역사 속으로의 삽입동작에 의해 개체화된 역사적 실체"라고 규정된다. 우리가 고찰한 생명의 존재론적 성격에 의하면 이 점은 더욱 명확해진다. 개체는 온생명의 시공적 전개에 의한 역사적 산물로서, 생명의 시공적 존재 양상의 표현물이라 할 수 있다. 이 같은 관점에 따르면 진화라는 것은 온생명이 시공적으로 구분 가능한 개체 조직의 형태로 전개되어나가는 한 방식이라고 규정될 수 있다.[10] 따라서 생명을 역사적으로 전개된 이들 개체들 및 이들의 상호관계를 통해 파악하려는 지금까지의 모든 시도는 매우 자연스럽고 현실적인 접근 방법이라 할 수 있다.

그러나 앞에서 논의했듯이 이러한 개체에 '온생명'의 나머지 부분과는 무관하게 독자적인 '생명'으로서의 자격을 부여하는 것은 온당하지 않다. 단지 온생명의 나머지 부분과의 밀접한 연관에 의해서만 의미를 지닌다는 전제 아래 이들에게 '낱생명'이라는 자격을 부여하는 것은 무리가 없을 것이다. 이렇게 할 경우 온생명으로부터 하나의 낱생명을 제외하고 난 나머지 부분을 따로 개념화할 필요가 있으며 이를 이 낱생명에 대한 '보완생명complementary life' 혹은 간단히 '보생명co-life'이라 칭하기로 한다. 이렇게 정의된 '보생명'은 주어진 개체에 대해 '보작용자'의 구실을 하게 된다. 그러나 '보작용자' 개념이 오직 기능적인 개념인 데 비해 '보생명' 개념은 초기능적인 의미를 함축한다. 즉 하나의 '낱생명'에 생명으로서의 자격을 부여한다면 이와 상보적인 의미에서 '보생명'에도 생명으로서의 자격이 부여된다고 보아야 한다. 하나의 통상적인 개체에 생명성을 부여하는 데 낱생명과 보생명을 동시에 상보적으로 부여해야 한다는 것은 기존의 관념으로부터 크게 벗어난 새로운 발상이 되겠으나, 이렇게 함으로써 종래에는 해결하기 어려웠던 개념적 문제, 예컨대 하나의 개체로서의 바이러스의 성격 문제가 깨끗이 해명된다. 즉 하나의 개체로서의 바이러스에 낱생명의 자격을 부여하려면 이것이 생명으로서 기능하기 위해 요청되는 숙주host 및 나머지 전체 생명에 대해 보생명의 자격을 부여해야 한다는 것이다. 종래에는 바이러스만 이런 특이한 성격을 지녔다고 보아왔지만, 새로운 이해에 의하면 모든 개체가 이러한 성격을 지녀야 한다는 더 일반적인 관점에 도달하게 된다.

다른 한편에서 보생명의 개념은 환경의 개념과 크게 중첩되는 면이 있다. 그러나 이 두 개념 사이에는 또한 그 강조하는 바와 함축하는 바에 커다란 차이가 있다. 환경은 흔히 여러 개체들이 공유하는 외적 배경을 의미하는 데 비해, 보생명 개념은 하나의 주어진 개체에 대해 온생명의 나머지 부분을 나타내는 특정된 상대적 개념이다. 또한 환경이 흔히 생태계 안의 비생물적 요인들을 주로 함축한다면, 보생명은 하나의 특정 개체에 대해 나머지 모든 부분을, 삶을 이루는 동반자의 입장에서 함께 지칭하는 개념이다.

8. 생명의 역사적 기원

지구상에 나타난 온생명의 시공간적 전개 과정을 구체적으로 기술하거나 설명한다는 것은 아마도 불가능한 과제일 것이다. 그러나 이러한 전개의 일반적 양상만은 지구상에 주어졌던 초기 조건과 물리법칙들을 바탕으로 대략 추정할 수 있다. 초기 지구상에 존재했던 실제적인 조건은 현재 매우 사변적으로밖에 추정할 수 없으나, 한 가지 확실한 사실은 일부 물질들은 태양으로부터의 자유에너지 흐름으로 인해 동역학적으로 활발한, 강한 비평형 상태를 유지하고 있었으리라는 점이다. 오늘날 지구상에서 보는 기후 현상 특히 물과 공기의 지속적인 순환 현상이 바로 이러한 성격의 상태에 해당한다.

이러한 상황 아래서 두 종류의 전前생물적prebiotic 개체들이 출현했으리라 생각된다. 그 하나는 마치 수증기 분자들과 같은 것으로 그 발생과 소멸에서 완전히 수동적인 개체들이다. 수증기 분자들은 일정한 영역에서 일정한 조건 아래 증발에 의해 발생하며 다른 어떤 영역에서 다른 어떤 조건 아래 대개 물이나 구름의 형태로 응축됨으로써 소멸된다. 이 전 과정을 통해 이 개체들은 그 진행을 스스로 촉진시키거나 방해하지 않는다. 또 한 종류의 전생물적 개체들은 자체촉매적auto-catalytic 성질을 가진 것들이다. 아주 간단한 예로는 대기 중에 구름을 형성하는 분자들을 생각할 수 있다. 구름이 형성되는 경우 이미 구름이 되어 있는 분자들은 다른 분자들을 계속 부착시킬 기반 역할을 함으로써 자체촉매적인 성격을 지니게 된다. 이런 종류의 개체들에 대한 다른 예들은 화학반응의 경우 동일한 종류의 분자 형성을 촉진시키는 촉매들에서 찾아볼 수 있다.

일단 자체촉매적 개체들이 존재하게 되면 이들로부터 생물적biotic 개체들이 출현하는 것은 오직 한 단계를 넘어가는 것에 지나지 않는다. 여기서 생물적 개체라는 것은 "부호기록code-script을 지닌 자체촉매적 개체"라고 풀어서 말할 수 있다. 또한 '부호기록'이라는 것은 흔히 체내에 부각된 세밀하고 미소한 물리적 흔적으로서 적절한 보작용자가 주어질 경우에 한해 매우 특정한 기능을 나타내는 성격의 것이다. 그런데 만일 이러한 부호기록을 지닌 자체촉매적 개체가 출현하여 다음의 두 가지 조건을 만족할 수 있다면 지속적인 전개가 가능한 생명이 출현했다고 말할 수 있다.

두 가지 조건이란 첫째로, 이 기능이 자신과 동일한 종류의 개체들, 즉 부호기록의 내용까지도 동일한 개체들을 생성시킬 수 있으며(이것은 사실상 부호기록을 지닌 자체촉매적 개체의 엄격한 정의에 해당함), 둘째로, 이러한 성격을 지닌 자신의 존재를 충분한 시간 동안 유지시킴으로써 이 시간 동안 자신의 기능에 의해 최소한 하나 이상의 동일한 종류의 개체를 생성시킨다는 조건이다. 이 두 가지 조건은 물론 개체들의 어떤 물리적 특성에 의해서만 이루어질 수 없으며 이를 가능하게 해주는 보작용자의 도움이 있어야만 성취될 수 있다. 따라서 최초의 생물적 개체의 출현을 지구상에 생명이 출현한 것으로 본다면, 이는 낱생명의 출현인 동시에 이를 가능하게 하는 보생명의 출현이라고 말할 수 있다. 즉 낱생명의 출현은 바로 그 정의에 의해 보생명의 출현과 동시적일 수밖에 없다.

9. 복제자와 존속자

앞에서 말한 생물적 개체들은 여러 가지 서로 다른 양식으로 존재하며 또 서로 다른 계층을 형성하게 된다. 부호기록을 지닌 자체촉매적 개체들은 그들이 처한 환경에 따라 상이한 방식으로 그 기능을 수행하게 되며, 따라서 이들의 자기복제 기능의 완벽성에서도 다소 차이가 나타나게 된다. 복제 기능에서의 이러한 미소한 차이는 개체들의 진화를 위해 필수적인 역할을 하게 된다. 일단 이러한 가능성이 허용된다면 진화압력evolutionary pressure은 이 개체들로 하여금 그들의 인접 보작용자들과 더 지속적이고 긴밀하게 연합하도록 하는 방향으로 작용하게 될 것이다. 하나의 개체가 그 보작용자와 더 지속적이고 긴밀하게 연합될수록 그 기능 수행이 더 원활하고 생존 가능성이 더 향상될 것이기 때문이다. 이렇게 하여 형성된 새로운 실체, 즉 원래의 개체 및 이와 긴밀히 연합된 보작용자로 구성된 복합계는 한 개체로서의 모든 특성을 지닌다. 세포로 둘러싸인 유전자들을 예로 들 수 있다.[11] 반면 흥미로운 예외의 경우는 바이러스다. 바이러스라 불리는 매우 독특한 개체들은 인접한 보작용자들과 지속적인 연합을 하는 대신, 이들을 때때로 바꾸어가면서 그 생존을 유지하고 동족을 번식시켜가는 특징을 갖는다. 그러나 그 밖의 거의 모든 유전자들은 주변의 보작용자와 지속적으로 연합하여 새로운 개체, 즉 세포들을 형성한다.

주변의 보작용자들과 연합하여 새로운 개체를 형성하는 이와 같은 과정은 거듭거듭 반복되어 여러 층의 복합적인 개체들이 생길 수 있다. 이때 한 개체와 연합하여 복합적인 개체를 이루게 되는 보작용자들은 유전자 주변의 세포질과 같은 단순한 물리계만이 아니라 이미 기능적인 조직을 지닌 다른 개체들일 수도 있다.[12] 이렇게 구성되는 개체들은 그 형태, 규모, 수명 등 여러 성격에서 불가피하게 다양해질 것이나, 이들을 크게 두 가지 부류, 즉 '복제자replicator'와 '존속자subsistor'로 구분해 보는 것이 편리하다.

여기서 복제자는 주로 복제의 단위로 볼 수 있는 개체를 의미한다. 어느 개체가 복제의 단위가 되는가 아닌가를 판정하기 위해서는 이 개체와 이것의 직접적 영향에 의해서 생겨난 바로 다음 세대의 개체를 비교해보는 것이 편리하다. 만일 부호기록까지 포함한 이 두 개체의 구조가 완전히 동일하든가 혹은 충분히 흡사하면 이 개체를 복제의 단위로 볼 수 있으며 따라서 복제자로 분류할 수 있다. 유전자가 바로 이러한 부류에 속하는 가장 좋은 예가 된다.

한편 복제의 단위라기보다 주로 존속의 단위라고 볼 수 있는 개체들이 있는데, 이들을 존속자라고 부르기로 한다. 이러한 종류의 개체들이 지니는 가장 현저한 특징은 대체로 살아 있는 상태에서 살아 있지 않은 상태로 급격하게 전환한다는 점이다. 이들 개체의 출생이나 성장 과정은 대체로 완만하게 이루어지며, 경우에 따라서는 외형마저 파악하기 어려울 때도 있으나, 사멸하는 과정은 매우 빠르고 분명하게 이루어지는 것이 보통이다. 따라서 외부 관측자의 입장에서는 적어도 이들 존속자를 사멸의 단위로 규정할 수도 있다. 세포와 유기체는 복제자로서의 성격보다는 존속자로서의 성격을 더 강하게 지닌 것으로 볼 수 있다.

어느 한 개체가 복제자의 성격을 지니는가, 존속자의 성격을 지니는가 하는 것은 오직 어느 쪽 성격을 더 강하게 갖는가 하는 정도의 문제이다. 복제자로 분류되는 개체들도 존속을 해야 하므로 존속자로서의 성격을 갖지 않을 수 없고, 반대로 존속자로 분류되는 개체들도 많은 경우 유사한 개체를 형성시키는 데 기여한다.

여기서 한 가지 주목해야 할 점은 온생명이 우리 지구에서의 경우와 같이 다양하고 풍성하게 번성하기 위해서는 이와 같은 개체적인 존재 양상이 아마도 하나의 필요조건을 이룰 것이라는 점이다. 특히 개체들이 복제의 단위가 되고 사멸의 단위가 된다는 점은 이들 개체를 통해 온생명이 번성할 수 있음을 이해하는 데 매우 중요한 구실을 한다. 개체들이 복제의 단위가 됨으로써 비교적 쉽게 그리고 남아돌아갈 만큼 넉넉히 산출될 수 있으며, 또 이들이 사멸의 단위가 됨으로써 자연스럽게 그리고 전체 온생명에 큰 손상을 주지 않고 감축될 수 있는 것이다. 각 낱생명의 존속은 그 보생명, 즉 온생명의 여타 부분에 결정적으로 의존하는 데 반해 온생명의 생존은 어느 하나의 낱생명에 그리 크게 의존하지 않는다. 온생명과 낱생명 사이에 존재하는 이러한 비대칭성이 아마도 개체적 존재 양상을 통해 온생명이 번성해나갈 수 있는 어떤 비결을 숨기고 있지 않겠는가. 만일 우리가 개체들로 구성되지 않은 어떤 성공적인 생명체를 상상해 본다면, 이는 분명히 분별할 수 있는 아무런 단위 구조도 지니지 않으면서 대단히 정교하게 조직된 초대형 유기적 구조물이 될 것이다. 그런데 설혹 어떤 기막힌 우연에 의해 이러한 구조물이 생겨났다 하더라도 이는 지극히 불안정할 것이다. 왜냐하면 어느 한 미소한 부분의 고장만 발생하더라도 바꾸어 넣을 아무런 대치품이 없으므로 이를 치유할 효과적인 방법이 마련되기 어려울 것이기 때문이다.

10. 진화론, 생태학 및 가치론에서의 의미

앞에서 말한 바와 같이 진화란 온생명이 상호 연관되면서도 구분 가능한 개체들의 출생, 성장 및 사멸을 통해 전개되어가는 과정이라 할 수 있다. 따라서 복제와 사멸의 단위로서의 개체들은 진화에서의 '선택' 과정에서 결정적인 역할을 하게 된다. 한편 이러한 개체로서의 기본 성격을 유지하면서도 서로 다른 계층에 속하는 많은 종류의 개체들이 존재하므로, 이를 통해 얻어낼 수 있는 한 가지 명백한 결론은 '선택'이 단일 계층에서만 이루어지는 것이 아니라 다양한 여러 계층에서 동시에 이루어진다는 점이다. 이와 같은 다계층 선택론은 선택 과정에서의 계층간 연결 기구 등 여러 새로운 문제들을 야기하겠으나, 여기서는 오직 진화와 생태에 관한 현행 이론들과 관련된 한두 가지 개략적인 고찰만 하기로 한다.

우선 소규모 개체들에 관한 한 종래의 진화이론, 특히 "소량의 유전정보 변화 및 재결합 그리고 자연선택natural selection에 의한 이들 변이의 조정ordering이라는 관점에 의해 설명되는" 진화 기구가 잘 적용된다.[13] 그러나 개체들의 규모가 커질수록 진화 과정에서의 선택 기구가 많이 달라진다고 보아야 한다. 일반적으로 규모가 큰 개체들은 진화 과정 속에서 복제 자체의 정확성보다는 존속 가능성의 증대로 인해 선택된 존재들이라고 생각되므로 복제자로서의 성격보다는 존속자로서의 성격이 더 강하다고 보아야 한다. 따라서 이들이 진화 과정 속에서 하게 될 역할이 크게 달라지리라고 쉽게 예상할 수 있으며, 특히 작은 규모의 개체들만 있는 경우에 비해 보생명이 담당하는 역할이 상대적으로 더 커진다고 말할 수 있다. 극단적인 경우에는 한 개체의 생성이 다른 모개체에 의존하지 않고 완전히 보생명에만 의존하는 상황도 생각할 수 있다. 이러한 상황 아래서는 개체의 '선택'이 직접 진화 과정을 결정하지 않고 오직 보생명을 통한 간접적인 방법으로 개체들이 진화에 기여하게 된다. 이는 보생명이 대체로 고정되어 있고 모개체가 강한 복제 기능을 발휘하는 것으로 보는 종래의 진화 관념과 비교될 수 있다.

이렇게 볼 때 개체의 규모가 커지는 경우 소규모 개체들에서 볼 수 있는 명확한 계통학적 계보genealogical lineage가 많이 무뎌지는 것을 알 수 있다. 최근에 이르러 생태학적 계층 체계와 계통학적 계층 체계 사이의 상호관련성이 크게 강조되고 있다. 엘드리지는 다음과 같이 말한다.

> 만일 우리가 '진화의 조명 없이는 생물학의 그 어떤 것도 뜻이 통하지 않는다'고 하는 도브잔스키의 견해에 동의한다면, 생태학적 과정과 계통학적 과정이라는 양대 과정을 포함하지 않고 진정으로 일반적인 진화의 개념을 터득할 수 없다는 사실 또한 인정해야 한다.[14]

우리 논의의 관점에서 보면 계통학적 계층 체계와 생태학적 계층 체계는 더욱 밀접히 관계되며 사실상 이들 사이의 분계선을 긋는 일조차 가능하지 않다. 개체의 규모가 커짐에 따라 종래의 진화론적 설명 방식은 점차 생태론적 설명 방식으로 바뀌지 않으면 안 된다. 사실상 진화이론은 결국 낱생명과 그 보생명 사이의 공진화co-evolution 관계에 관한 이론이라 할 수 있는데, 이러한 공진화 관계는 기본적으로 생태학적 성격을 지니는 것이다.[15]

한편 우리 논의의 관점은 통상적인 생태학적 관점과 한 가지 중요한 점에서 차이를 지닌다. 우리는 낱생명과 보생명이 각각 독립적으로 생명으로서의 의미를 지니는 것이 아니라 이들이 함께 온생명을 형성한다는 의미에서 상보적인 의미만을 부여하고 있음에 반해, 통상적인 생태학에서는 생태계 안의 각 개체들이 독립적인 생명을 지니며 오직 이들의 삶의 조건을 충족시켜준다는 점에서만 주변과의 상호작용이 중시되고 있다. 우리의 논의에서는 진정한 의미의 생명은 온생명이므로 온생명의 생존 조건이 먼저 검토되어야 하며, 낱생명들의 생존 조건은 기본적으로 이로부터 도출되는 형식을 취해야 한다는 입장이다.

이 점은 가치론적 고찰에서도 새로운 의미를 지닐 수 있다. 통상적인 윤리학에서는 개별적인 인격이나 인권에 최상의 가치를 부여하는 것이 보통이다. 설혹 공동체나 종족 등에 높은 가치를 부여하는 경우에도 그 자체를 궁극적 가치를 지닌 실체로 보아서라기보다 그것이 인격을 지닌 개체들의 모임이라고 보기 때문이라고 말할 수 있다. 그러나 만일 우리가 앞에서 논의된 새로운 존재론을 받아들인다면 가장 높이 존중해야 할 진정한 대상은 온생명이라고 볼 수 있으며, 낱생명들은 그 보생명과 연합해 이러한 온생명을 이루는 존재라는 점에서 가치를 부여받는 존재로 볼 수 있다.

새로운 존재론의 가치론적 의미를 추구한다는 것은 매우 조심스러운 작업임에 틀림없으나, 현행 가치 관념들이 생명 현상에 대한 불완전한 존재론적 이해에 바탕을 두어 형성된 것이라는 가정을 해본다면 새로운 존재론적 이해와 더불어 새로운 가치론이 모색되어야 한다는 것은 극히 당연한 귀결이기도 하다.

11. 맺는 말

앞에서 논의된 주요 내용들을 중심으로 지구상의 생명에 대해 도출할 수 있는 새로운 관점을 정리해보면 다음과 같다. 우리 지구상에는 수많은 낱생명들이 존재하고 있으나, 이들은 모두 하나의 항성-행성계인 태양-지구계를 떠난 독립된 존재 단위로 인정할 수 없으며, 오직 태양-지구계에 나타난 유일한 정상적 단위생명인 '지구상의 온생명global life on earth'의 부분을 이루는 조건부 단위생명들이라 할 수 있다. 이러한 조건부 단위생명인 낱생명들이 생명으로서의 기능을 하기 위해서는 온생명의 나머지 부분, 즉 그 보생명과의 긴밀한 연합에 의존하지 않을 수 없다.

이때 우리가 생각할 생명의 주체는 온생명에서 분리된 낱생명에 국한할 것이 아니라 보생명과 더불어 하나가 된 온생명 그 자체여야 마땅하다. 물론 하나의 낱생명으로서는 자신 및 자신의 주변에 인접한 보작용자를 중심으로 세계를 인식할 수밖에 없는 역사적·생리적 조건 아래 놓여 있는 것이 사실이나, 과학

이 보여주는 새로운 안목을 통해 자신의 살아 있는 신체가 적어도 태양-지구계의 규모에 이르고 자신이 살아온 연륜이 최소한 30억~40억 년에 이른다는 새로운 사실에 접하게 된다.

마지막으로 이러한 온생명에 '마음'이 있다면 무엇이겠는가 하는 물음을 제기해볼 수 있다. 하나의 낱생명에 지나지 않는 인간에게도 주체성을 의식하는 마음이 존재하는 것으로 보아, 온생명의 마음 문제는 단순한 사변의 유희로 처리될 성질의 것이 아닐는지 모른다. 현재로서는 이 문제가 다분히 낯설고 어떤 확고한 논의의 근거를 포착하기 어려운 사변적인 문제인 것이 사실이나, 인간이 중심이 되어 전개되는 지구상의 모든 문화 활동이 어쩌면 온생명의 마음을 형성해가는 과정인지도 모른다. 오늘날 급격히 진행되는 인간의 문화적 진화가 언젠가 '온생명적 의식global consciousness'이라 불릴 일종의 집합적 의식 상태를 형성하리라고 생각해볼 수도 있으며, 만일 그렇게 될 경우 여기에 주체적으로 참여하고 있는 개체로서의 각 개인들은 '온생명'을 자신의 '확대된 자아'로 더 진지하게 의식할 수도 있을 것이다.

10장
인간의 우주적 존재 양상[1]

1. 여는 말

이 글에서는 인간의 존재 양상을 앞의 두 장에서 논의한 '온생명'의 한 부분이라는 관점에서 살펴보기로 한다. 오늘날 지대한 중요성을 갖는 문제 중 하나는 우주 안에서 인간의 존재가 지니는 위치와 역할을 올바로 규명하는 일이다. 현대인은 지구 생태계 전체를 파괴시키기에 충분한 행위 능력은 갖추고 있으면서도 이 안에서 자신과 생태계를 장기적으로 보존해나가기에 충분할 만큼 명확한 통찰력은 지니지 못했다. 이러한 통찰력을 얻기 위해 우리는 우선 인간이 속한 '온생명'의 규모와 구조를 명확히 파악하고 이 가운데에서 인간이 지니는 위치와 역할을 찾아낼 필요가 있다.

우리는 앞에서 '온생명'을 구성하는 '낱생명'과 이것의 '보생명' 관계를 고찰했다. 생명체의 관점에서 볼 때 인간도 한 유기체이며, 또 앞에서 고찰한 낱생명 가운데 하나이므로 인간과 '온생명'의 관계는 낱생명과 온생명 관계의 한 특수한 경우라고 말할 수 있다. 이러한 의미에서 인간 자체도 생명의 한 진정한 단위가 될 수 없으며, 오직 '온생명'의 진화 과정에 나타난

한 일시적 존재 양상으로서의 개체에 지나지 않는다. 인간에게 생명성을 부여한다면 이는 오직 '온생명'의 나머지 부분, 즉 그 '보생명'과의 연관 아래서만 가능한 것이다.

그러면서도 인간이라는 존재는, 특히 한 개인으로서뿐 아니라 인류 공동체로서의 인간은, 지구상의 생명 자체를 기술적으로 멸절시킬 수 있는 능력을 가졌다는 점에서, 그리고 이를 이지적으로 파악할 능력을 가졌다는 점에서 매우 독특한 개체이다. 그리고 어쩌면 앞으로 더욱 놀라운 존재로 부상할 가능성 또한 지니고 있다. 그렇다면 이 모든 것은 어떻게 해서 가능했는가? 그리고 그 끝은 무엇인가?

2. 낱생명과 보생명의 상합적 공존

먼저 낱생명으로서의 인간이 지니는 의미부터 생각해보자. 우리는 앞에서 생명의 진정한 단위는 온생명이며, 각각의 개체로서의 생명은 이것이 그 보생명과 결합되어 온생명을 이룬다는 의미에서 생명으로서의 자격을 부여받는다는 점을 밝혔다. 그렇다면 이러한 낱생명은 온생명을 포함하는 전 우주적 존재 양상의 관점에서 볼 때 어떠한 위치를 점유하는 존재인가?

하나의 낱생명은 보생명으로 대표되는 주변의 여건 아래 특정된 생명 활동을 지속해가야 하는 특별한 형태의 존재로서, 이를 위해서는 이러한 주변 여건에 부합하는 특성을 자체 안에 간직하고 있어야 한다. 이는 곧 하나의 낱생명은 그 보생명과 더

불어 상합적相合的 공존자의 성격을 지녀야 함을 의미한다. 그리고 낱생명이 이 같은 상합성을 지니기 위해서는 자신의 체내에 일정한 방식의 정보 형태로 외적 실상에 관한 내용이 부각되어야 한다. 물론 개체의 체내에 부각된 정보의 내용은 외적 실재의 상황을 완벽하게 서술할 수는 없으며, 오직 진화의 과정을 통해 역사적 생존 경험이 허용하는 범위 안에서 마련된 내용에 국한될 수밖에 없다.

따라서 낱생명이 내부적으로 함축하는 내용은 이를 둘러싸고 있는 온생명의 나머지 부분 곧 그 보생명에 대한 '상합모형相合模型, congruous model'에 해당한다고 말할 수 있다. 그리고 이 모형 속에 반영되는 내용이 장구한 역사적 생존 과정을 통해 형성되는 것이라는 점에서 이는 또한 '역사적 모형'이기도 하다.

여기서 말하는 '모형'이라는 개념은 물론 통상적인 의미보다 다소 확대된 의미를 지닌다. '모형'이라는 말은 원래 실물에 대한 상대적 개념으로, 실물을 축소하거나 간소화해 그 특징적인 면모를 나타내주는 어떤 장치라는 의미로 쓰인다. 예컨대 지구의地球儀를 우리는 지구의 모형이라고 말한다. 그러나 이러한 모형 개념은 쉽게 확대된다. 예를 들어 '지구가 구형의 형태를 지녔다는 생각' 또한 지구에 대한 하나의 모형이다. 우리는 흔히 이러한 생각은 이미 '모형'이 아니라 '사실'이라고 생각하기 쉽다. 그러나 우리가 좀 더 조심스럽게 생각해보면, 우리가 '사실'이라고 주장하는 내용은 결국 '공인된 모형'에 지나지 않음을 알 수 있다.

우리는 오늘날 지구가 둥글다는 생각에 대해 별로 의심을 하지 않고 하나의 사실로 받아들이지만(오늘날에도 지구가 둥글지 않다고 주장하는 사람들이 있으며, 이들은 뜻을 같이하는 사람들끼리 모이는 협회까지 구상하고 있다) 수백 년 전까지만 해도 이것은 그리 쉽게 받아들여지는 모형이 아니었다. 많은 사람들은 지구가 넓적한 쟁반 모양을 하고 있으며 지구 끝에는 무서운 벼랑이 있을 것으로 상상했다. 사실상 당시 사람들에게는 지구에 대한 두 가지 모형 가운데 어느 하나를 선택하는 것이 그리 쉬운 일이 아니었다. 그러면 무엇이 오늘날 우리로 하여금 지구의 쟁반 모형 대신 지구의 구형 모형을 믿게 해주었는가? 이는 우리가 지구의 구형 모형을 인정할 때 우리가 경험하는 많은 사실들이 더 잘 설명되기 때문이다. 가령 수평선을 넘어 들어오는 배가 돛대부터 보이기 시작한다든가, 아무리 배를 타고 멀리 나아가도 벼랑에 떨어지는 일이 없다는 사실 등이다.

지구의 모형을 생각할 때 우리는 지구라는 실체가 있는 것으로 전제하고 우리의 모형이 이 실체를 표현해주는 것이라고 생각한다. 그러나 현대 과학철학의 분석 결과가 말해주듯이, 우리가 좀 더 깊이 고찰해보면 우리는 결코 모형을 벗어나 객관적 실재를 직접 인식할 수 없다는 사실이 명백해진다. 우리는 오직 우리 자신이 구축한 모형들을 통해 경험사실들을 설명 및 정리해보고, 이러한 설명 및 정리가 무리 없이 가능해질 때 우리가 구축한 모형들이 객관적 실재를 반영하는 것이라고 인정하게 된다. 이러한 의미에서, 오늘날 지구에 대한 구형 모형이 쟁반 모형에 비해 좀 더 많은 실재성을 함축한 모형이라고 말하는 것이 정확한 표현이다.

그런데 사물을 인식하기 위한 도구로서의 모형들은 하나하나 고립된 것이 아니다. 다시 지구의 구형 모형에 대해 생각해 보자. 우리가 이 모형을 받아들이기 위해서는 지구상에서 우리의 반대편에 사는 사람들이 어떻게 거꾸로 매달려 살 수 있는가에 대한 해답도 찾아내야 한다. 그런데 이러한 해답을 찾기 위해서는 이와 함께 뉴턴의 중력 모형이 수용되어야 하며, 이것은 다시 뉴턴의 역학이론 전체의 수용을 요구하게 된다.

그러므로 우리가 모형을 통해 인식한다고 할 때, 모형 하나하나를 사물 하나하나에 대응시켜 인식하는 것이 아니라 논리적으로 연관된 한 묶음의 모형 체계를 채택하게 됨을 알 수 있다. 모형 자체의 이와 같은 성격을 고려할 때 고립된 하나하나의 사물에 대응되는 모형의 개념보다는 하나의 통일성을 가진 모형 체계의 개념이 더욱 유용할 것으로 기대되며, 따라서 우리는 '모형'의 개념을 좀 더 확대하여 이와 같은 의미의 모형 체계까지 포함하는 개념으로 사용하고자 한다.

그런데 우리가 낱생명을 보생명, 즉 온생명의 여타 부분에 대한 '상합모형'이라고 말할 때, '상합모형'이 의미하는 바는 이것이 단순히 보생명의 어느 국면을 반영한다는 의미뿐 아니라 낱생명과 온생명의 여타 부분이 서로 화합하여 살아 움직이는 생명을 형성할 수 있음을 의미한다. 따라서 이 모형 속에는 낱생명이 놓인 온생명적 상황에 대한 사실적 정보뿐 아니라 이 가운데서 적절히 행동해야 할 필요 지침도 함께 포함되어야 한다. 이제 낱생명이 자체의 감각기관을 통해 외적 정보를 수집하고, 또 이에 따라 적절한 행동을 수행하며 생존해가는 존재라면, 이것이 지닌 모형적 특성은 감각기관을 통해 받아들인 각종 소재들을 정리하고 해석하는 '이해 기준'의 역할과 함께, 해석된 상황에 어떻게 대처할 것인가를 결정하는 '행동지침'의 역할을 하는 데 있다. 사실상 '이해 기준'과 '행동지침'이라는 이 두 가지 역할은 서로 독립된 것이 아니라 생존을 유지해가는 '상합모형'이 필연적으로 지니고 있어야 할 단일 기능의 두 측면이라고 말할 수 있다.

우리는 이와 유사한 경우의 예로서 고대인들이나 또는 오지에 사는 미개인들의 자연관을 생각할 수 있다. 고대인들이나 미개인들도 자신들이 살아가는 생활 주변의 일들을 어떤 체계적인 틀에 맞추어 이해할 필요가 있었다. 그러나 이들은 자연의 질서에 대한 현대 과학적인 이해에 도달할 수 없었으므로 자연계의 많은 현상들이 이들에게는 매우 임의로운 것으로 보였다. 따라서 이들은 임의로운 행동을 취할 수 있는 요정妖精이라는 모형을 통해 자연계의 다양한 변화들을 이해하려 했다. 이들은 돌에도 나무에도 동물에도 모두 요정이 깃들어 있다고 생각하고, 이 요정들의 임의로운 행동이 예측키 어려운 변화를 일으킨다고 생각했다.

그러나 이와 같은 생각이 의미를 가지자면 필연적으로 요정과 인간 사이의 관계가 설정되지 않으면 안 되며, 따라서 둘 사이의 관계를 나타내주는 다른 모형들이 요청된다. 이것이 바로 마법과 의식이라는 모형들로서 요정들은 인간에게 마법을 행사하여 영향을 미치며 인간은 의식이라는 형태로 이에 대처할 수 있다는 것이다.

그리하여 한 묶음의 모형들은 하나의 조직적인 모형 체계를 형성하게 되며, 이 모형 체계는 인간의 현실적인 생활 전체를 지배하게 된다. 고대인들에게는 요정이라든가 마법, 의식 등의 초자연적 모형들이 일상적인 다른 모형들과 하나의 자연스런 융합을 이루어 그들의 관념 세계를 형성했으며, 그들은 일련의 모형 체계를 기반으로 오관을 통해 경험되는 모든 현상들을 해석하고, 또 해석된 내용에 맞추어 그들의 행동 방향을 결정해나갔다.

3. 로봇의 생존

그렇다면 낱생명이 '상합모형적' 성격을 지녔다고 할 때, 상합모형은 과연 어떤 과정을 통해서 이루어지는가? 이미 잘 알고 있는 바와 같이 우주의 초기에는 이러한 존재가 없었으며 오직 긴 우주적 진화 과정을 통해 형성될 수밖에 없었다. 이는 우주의 역사 자체를 거슬러 올라가 살펴봄으로써 확인할 수 있을 뿐 아니라 상합모형 자체의 성격 속에서 그 불가피성을 찾아볼 수 있다. 즉 낱생명의 성격을 나타내는 상합모형은 필연적으로 역사적 모형이라는 것이다. 이를 이해하기 위해 더 인위적인 그리고 더 '비역사적'인 개체로서의 로봇의 생존 문제를 고찰해보자.

인간을 비롯한 낱생명 일반의 여러 특성을 나타내는 데 자동자自動子, automation라는 개념이 대단히 유용하다. 자동자라는 것은 그 자체 속에 어떤 내부적 상태를 포함하는 것이어서 외부로부터 어떤 자극을 받을 때 이 자극과 내부 상태의 성격에 따라 정해지는 어떤 반응을 나타내며, 동시에 그 자신은 새로운 내부적 상태로 전환하게 되는 어떤 장치라고 정의된다.

이 같은 정의를 통해 볼 때 우리가 앞에서 제시한 '확대된 의미의 모형' 개념은 자동자의 개념과 매우 유사함을 알 수 있다. 앞에서 말한 모형이라는 것이 외부적 자극에 접할 때 이를 해석할 이해의 기반이 되고, 또 여기에 대처할 행동의 지침이 된다는 점에서 바로 내부적 상태를 포함하는 자동자에 해당하는 개념이다.

이러한 자동자 개념과 이와 관련된 여러 이론들은, 최근에 급격히 그 중요성이 증가하는 전자계산기computer와 자동공작기robot, 그리고 여러 생리 현상과 심리 현상을 이해할 이론적 모형이라는 점에서 크게 각광을 받고 있다. 특히 폰 노이만Johann Ludwig von Neumann에 의해 도입된 자체복제성self-reproducing 자동자의 개념은 생명 현상의 성격과 관련된다는 점에서 적지 않은 관심을 끌어왔다.[2]

이제 자체복제 능력과 자체보존 능력을 가진 자동공작기, 즉 로봇들이 만들어졌다고 생각해보자. 이 로봇들의 기능 가운데는 자신과 동일하거나 대단히 비슷한 로봇들을 인간의 관여 없이 스스로 생산해내며 동시에 스스로의 기능을 유지하고 보존해가는 기능까지 포함되어 있다. 예를 들면 이들은 로봇 제작에 필요한 재료를 스스로 마련하고 이들을 스스로 조합하여 자신들과 같거나 거의 비슷한 로봇을 만들어낼 수 있어야 하며, 동시에 자신들의 활동에 필요한 에너지와 정비에 필요한 물자도 스스로 개발해 활용해야 한다.

그러나 이들이 이와 같은 활동을 하더라도 이는 아무것도 없는 빈 공간에서 이루어지는 것을 의미하는 것은 아니다. 이들은 이미 일정한 세계 안에 놓여 있으며, 그 세계가 허용하는 여건 안에서 기능하게 된다. 따라서 이들이 앞서 말한 활동을 해내기 위해서는 이들 안에 외부 상황에 대한 정보를 채취할 수 있는 정보 채취 기관과, 받아들인 정보를 내부에서 해석하여 외부 상황을 판단한 후 여기에 적절한 행동 방안을 마련하는 지적 활동 기관, 그리고 마련된 방안을 행동에 옮겨놓을 공작 수행 기관을 가지고 있어야 한다.

이제 이러한 로봇들이 어떠한 계기로 지구상에 존재하게 되었다고 해보자. 이들은 얼마나 오랫동안 존속할 수 있을까? 물론 로봇 하나하나는 유한한 수명을 가진다. 아무리 스스로 잘 정비하고 수선해가며 지낸다 하더라도 결국 더 이상 버틸 수 없는 상황에 도달하고 말 것이다. 그러나 이들 첫 세대가 그 수명을 다하기 전에, 독자적으로 존속해갈 능력을 가진 다음 세대를 만들 수만 있으면 이 로봇족의 생존은 지속된다. 그러나 몇 세대나 이렇게 지속될 수 있을 것인가?

우리는 이들의 존속을 어렵게 하는 두 가지 요인을 곧 발견하게 된다. 그 첫째는, 지구상의 상황의 변화이다. 이들의 활동과 보존을 위한 에너지와 물자가 언제나 처음과 같은 비율로 존재하지는 않을 것이다. 또 예상치 못한 다른 괴물들이 나타나 이들의 생존을 위협할지도 모른다. 그리고 지구상에는 언제나 천재지변이라는 것이 그치지 않고 발생한다. 물론 이들의 두뇌 활동 기관 속에는 이러한 일들에 대처할 상당량의 처방이 있을 것이다. 그러나 그 두뇌의 용량이 유한한 이상 이 처방의 가짓수가 무한할 수는 없다. 한편 상황의 변화 요인은 무제한으로 존재할 것이기에 이들이 미처 두뇌 속에 처방을 간직하지 못한 사건이 발생할 수 있을 것이고, 이때 이들의 존속은 위협받게 된다.

이들의 존속을 어렵게 할 두 번째 요인은 이들 자신의 복제 능력이 가진 제한성이다. 이들이 자기 자신과 동일하거나 또는 매우 흡사한 다음 세대를 복제한다고는 하지만, 이미 그들 자신이 어마어마하게 복잡한 존재이고 이 복잡한 존재를 그대로 모방하여 이와 동일한 존재를 만든다는 것은 이만저만 어려운 일이 아니다. 따라서 이 복제 과정 속에 필연적으로 일정 범위 이상의 오차가 수반되게 마련이며, 이로 인해 세대마다 조금씩 변형된 존재들이 되어갈 것이다. 그러므로 몇 세대를 거치기도 전에 이들은 이미 원형에서 충분히 벗어날 것이고 따라서 결국 생존에 적합하지 못한 존재들이 되고 말 것이다.

그러므로 본질적으로 극복할 수 없는 이러한 두 가지 제약 조건을 가진 이상, 초기에 아무리 정교하게 만들어진 로봇들이더라도 이들이 지구상에서 여러 세대를 존속해간다는 것은 거의 불가능에 가까운 일이다. 오직 한 가지 가능한 요행을 생각한다면 이 두 가지 요인이 서로 상쇄되는 경우뿐이다. 즉 불가피한 오차로 인해 변형된 후대의 로봇들이 오히려 그동안 변화된 외계의 상황으로 인해 생존에 더욱 적합한 존재들이 되어 있는 경우이다. 이는 마치 불의의 사고로 한쪽 눈을 잃은 사람이 때마침 세상이 바뀌어 눈을 한쪽만 가져야 살 수 있는 세상을 맞은 경우에 해당하는 것으로, 그 실현 가능성은 지극히 희박하다고 할 수 있다.

그런데 놀랍게도 이처럼 어려운 여건에도 불구하고 이와 같은 자동자들이 지구상에 존재한다. 바로 인간을 포함한 지구상의 생물들이다. 그렇다면 도대체 이것은 어떻게 해서 가능한 것인가? 이 물음에 답하기 위해 역사적 모형이 지니는 의미를 좀 더 자세히 검토해보자.

4. 역사적 모형

우선 앞의 몇 장에서 논의한 생명 현상과 관련한 핵심적인 내용을 요약해보자. 생명체도 비생명체와 똑같이 몇 가지 기본적인 물질 입자들의 짜임에 의해서 이루어졌으며, 이 구성 입자들도 비생명체와 똑같이 자연계의 보편적 물리법칙에 순응하고 있다.

그러나 생명체가 비생명체와는 다른 기능을 나타내는 것은 이런 구성 입자들이 대단히 특수한 형태로 이미 짜여 있기 때문이다. 또한 이러한 짜임은 그 자체로서 고립되어 있는 것이 아니라, 주위의 여건에 따라 거기에 적합하도록 맞추어 형성되는 것이다. 물리학 용어에 따르자면 생명체는 주어진 경계 조건에 대해 대단히 특수한 초기 조건 아래 놓인 시스템이어서, 이 시스템이 보편적인 물리법칙에만 순응하더라도 특징적인 생명 현상을 나타낼 수밖에 없다고 말할 수 있다.

그렇다면 생명의 특성은 오직 생명이 지닌 대단히 특수한 짜임, 즉 초기 조건에 있는 것이며 나머지 문제는 이러한 짜임이 도대체 어떻게 해서 이루어질 수 있었느냐를 추적하는 데 있다. 그런데 현대 과학은 이 초기 조건의 추적에서 놀랄 만한 성공을 거두고 있다.

얻어진 결론만 이야기하자면 이 특수한 하나의 짜임이 이루어지기 위해 대략 40억 년이라는 어마어마한 시간이 소요되었다는 점이다. 이는 50억 년의 태양계 역사, 그리고 130억~140억 년의 우주 역사—이는 이른바 빅뱅big bang이라고 불리는 대폭발 이후의 역사를 말함—에 비교해보더라도 결코 짧은 기간이 아니다.

그렇다면 이 특수한 짜임은 이처럼 장구한 시간 동안 어떠한 과정을 거쳐 이루어지게 된 것인가? 이 문제를 해결하는 데 생명 기원에 관한 최근의 여러 이론, 생물 진화에 관한 다윈의 이론, 그리고 비평형 열역학, 분자생물학 등이 크게 기여하고 있다. 간단히 중요한 줄거리만 추려서 이야기하자면, 대략 40억 년 전에 지구상의 풍요로운 물질적 요동 속에서 매우 단순한 자체촉매적 국소질서 하나가 우연히 발생했고, 이것이 변이를 동반하는 자체복제와 주변 여건에 따른 자연선택이라는 기구를 통해 지속적인 진화 과정을 밟아왔다는 것이다. 이것이 바로 앞에서 이야기했던 자체복제성의 자동자가 현실적으로 지구상에 출현했으며, 긴 역사를 통해서 존속해온 연유이다. 그런데 이러한 자동자들이 그 어려운 생존 여건에도 불구하고 이렇게 긴 기간 생존에 성공해온 비결은 무엇인가? 여기에 바로 '역사적 모형'이 지닌 비밀이 담겨 있다.

지구상의 낱생명들은 처음부터 현존하는 형태의 생명체로 출현한 것이 아니다. 현재 지구상에 서식하는 가장 단순한 생명체 역시 같은 기간 동안의 역사적 과정을 거쳐 왔음을 우리는 상기해야 한다. 그러므로 최초의 원시 생명체의 형태를 현존하는 아메바나 바이러스에서 찾아서는 안 된다. 그들은 우리의 친척일 뿐, 조상은 아니다.

우리는 아직도 최소의 여건을 갖춘 생명체의 형태를 알지 못한다. 뿐만 아니라 이들은 주변 여건에 따라 그 형태를 달리할 것이다. 현재 우리가 추측할 수 있는 것은 이들이 지극히 단순한 형태였을 것이며 자체촉매적 기능을 나타내는 비교적 간단한 분자들의 집단이었을 것이라는 점이다. 그리고 당시 태양-지구계의 물리적 여건 곧 당시의 보생명은 이것의 자체촉매적 기능을 가능케 하기에 충분한 것이었다고 말할 수 있다.

그러나 아무리 단순한 원시 생명체였다 하더라도, 그 구조 속에는 이미 최소한 자체촉매 작업의 수행 가능성과, 이 작업을 충분히 수행해낼 때까지의 생존 가능성을 담보할 어떤 '내부적 상태'가 형성되어 있었을 것이라고 말할 수 있다. 그런데 이러한 내부적 상태는 이 개체가 처하게 될 외적 상황에 부합되는 생존 조건을 나타내는 것이므로, 이것이 곧 생명체가 존속해갈 태양-지구계의 물리적 상황이라는 하나의 객관적 실재를 반영하는 '모형'이라고 말할 수 있다. 이와 같은 원시 생명체를 물리적인 측면에서 본다면 물질입자들이 대단히 특별한 짜임을 이루고 있어서, 이것이 주위의 자유에너지를 받아들여 지속적인 활동을 수행하며 동시에 주위에 산재하는 물질들과의 관련 속에서 자신과 동일한 기능을 가지는 짜임을 이루어내는 촉매로서의 역할을 하는 것이다. 생명체가 나타내는 이러한 자체촉매적 기능을 흔히 자체복제라고 하며 우리도 이 용어를 채택할 것이나, 사실은 이것이 '촉매'로서의 기능을 수행할 뿐 '복제 작업' 자체는 이것과 그 보생명이 '함께' 해내는 것임을 잊지 말아야 한다.

이미 앞에서 논의한 바와 같이 이러한 자체복제성의 자동자는 두 가지 점에서 생존의 위협을 받는다. 그 하나는 주위 여건의 변화이며 다른 하나는 복제 과정의 오차이다. 그런데 원시 생명체에서는 이 두 가지 역기능이 쉽게 결합하여 하나의 발전적인 진화의 길을 터준다. 원시 생명체의 경우에 쉽게 예상되는 것은 그 구조적 단순성으로 인해 매우 활발한 복제 기능을 가질 것이며, 따라서 그 수가 기하급수적으로 불어나리라는 것이다. 이와 함께 복제 과정의 미숙성에 따라 변종의 가능성 또한 높았으리라 추측된다. 그러므로 복제 과정의 오차로 인해 변형된 생명체들 가운데서 변화된 주변 여건에 부합되는 것들이 언제고 존재할 수 있으며, 이들이 선택되어 더욱 성공적인 생존을 유지해나가게 된다.

흔히 자연선택natural selection이라 불리는 이러한 과정을 통해 생명체가 존속해갈 외부 상황을 좀 더 잘 반영하는 모형이 계속 적자適者로서 선택되어가는 것이다. 그러므로 이러한 역사적 과정을 오래 거칠수록 선택된 '내부적 상태' 속에는 이것이 외부와의 접촉을 통해서 감지하는 정보를 정확히 해석하여 외부의 객관적 상황을 판단하는 기준과, 외부적 상황에 현명하게 대처하여 생존을 지속시킬 행동의 지침들이 정선되어 축적되는 것이다. 이것을 다른 각도에서 보자면 내부적 상태라는 것은 결국 객관적 상황과 생존의 조건이라는 양면적인 '우주적 실재'를, 역사적 생존 과정을 통해 그 속에 점점 더 충실히 반영해가는 '역사적 모형'이라고 말할 수 있다. 그러므로 역사적 모형 속에 우주의 객관적 상황에 대한 지식과 더불어 생존의 조건에 맞추어 적절히 대처해갈 지혜가 함께 포함되는 것은 지극히 당연한 일이다.

한편 역사적 과정을 통해 아무리 성공적으로 선택되어온 모형이라 하더라도 미래에도 여전히 생존하리라는 보장은 없다. 오직 지금까지의 지혜를 망라하여 그때그때 새로 닥쳐오는 실재 앞에 맞설 때, 자신의 지혜가 지속적인 생존을 위해 계속 유효한 것이 되기를 기대할 수 있을 뿐이다.

5. 모형을 창조하는 모형

인간도 물론 이러한 역사적 모형 가운데 하나이다. 그러나 인간은 자신이 하나의 모형일 뿐 아니라, 의식적으로 모형을 창조하는 능력을 가진 존재이기도 하다. 즉 인간은 '모형을 창조하는 모형'이라고 말할 수 있다.

그러면 인간은 어떤 의미에서 모형을 창조하는 존재라고 말할 수 있는가? 이것은 인간의 특이한 정신 활동을 통해서이다.

철학자 에른스트 카시러Ernst Cassirer는 인간을 상징적 동물이라고 말했다.[3] 인간은 특이한 두뇌 구조로 인해 폭넓은 정신 활동이 가능해졌으며, 특히 상징을 통해 사물을 구상화할 능력을 가졌다. 이는 곧 만들어진 모형을 그 안에 간직할 뿐 아니라 이를 의식적으로 개선하는 작업을 수행하는 존재임을 말한다. 이렇게 주체적 활동을 통해 만들어지는 이 모형은 지금까지 고찰해온 다른 모형들과는 본질적으로 다른 중요한 특성을 하나 가지고 있다. 다른 역사적 모형들이 오직 파멸과 존속이라는 무서운 심판 아래 적자생존이라는 자연선택 과정에 의해서만 형성되어온 것인 데 비해, 이 모형은 의식적으로 비판되고 의식적으로 선택된다는 차이를 갖는다. 이처럼 인간은 사물을 구상화하는 정신 활동을 통해 자신이 의식할 수 있는 하나의 모형 우주를 창조해내고 이 우주 안의 사물을 가상적으로 활동시킴으로써 자신에게 닥쳐올 상황을 예상하고 그 결과에 비추어 자신의 행동을 선택할 수 있게 된다. 이것은 말하자면 가상적인 모형을 만들어 가상적인 심판대 위에 올려놓고 이것이 가상적인 자연선택 과정을 거치게 함으로써, 현실적인 파멸의 위험을 거치지 않고 생존에 좀 더 유리한 모형들을 선택해갈 수 있게 되었다는 것을 의미한다.

한편 여기서 말하는 인간이란 개체로서의 인간이기도 하지만 문화 공동체로서의 인간이라고 보는 것이 더욱 적절하다. 이런 의미에서 인간이 창조해가는 모형이라는 것도 개개의 인간이 독자적으로 지니는 모형이라기보다는 공동체로서의 인간이 문화의 형태로 공유하는 모형을 의미한다. 그러므로 인간이 생존에 유리한 모형을 선택해간다는 것은 개개 인간의 생존 조건과 관계된 것이라기보다 공동체로서의 인간의 생존 조건에 관한 이야기가 된다.

이제 이와 같이 '모형을 창조하는 모형'으로서의 인간을 논의할 때 용어상의 혼란을 피하기 위해 약간의 개념 정리가 요구된다. 우리는 낱생명 자체를 하나의 모형 곧 역사적 모형으로 지칭해왔고 인간 또한 낱생명으로서 이러한 의미의 한 모형임에 틀림없다. 그러나 '모형을 창조하는 모형'으로서의 인간은 이 모형의 일부 내용을 의식적으로 창조할 뿐 아니라 그 내용을 문화라는 형태 속에 담아 별도로 향유하고 있다. 그러한 의미에서 인간은 '모형을 향유하는 모형'이기도 한데, 이렇게 인간에 의해 향유되는 내용으로서의 '모형'을 별도로 지칭할 필요가 있다. 그리하여 우리는 의식적 경험의 산물로서 문화의 형태로 전수되는 '문화적 모형'을 말할 수 있으며, 문화 이전의 생물학적 진화 과정에서 형성되어 유전적으로 전수되는 '유전적 모형' 또한 말할 수 있다. 문화적 모형과는 달리 유전적 모형은 인간의 의식적 선택에 의해 만들어진 것은 아니지만, 삶의 과정 속에서 향유되는 내용이라는 점에서 인간 자체를 지칭하는 개념으로의 '모형'과는 구분해서 사용할 필요가 있다. 그렇기에 이제부터 '문화적 모형'이라든가 '유전적 모형'이라고 할 때는 인간에게 전수되고 인간이 향유하는 모형이라는 의미로 받아들이기로 하고, 이러한 모형들을 포함한 인간 특히 문화 공동체로서의 인간을 지칭할 때는 '역사적 모형' 또는 단순히 '모형'이라는 용어를 사용하기로 한다.

그러면 이제 인간에게 전수된 두 가지 모형, 즉 유전적 모형과 문화적 모형의 상호관계 및 이들이 인간의 생존에 기여하는 점들을 생각해보자. 우선 인간이 의식적으로 창조하는 문화적 모형은 그 기본 바탕을 유전적 모형에 두고 있다. 인간이 다른 생물들과 다른 생물학적 특성, 즉 인간에게 전수된 유전적 모형의 특성은 비교적 큰 두뇌를 가졌다는 점이다. 그러나 언뜻 보아 별로 대수롭지 않게 보이는 이 특성은 결과적으로 엄청나게 큰 차이를 가져왔다. 즉 다른 생물에게서는 찾아볼 수 없는 폭넓은 정신세계를 인간에게 열어주었고, 이 정신세계는 또한 그 안에서 새로운 유형의 모형이라 할 수 있는 문화적 모형이 자라나게 해주었다.

그리고 이 유전적 모형은 인간의 정신세계를 가능하게 해주었다는 점 이외에도, 인간의 생존 그 자체에도 절대적인 기여를 했다. 다른 모든 생물의 경우와 마찬가지로 유전적 모형은 인간의 생존에 필수적인 모든 생리 작용과 본능적 심리 작용을 가능하게 해주었는데, 여기에 비하면 문화적 모형이 기여하는 정도는 극히 작은 부분에 불과해 보일 정도이다. 우리의 문화적 모형은 이제 겨우 물질의 운동과 변화를 체계적으로 이해하기 시작하는 단계에 놓여 있으나, 인간의 그리고 모든 생물들의 유전적 모형들은 이러한 물리적·화학적 법칙들을 이미 능숙하게 활용하여 놀랍고 다양한 생리 현상들을 가능하게 해주는 것이다.

그러나 인간의 문화적 모형 또한 인간의 생존에 결정적인 역할을 한다. 이것은 유전적 모형과 결합하여 상호보완적인 기능을 수행한다. 즉 인간이 이룩한 문화적 성취는 인간 자신이 살아갈 우주적 환경 여건을 크게 변모시켰으며, 따라서 새로운 여건 속에서 생존해갈 새로운 모형이 지속적으로 요구된다. 그러나 장구한 역사 속에서 더딘 진화 과정을 밟아 이루어진 유전적 모형은 이처럼 급격한 변화에 대처할 만한 유연성을 가지고 있지 않다. 그러니 이 목적을 위해서는 결국 의식적으로 창조되는 문화적 모형에 일정한 보완적 역할을 기대할 수밖에 없다.

그러므로 인간의 경우 비교적 고정된 유전적 모형과 함께 상대적으로 유연성이 큰 문화적 모형을 향유할 수 있다는 것은 그 생존을 위해 일단 다행한 일이라고 할 수 있다. 그러나 문화적 모형이라는 것은 인간의 의식적인 활동에 의해 제안되고 비판되고 선택되는 것이므로 인간은 이제 자신의 생존 책임을 스스로 감당해나가야 할 무거운 부담을 함께 지게 된다.

6. 이해의 기준과 행동의 지침

이처럼 의식적 모형 창조가 가능해지자 인간은 이제 특징적인 새로운 역사적 단계에 돌입하게 되었다. 즉 인간은 스스로 문화를 창조하는 문화사의 단계에 들어선 것이다. 이 과정 속에서 인간은 새로운 방법으로 환경적 여건을 파악하게 됨으로써 산업기술이라는 새로운 생존 수단을 개발하였고, 또 여기에 맞추어 새로운 사회 조직을 형성해나가게 되었다.

생존 여건의 이와 같은 변화로 인해 인간의 행동지침도 무의식적 본능의 형태로 나타나는 유전적 모형에만 의존할 수 없게 되고, 따라서 의식적으로 창조된 문화적 모형 속에 그 행동 기반도 함께 마련하게 되었다. 그러나 이렇게 함으로써 인간에게는 이중적인 행동지침이 공존하게 되며, 이는 필연적으로 상호 마찰을 불러일으키게 된다.

그러므로 인간은 이 두 가지 행동지침 사이의 차이를 조정해야 하는 새로운 문제에 부딪히며, 이는 결국 당위라든가 가치라는 새로운 관념을 탄생시켜 맹목적인 본능의 지배에서 벗어나려는 노력으로 이어지게 된다. 특히 새로운 행동 모형으로 권장되어야 할 사항들은 가령 사회적 질서 유지를 위한 본능의 억제라든가, 사물의 실재성에 관한 좀 더 의욕적인 추구, 그리고 새로이 발생될 수 있는 불균형을 억제하는 조화의 유지 등이 될 것이다. 오늘날 우리가 추상화하고 있는 진·선·미 등의 가치 이념들도 이러한 사항 또는 이들의 복합적 결합에 그 기원을 두고 있는 것으로 볼 수 있다.

이러한 모든 가치와 당위의 관념들은 물론 직접적인 형태로 생존의 가능성과 연결된 것이 아니라, 대단히 복잡한 계층적 관련 속에서 서로서로 맞물려 있다. 그러나 그 바탕에서는 이들 모두가 생존이냐, 파멸이냐 하는 본질적 기준에 의해 평가될 수밖에 없다. 이들이 문화적 모형 속에서 장려되는 것 또한 이들이 문화 공동체로서의 인간의 생존과 번영 가능성 문제와 직결되어 있기 때문이라 할 수 있다.

그런데 이해의 기준과 행동의 지침을 동시에 마련하는 균형된 문화적 모형이 무리 없이 이루어져 나간다는 것은 쉬운 일이 아니다. 아마도 적지 않은 문화가 자연선택 과정 속에서 제거되었을 것이다. 그런데 비교적 성공적이고 지속적인 성장을 지속해온 사례로 우리는 종교라는 비교적 안정된 문화 형태를 역사 속에서 더듬어볼 수 있다. 종교 안에는 여러 형태의 가치들이 하나의 조화된 조직을 통해 반영되어 있으며, 이들은 놀랄 만한 안정성과 지속성을 가지고 성장해왔다. 물론 종교 형태로 조직된 문화 모형도 그 자체로 불완전한 것이어서 역사의 단계 단계에서 새로운 도약을 시도하지 않을 수 없었다. 현존하는 종교들은 대부분 이러한 발전적인 도약에 성공한 역사의 결과물이라 할 수 있다.

이처럼 인간이 이룬 대부분의 전통적 문화 모형들은 장구한 역사를 통해서 비교적 더딘 성장 과정을 거쳐왔으나, 현대에 이르러 급격한 변화의 진통을 겪고 있다. 현대라는 역사적 시기의 특성은 급격하게 발전하는 과학기술 문명이 출현했다는 점과 또한 지구상의 인류가 하나의 문화권 아래 들어오게 되었다는 점이다. 그런데 현대의 이러한 문화적 특성은 불행히도 인간에게 새로운 심각한 문제점 하나를 안겨주었다. 즉 인간의 문화적 모형이 이미 하나로 작동하지 않고 분리된 두 개로 기능한다는 점이다. 이해 기준으로서의 모형과 행동지침으로서의 모형이 서로 분리되어 각각 따로 놀고 있는 것이다.

현대 과학은 이해 기준으로서의 문화적 모형을 크게 진전시켜주었다. 몇 세기 전에 대두되어 날로 그 활용도가 증대되고 있는 이른바 '과학적 방법'은 가설과 실험이라는 조직적인 자연선택 방법을 채택하여 과학 이론의 급속한 진화를 초래했으며 이를 통해 자연현상에 대한 인간의 이론적 모형은 크게 진전했다. 이것은 사물에 대한 이해의 폭을 넓히는 구실뿐 아니라 사물의 통제 수단으로도 널리 활용되어 오늘의 과학기술 문명을 이루는 바탕이 되었다.

이에 반해 행동지침으로서의 문화적 모형은 별다른 진전을 이룩하지 못하였을 뿐 아니라 오히려 커다란 혼란 속에 헤매게 되었다. 본래 이 두 가지 기능은 하나의 통일된 모형 속에서 일관성 있게 수행되어야 하는 것이나, 현대인은 그만 자신의 모형이 갖는 이 중요한 통일성을 상실한 것이다. 자연현상에 대한 이해의 폭이 급격히 증가하고 기술 문명과 사회 변천에 의한 환경 여건이 크게 변모하자 종래의 문화적 모형들은 그 효력을 크게 상실했고, 특히 행동지침으로서의 기능이 심각한 타격을 받게 되었다.

그렇다면 도대체 무엇이 인간의 문화적 모형에 이러한 균열을 초래한 것인가? 이것은 한마디로 이 두 기능 사이를 연결할 매듭이 빠졌기 때문이다. 인간의 모형 속에서 이해와 행동 사이를 연결하는 매듭은 바로 인간 자신인데, 현대인의 모형 속에 인간의 자기 이해가 빠져버린 것이다. 행동의 주체로서의 인간은 자신의 모형 속에 비친 자신의 모습을 거들떠보지 않음으로써 마치 완전히 다른 별개의 인간처럼 행동하고 있다. 이는 바로 이 두 인간이 하나의 인간임을 확인하려는 자세를 결여하고 있기 때문이다.

그렇다면 왜 이러한 상황에 이르게 되었는지 그 이유를 좀 더 자세히 살펴보자. 우선 자기 이해 자체가 쉽게 이루어질 수 있는 것이 아니다. 관찰자에게서 가장 관찰하기 어려운 대상은 바로 그 관찰자 자신이다. 다른 모든 것은 직접 관찰할 수 있으나 자기 자신만은 반사경을 통해야 관찰이 가능하기 때문이다. 하지만 인간에게는 이러한 어려움을 어느 정도 극복할 수 있는 수단이 있다. 현대 과학이라는 반사경이 어렴풋이나마 인간에게 자기 자신의 모습을 들여다볼 수 있게 만들어주었기 때문이다.

그런데 인간에게는 또 한 가지 문제점이 있다. 인간은 애써 자신의 참 모습을 찾아보려 하지 않는다. 현대 과학이 자신의 모습을 여러모로 보여주려 하지만 인간은 이를 기피하거나 스스로 거부하기까지 한다. 다윈의 진화론에 비친 인간의 과거는 물론 그다지 자랑스러운 모습이 아니었다. 그렇다고 해서 진화론을 거부한다면 인간은 영원히 자신의 모습을 들여다볼 수 없다. 물론 진화론에 비친 인간상이 인간 모습의 전부는 아니며 또 과학이 보여주는 인간의 전부라고도 할 수 없다. 현대 신경생리학은 인간의 정신에 관해 많은 새로운 사실을 말해주고 있으며 또 현대의 분자생물학 또한 많은 새로운 내용을 전해준다. 그러나 인간은 아직도 이들을 진지하게 검토하여 자신을 좀 더 깊이 이해하려는 자세를 갖추지 않고 있다. 인간은 아직도 자신이 마치 이 우주의 한 부분이 아닌 듯이 행동하고 있다. 많은 사람들은 아직도 낡은 문화적 모형을 통해 물려받은 자기중심적 사상을 고수하거나, 아니면 아예 스스로 신의 위치로 올라서려 하고 있다.

이는 곧 스스로 개발한 과학기술 덕분에 막대한 위험물을 손에 들고 있는 인간이 전 시대의 문화적 모형에 사로잡혀 몹시 위험한 불장난을 하고 있는 상황과 흡사하다. 고대 사회에서는 인간이 자기가 속한 사회 집단에 무조건 충성하는 것이 덕이었으며, 설혹 이웃 집단에 피해를 주는 한이 있더라도 상대적으로 자기 집단에 이익을 초래하면 이를 높이 칭송했다. 그러나 오늘날엔 인류가 하나의 문화권에 속해 있으며 단 한 번의 만용으로 인류 전체 그리고 생태계 전체가 파멸을 겪을 수도 있다. 이런 상황에서 여전히 편협한 낡은 가치관에 묶여 있다는 것이 얼마나 위험한 노릇인지는 충분히 상상하고도 남을 일이다.

많은 이들이 스스로 신의 위치에 올라가 자신의 절대적 존엄성과 기술 문명에 의한 물질적 풍요를 함께 구가한다고 외치고 있으나, 실제로는 이들은 본능이라는 속박에 매여 전도된 욕망에 봉사하고 있을 뿐이다. 이들이 지금 돌이킬 수 없는 부작용을 일으켜가며 기술 문명이 가져다준 막대한 위력을 맹목적인 욕망 충족에 남용하는 것은 결국 자신들이 섬기는 의지와 욕망이 근원적으로 어디에서 기원하는가를 이해하지 못하는 데서 비롯된 것이다. 우리는 흔히 과학이 인간을 오만하게 만들었다고 말하지만, 과학은 오히려 인간에게 겸허한 자기 위치를 알려주고 있다. 오직 자신의 겸허한 위치를 외면하거나 거부하는 인간의 불행한 우둔성이 문제로 남아 있다.

7. 전통문화의 재해석

현대에 이르러 인간의 문화적 모형은 균형을 잃고 크게 파열되고 있다. 이 같은 모형의 파열은 곧 인간이 온생명으로 대표되는 우주적 실재를 옳게 반영하지 못하고 있음을 의미하며, 이는 곧 우주적 실재에 의한 파멸이라는 무서운 심판의 가능성을 암시해주는 것이다.

그러면 우리는 어떻게 이 임박한 재난을 피할 수 있을 것인가? 이는 현대 문명이 당면한 매우 심각한 문제이며, 이 점에 대해서는 다음 몇 장을 통해 좀 더 자세히 논의하려고 한다. 다만 여기서는 균형 잡힌 새 문화적 모형을 본격적으로 창조하기에 앞서 기존의 문화적 모형을 현대적으로 재해석함으로써 현대적 상황에 부합되는 균형 잡힌 모형을 찾아낼 가능성을 모색해보기로 한다.

이미 지적한 바와 같이 전통적 모형들은 종교라는 형태를 통해 안정성과 지속성을 비교적 잘 유지해왔다. 그렇다면 전통종교들을 현대적으로 새롭게 해석하여 현대인이 신뢰할 수 있는 균형 잡힌 모형으로 삼을 수는 없을까? 실제로 이러한 방향으로 여러 가지 구체적인 움직임들이 일어나고 있으며, 특히 기독교와 관련하여 활발한 연구들이 진행되고 있다.[4] 여기서는 전통종교 특히 기독교에 담겨 있는 중요한 사상들에 대한 현대적 해석의 가능성만 간단히 살펴보기로 한다.

제일 먼저 생각해볼 수 있는 것은 인간과 절대자와의 관계이다. 우리는 인간이 '우주적 실재'를 반영해가고 있는 역사적 모형이라고 이해했다. 여기서 '우주적 실재'라는 것은 '우리가 이해하고 있는 우주'와는 다르다. '우리가 이해하고 있는 우주'는 어디까지나 모형 속에 비친 우주일 뿐, 어떤 객관적인 실재는 아니다. 한편 객관적인 실재는 '모형'인 인간으로서는 직접 대면할 수 있는 존재가 아니다. 그러나 우리는 이 '실재'가 실제 존재함을 인정하지 않을 수 없다. 우리는 알 수 없는 그 실재를 향해 계속 의미 있게 모형화되어가기 때문이다.

그러면 우리가 궁극적으로 지향하는 것은 무엇인가? 결국 현재로서는 알 수 없는 이 실재를 향해 삶을 계속 이어가며, 그 삶의 의미를 날로 더 밝혀가는 것이다. 그러나 그 완전한 의미는 마침내 이 궁극적 실재와 마주치는 날 (그날이 온다면) 밝혀질 것이다.

이러한 궁극적 실재의 개념을 우리는 종교적으로 절대자, 또는 신神으로 바꾸어 부를 수 있다. 물론 절대자는 특정 개인을 편애하는 보호자로서의 신이 아니다. 오직 인간은 그의 뜻을 자신의 불완전한 모형을 통해서나마 알아보려고 애쓰며, 그의 뜻이라고 해석되는 그 방향으로 조심스럽게 발걸음을 옮겨놓을 수 있을 뿐이다.

다음에는 생명의 영원성에 관해서 생각해보자. 역사적 모형으로서의 인간은 부단한 생명의 연계를 통해 지속되어온 존재이며, 따라서 생명의 존속을 그 존재의 근원적인 요건으로 삼고 있다. 이러한 존재론적 바탕을 지닌 인간이 삶의 주체로 깨어날 때 그의 의식 근간에는 생명의 존속을 희구하는 심성이 놓이지 않을 수 없다. 그런데 개체들이 지닌 이러한 생명 지속 본능은 개체로서의 생명 지속에만 기여하는 것이 아니라 전체로서의 생명, 곧 온생명을 지속시키는 데에도 기여한다. 온생명의 생존 또한 낱생명들의 연계적 생존에 의존하지 않을 수 없기 때문이다. 그렇다면 인간의 심성 안에 놓인 생명 존속의 본능은 낱생명으로서의 존속을 넘어서 온생명의 존속을 지향하는 것일까? 한 가지 분명한 것은 거의 모든 생명 존속 본능은 개체의 존속을 넘어 종족 존속의 본능, 그리고 종족 사랑의 본능으로 확대된다는 사실이다.

그런데 많은 사람들 그리고 대부분의 전통종교에서는 여기에 그치지 않고 다시 영원한 생명을 희구한다. 이는 한편으로 개체 생명 존속 본능의 연장선에서 생각할 수 있지만 다른 한편으로는 더 큰 생명으로의 합일, 더 높은 가치로의 지향이라는 의미로 해석할 수 있다. 그러한 의미에서 인간의 심성 깊은 곳에는 개인으로서의 '나'를 넘어 우리로서의 '나', 그리고 온생명으로서의 '나'가 함축되어 있으며, 더 나아가 우주적 실재로서의 '나'를 지향하는 성향이 담겨 있는 듯이 보이기도 한다. 그렇다면 이 같은 지향 혹은 희구는 어떻게 생겨난 것인가? 이것은 오직 이러한 '모형'을 가능케 한 우주적 실재의 뜻이라고밖에 달리 해석할 수 없다. 이것이 설혹 우주적 실재에 대한 불충실한 모형이라 하더라도 그 지향성에 있어서만은 이를 닮아가는 것이며, 따라서 적어도 지향성으로서의 '영원한 생명'이라는 것은 우주적 실재 안에 그 바탕을 지닌 것이라 말할 수 있다. 적어도 '생명'이라는 안내판을 좇아 끝없이 따라 올라가다 보면 어느덧 '영원'이라는 꼭짓점을 응시하게 된다고나 할까?

우리는 단지 이 엄숙한 우주적 실재 앞에 경건한 마음으로 서지 않을 수 없다. 우리가 우주적 실재를 의식하고 그 안에서 살아가는 '나'의 신비를 의식할 때, 우리는 오직 놀라움에 잠겨 허락된 삶의 무게 앞에 전율을 느낄 뿐이다. 행여 이러한 자세가 바로 위대한 전통적 종교들 속에 나타났던 마음의 자세들이었다면 우리는 이들을 전혀 새로운 방식으로 다시 만나는 셈이 된다.

8. 맺는 말

우리는 온생명 안의 한 개체인 인간을 생명의 기원으로부터 먼 미래를 지향해가는 하나의 역사적 과정이라는 관점에서 고찰해보았다. 다른 낱생명들과 마찬가지로 인간도 이러한 역사적 과정을 통해서 보이지 않는 궁극적 실재의 모습을 스스로의 몸속에 새겨나가는 어떤 조각 작품과도 같은 것이다. 그러나 인간이 지닌 특이한 점은 보이지 않는 손에 의해 수동적으로 다듬어지기만 하는 작품이 아니라, 스스로 자신을 의식하고 자신의 몸을 다듬어가는 작품이기도 하다는 점이다.

이로 인해 인간은 자기 자신뿐 아니라 자신이 그 일부인 온생명의 운명을 의식적으로 조정할 수 있는 위치에 놓이게 되었다. 하지만 적어도 아직까지는 이러한 인간의 존재 양상이 인간 개개의 구성원들에 의해 충분히 이해되고 이에 맞추어 각자의 삶이 영위되는 단계에는 이르지 못했다. 인간이 온생명 안에 놓인 자신의 존재 위상을 파악하지 못하고 협소한 개체 보존과 개체 증식의 본능에만 의존해 행동할 때, 이는 마치 암세포가 숙주 안에서 자신의 존재 위상을 망각하고 자체 보존과 자체 증식만을 계속하는 상황과 동일하다. 이는 결국 숙주인 온생명을 병

들게 할 뿐 아니라 궁극에는 자신들마저 사멸시키고 말 것이다.

한편, 인간이 온생명 안에 놓인 자신의 존재 양상을 명확히 파악할 때, 인류는 마치 인간 신체 안의 신경세포들과 같은 역할을 할 수 있다. 인간이 고차적인 정신세계를 전개시킬 수 있는 것이 바로 그 신경세포들 때문이라고 한다면, 온생명은 다시 인간의 역할에 힘입어 한 단계 높은 '우주적 정신세계'를 펼칠 수도 있을 것이다. 이는 물론 인간의 역할을 신체 안의 신경세포 수준으로 끌어내리려는 것이 아니라, 한층 고차적인 정신세계를 구현하기 위한 인간의 창조적 기여를 강조하려는 것이다. 마치 신경세포들과, 이들로 구성된 두뇌가 있음으로써 하나의 단순한 동물적 개체가 정신적 기능을 지닌 소중한 인격의 주체가 되는 것처럼, 하나의 유기적 생명체로서의 온생명은 인간이 그 역할을 올바로 수행함으로써 현재로서는 상상할 수 없는 고차적 정신 기능을 지닌 '우주적 주체'가 될 수 있다는 것이다. 이 때 각 개체로서의 인간은 이러한 우주적 주체에 종속된 부속품 같은 존재가 아니라 이 '우주적 주체'를 '확대된 자아'로 느끼며 참여하는 '공동주체'에 해당할 것이다. '우주적 주체' 또한 개체들에 의한 고양된 주체 형성 없이는 불가능할 것이기 때문에 한 사람 한 사람 개체로서의 각성이 그만큼 소중하다. 이렇게 형성된 온생명, 곧 '우주적 주체'를 갖춘 새로운 생명은 더욱 신비한 그리고 여전히 우리 손에 잡히지 않는 그 어떤 '우주적 실재'를 향해 하나의 살아 있는 모형으로 계속 성장해갈 것이다.

11장
인간의 행위 능력과 가치 이념[1]

1. 여는 말

현대 문화의 특성을 한마디로 규정하자면 아마도 '역설적'이라는 표현이 가장 적절할 것이다. 현대인이 이룩한 고도의 기술 문명은 궁핍과 고역에서 해방되고자 하는 인류의 오랜 소망을 성취시켜 나가는 데 크게 기여하고 있으며, 각종 질병과 재해로부터 인류를 보호하는 데도 커다란 역할을 하고 있다. 또한 현대 기술 문명의 소산인 각종 정보 및 교통수단들을 비롯해 여러 가지 문명의 이기들은 인류가 일찍이 경험해보지 못한 경이로운 생활환경을 제공해주고 있으며, 또 앞으로 얼마나 더 놀라운 문명의 이기가 출현할는지 예상을 어렵게 한다.

그럼에도 불구하고 현대인은 역사상 그 어느 때보다도 더욱 어렵고 심각한 문제들에 당면해 있다. 역사상 처음으로 인류는 소수의 최고 권력자들의 임의적인 판단에 의해 인류 전체가 지구상에서 영원히 절멸되어버릴 가공할 위험에 처하게 되었으며, 또한 인류를 부양하는 지구상의 각종 생존 여건들을 인류 자신의 손에 의해 파손함으로써 결국 지구상에서의 생존 가능성을 박탈당할 위험도 안고 살아가게 되었다. 뿐만 아니라 현대의 기술 문명이 이룩한 각종 편의와 혜택들도 전체 인류에게 골고루 배분되지 못하고 지역 또는 계층에 따라 크게 편중됨으로써 여러 가지 사회적인 불안 요소들이 잠재하며 이와 관련된 크고 작은 분쟁들이 그치지 않고 있다. 그리고 한 세대 전까지만 해도 거의 예상하지 못했던 폭발적인 인구 증가 문제를 비롯해 각종 심리적 갈등 및 불안 문제 등 헤아릴 수 없이 많은 문제들이 현대인 앞에 놓여 있다.

그런데 여기서 현대 문화의 특성을 '역설적'이라고 규정하는 것은 단지 번영과 불안, 기대와 낙망이 공존하는 상황을 지칭하려는 것은 아니다. 여기서 역설적이라고 하는 것은 인류가 당면한 이러한 모든 문제들이 인류의 힘이 미치지 못할 어떤 외적 요인에 의해서 야기된 것이 아니라, 오히려 인류가 힘을 키우고 그 키운 힘을 스스로 선의의 목적이라 생각되는 일에 활용하려고 노력한 끝에 얻어진 결과들이라는 점이다.

그 대표적인 경우로 인구 폭발 문제를 본다면, 이는 의료 및 보건 기술의 향상에 따른 유아 사망률 감소에서 비롯된 것이니, 누가 보더라도 인도적이며 성실한 선의의 노력이 문제를 조장하는 데 기여한 경우라고 하지 않을 수 없다. 경우는 다소 다르더라도 인류가 지닌 핵전쟁의 위기 및 환경 파괴의 문제도 외계의 어떤 악마가 지구상에 잠입하여 저지르는 일들이 아니다. 전 세계 인구 1인당 폭발물NTN 한 트럭분 이상의 파괴력에 해당하는 핵무기를 저장해놓고도 계속 더 무서운 파괴력을 지닌 무기를 개발하려고 애쓰는 초강대국 정치 및 군사 지도자들도 그 나름대로 자신이 속한 국가의 안보를 위해 일한다고 믿고 있으며,

그가 속한 국가의 군사적 우위가 곧 전체 인류의 안보와 평화를 위하는 길이라는 소신을 지니고 있다. 그리고 지구 환경을 파괴하는 사람들은 누구인가? 그들 나름대로 적어도 표면적으로는 현대 기술 문명을 더 적극적으로 활용하여 궁핍과 고역에 시달리는 국민의 생활수준을 하루 속히 향상시켜보겠다는 우리의 정치인들, 기업인들이 아닌가?

현대 문화가 지닌 이러한 역설적 성격, 즉 인간이 선의의 목적이라 생각되는 의도를 지니고 노력을 하더라도, 노력을 하면 할수록 더욱 어려운 문제로 이끌려 들어간다는 기묘한 특성은 매우 심각한 우려를 자아내게 한다. 왜냐하면 이것은 적어도 표면적으로는 인간의 지혜로 풀 수 없는 숙명적인 문제인 듯이 보이기 때문이다.

그렇다면 차라리 인간이 모든 노력을 포기하고 구세주의 출현을 기다려야 할 것인가? 그럴 수도 없다. 상황은 이미 스스로의 관성에 의해 더욱 심각한 상태로 치닫고 있기 때문이다. 오직 한 가지 희망은 문제의 성격을 본질적으로 파악하고, 이를 해결할 더 고차적인 지혜를 추구하는 데 걸어볼 수밖에 없다. 그리고 이것이야말로 현대인이 당면한 가장 시급한 문제이며, 이 시점에서 인류 생존의 고리를 다음 세대로 연결해줄 역사적 과제가 아닐 수 없다.

2. 행위 능력과 가치 이념 사이의 균형 문제

현대인이 당면한 이 같은 문제에 접근하기 위해 제일 먼저 생각해볼 수 있는 것은 어째서 유독 현대인만이 과거에 없던 이러한 문제를 지니게 되었는가, 무엇이 현대로 하여금 과거와 다른 독특한 양상을 띠게 하였는가 하는 점이다. 대답은 비교적 간단하다. 즉 현대인은 과거 어느 시대의 인류도 지녀보지 못했던 고도의 과학기술을 가졌다는 사실이다. 현대인은 과학적인 지식을 활용함으로써 적어도 물질 영역에 관한 한 상당히 넓은 범위에서 자신이 원하는 변화를 초래할 수 있게 되었다. 이런 능력을 가진다는 것은 사실 오랜 옛날부터 인류가 꿈꾸어온 간절한 소망이기도 했다. 그런데 그것이 어째서 문제가 되는 것인가?

모든 동물이 그러하듯이 사람도 살아가기 위해서는 행동을 해야 하는 존재이다. 그리고 행동이 이루어지기 위해서는 두 가지 기본적인 요건이 만족되어야 한다. 첫째는, 무엇이 이루어져야 할 것인가 하는 방향 설정의 요건이며, 둘째는, 이것을 현실적으로 실현시킬 수 있는 능력 구비의 요건이다. 그런데 이 두 가지 요건은 서로 독립된 것이 아니며 서로 밀접한 관련을 가지고 균형을 이루기도 하고, 또 어느 한쪽의 발전이 매개가 되어 새로운 단계로 이행되기도 한다. 즉 행동을 위해서는 행동의 방향을 설정해줄 욕구 또는 가치 이념과 이를 현실적으로 실현해줄 행위 능력이 상호보완적으로 마련되어야 하는데, 역사적으로 보면 현대에 이르기까지 대략 몇 단계의 중요한 과정을 거쳐 발전해왔음을 알 수 있다.

가장 초보적인 단계로서는 생존본능적 행동 욕구와 신체기능적 행위 능력이라는 두 여건이 결합되어 행동이 이루어지는 경우로서, 이 경우에는 행동의 방향이 이미 본능 속에 부각되어 있어서 본능적인 충동에 따라 신체를 움직여나가기만 하면 저절로 행동이 이루어지는 매우 간편한 절차를 지닌다. 인간을 제외한 대부분의 동물들은 거의 전적으로 이러한 절차에 그 행동을 의존하고 있으며, 이들이 성공적으로 생존을 유지할 수 있는 것은 이 두 가지 요소가 주변 환경에 맞도록 매우 적절한 조화를 유지하고 있기 때문이다. 이루어질 수 없는 욕구를 갖지 않을 뿐 아니라, 필요 이상의 능력을 발휘하지 않는 것이 성공적인 생존을 위한 필수 요건이다.

그러나 인간은 이미 이 같은 동물적인 행동 양식만으로는 생존할 수 없는 생활환경 속에 놓이게 되었다. 따라서 인간은 더 고차적인 행동 양식을 개발하게 되었으며 이것이 곧 문화적 가치 이념과 기술적 행위 능력이라는 새로운 유형이다. 인간은 이제 사회적 협동을 통해 개별적인 신체적 한계를 벗어나는 더 큰 규모의 행동 능력을 구비하는 동시에, 이러한 행동이 지향해야 할 더 높은 문화적 가치 이념을 창출하게 된다. 이 경우에도 이 두 가지 요소의 적절한 균형과 조화가 매우 중요한 역할을 하며, 이때 균형과 조화는 문화 형성의 오랜 역사적 과정 속에서 상당한 시행착오의 과정을 겪어가며 단계적으로 이루어지게 된다.

인류의 역사 발전 과정 속에는 기술 문명의 점진적인 발전이 늘 함께했으며, 이에 따른 사회적·문화적 대응 및 조정이 때로는 비교적 순조롭게 때로는 상당한 어려움을 거쳐가며 이루어져 왔다. 새로운 기술적 혁신이 대두될 때마다 필연적으로 이에 따른 새로운 사회적 계층 및 제도가 발생하게 되며, 따라서 사회적 행동 규범과 가치 이념 안에서도 새로운 조정이 불가피해진다. 반대로 이미 형성된 사회적·문화적 여건은 그 성격에 따라 기술 문명 자체를 어느 기간 동안 정체시킬 수도 있고 또는 크게 촉진시키는 기능을 나타낼 수도 있다. 인류의 기술적 행위 능력과 문화적 가치 이념 간의 이 같은 역동적 과정, 즉 이들 간의 단계적 대응 관계를 깊이 고찰해본다는 것은 대단히 중요한 의미를 지니며, 최근의 과학사 또는 기술사의 연구들도 대체로 이와 같은 관점에 초점을 맞추어 전개되고 있다.

그러나 우리는 여기서 이에 대한 자세한 역사적 고찰을 수행하기보다는 인간의 기술적 행위 능력을 종래의 '경험기술적' 행위 능력과 현대의 '과학기술적' 행위 능력이라는 두 가지 유형으로 대별하고, 이들 각각에 대응하는 문화적 가치 이념을 검토해봄으로써 과학기술적 행위 능력의 대두에 따른 현대 문명의 문제점을 더 명확히 부각시켜보기로 한다.

앞서 언급한 바와 같이 생존을 위한 구체적 행동이 가능하기 위해서는 행동의 방향을 설정해줄 욕구 또는 가치 이념과 이를 현실적으로 실현해줄 행위 능력이 구비되어야 하며, 이들은 서로 독립적으로 존재하는 것이 아니라 서로의 규모와 성격에 따라 적절한 조화와 균형이 이루어져야 한다. 이렇게 조화와 균형이 이루어졌을 때에 한하여 이에 의거한 행동이 행위 주체자의 성공적인 생존을 위해 적절한 결과를 도출할 수 있다. 이 같은 관점에서 행위 주체자의 행위 능력을 신체기능적 행위 능력, 경험기술적 행위 능력 그리고 과학기술적 행위 능력의 세 단계로 구분해본다면, 이들에 대응하는 욕구 또는 가치 이념은 각각 생존본능적 행동 욕구, 전통문화적 가치 이념 그리고 현대문화적 가치 이념이라 불릴 수 있을 것이다. 이를 도식으로 정리해보면 다음과 같다.

신체기능적 행위 능력 ↔ 생존본능적 행동 욕구
경험기술적 행위 능력 ↔ 전통문화적 가치 이념
과학기술적 행위 능력 ↔ (현대 문화적 가치 이념)

'현대 문화적 가치 이념'을 특히 괄호 안에 표시한 것은 '생존본능적 행동 욕구'나 '전통문화적 가치 이념'은 비교적 명확한 내용을 지닌 개념들인 데 반해, '현대 문화적 가치 이념'은 그 내용이 구체적으로 규정될 만큼 명확히 설정된 개념이 아니라는 점을 강조하기 위해서이다. 현대 사회의 어느 누구도 '생존본능적 행동 욕구'라든가 '전통문화적 가치 이념'과 명백히 구분되는 '현대 문화적 가치 이념'을 규정해내기는 어려울 것이며, 더욱이 이것이 현대인의 생활 속에서 살아 있는 문화 요소로 작용한다고 주장하기는 매우 어렵다.

그렇다면 이러한 사실은 무엇을 의미하는가? 이는 곧 현대 문화는 '행위 능력'과 '가치 이념'이라는 두 가지 필수적인 요소 간에 커다란 불균형을 이루고 있다는 것이며, 이것이 바로 현대 문화가 지닌 '역설적' 성격의 기본 원인이 된다는 것을 암시한다.

3. 과학기술적 행위 능력의 특성

이 시점에서 한 가지 중요한 의문이 제기될 수 있다. 즉 현대의 과학기술적 행위 능력이라는 것이 과연 종래의 경험기술적 행위 능력에 비해 차원을 달리할 만큼 커다란 차이를 갖는 것인가? 과학기술적 행위 능력과 경험기술적 행위 능력 사이에 정도의 차이를 벗어난 성격의 차이가 있다면 과연 어떤 것인가? 이 점이 명확히 정립되지 않는다면 여기에 부응할 '현대 문화적 가치 이념'을 굳이 '전통문화적 가치 이념'과 다른 차원에서 추구한다는 것은 별로 큰 의미가 없을 것이다. 그러므로 우리는 먼저 과학기술적 행위 능력이 종래의 경험기술적 행위 능력과 구분되는 성격적 차이 몇 가지를 간략히 고찰해보기로 한다.

첫째로 꼽을 수 있는 가장 커다란 차이는 행위의 대상이 지니는 성격의 차이이다. 종래의 경험기술적 행위 능력으로는 그 행위 대상의 범위가 대체로 소수의 개인에게 영향을 미치는 소규모의 환경 여건 조성에 국한되는 것이었다. 그 대표적인 경우로 종래의 생산 노동을 생각해보면, 대체로 가족 단위 또는 소규모 지역사회의 수요를 만족시키는 범위의 것들이었고 이를 위한 환경 여건 조성의 규모도 전체 자연환경에 비하면 극히 사소한 변형을 받는 정도여서, 그 변형의 효과는 비교적 짧은 기간에 원래의 상태로 되돌아가는 성격의 것이었다. 다시 말하면 종래의 행위 대상은 전체 인류와 전체 지구 환경에 영향을 주는 것이 아니라 개별적인 소수와 부분적인 일부에 그 영향이 국한되는 것이며, 사실상 전체 인류, 전체 지구 환경의 상황은 개별적인 행위 여부와 무관하게 거의 그대로 지속될 수 있었다.

그러나 과학기술적 행위 능력은 이러한 범위를 크게 벗어나고 있다. 생산 구조만 보더라도 가족 또는 지역사회 수요의 개념을 훨씬 벗어나 세계 시장을 대상으로 생산 활동을 하게 되었으며, 이에 부수되는 환경 여건의 변형 정도도 대개는 짧은 기간에 회복될 수 없는 성격의 것이고, 많은 경우에는 영구히 돌이킬 수 없는 손상을 지구상에 남기게 되는 것이다. 이 가운데서도 가장 가공할 만한 것은 과학기술을 통한 살상 능력의 확대라고 할 수 있다. 종래의 전쟁 무기들은 대체로 단위행위당 발생 효과가 소수인의 살상 정도의 범위를 넘지 않는 것이었으나, 이제는 명령 하나로 인류 전체를 몇 번이고 전멸시킬 수 있는 능력의 범위에 도달했다. 반면 인류는 오직 한 번의 전멸밖에 겪을 수 없는 존재이므로 이러한 행위가 가능하다는 그 자체만으로 종래의 행위 능력과는 근본적으로 다른 범주에 속한다고 보지 않을 수 없다. 한마디로, 종래의 경험적 행위 능력이 개별 인간 또는 소수 집단의 생존에 영향을 줄 수 있는 능력 범위에 속하는 것이었다면, 현대의 과학기술적 행위 능력은 인류 및 전체 생태계의 운명에 영향을 미칠 능력 범위에 속하는 것이다. 개별 인간의 수명이 불과 백 년을 넘기 어려운 데 비해 인류를 포함하는 지구 생태계는 이미 수십억 년을 간단없이 존속해왔으며 앞으로도 그 수명에서 이론상의 제한을 갖지 않을 것이므로, 개별 인간의 생존 여부의 문제와 전체 인류의 생존 여부의 문제는 그 차원에서 하늘과 땅 차이를 갖는다. 이 점에서, 과학기술적 행위 능력은 종래의 경험기술적 행위 능력에서 찾아볼 수 없는 새로운 차원의 면모를 지닌다.

과학기술적 행위 능력이 지니는 두 번째 성격적 특성은 그 효과의 복합적인 연관성 속에서 찾아볼 수 있다. 종래의 경험기술적 행위 능력의 범위에서는 입력과 출력 사이의 관계가 대체로 단일 변수의 선형함수적이어서, 이른바 '노동'을 하면 그 대가로서 목적했던 성과만이 노동량에 비례하여 산출되는 것이며, 그 밖의 효과는 사실상 무시해도 좋을 정도였다. 그러나 과학기술적 행위 능력이 초래하는 변화의 폭은 엄청나게 커서 입력과 출력의 관계가 대단히 복잡하여 복합적 비선형 관계를 형성한다. 가장 대표적인 경우가 대규모 산업시설 운영에 부수되는 각종 환경오염 효과겠지만, 이외에도 일차적으로 눈에 띄지 않는 심리적·사회적 부수 효과들이 얼마든지 발생하게 된다.

과학기술적 행위 능력에 의해 야기되는 또 하나의 중요한 특성은 행위자가 놓이게 될 상황 자체가 고정된 것이 아니라 그 행위의 진행에 따라 지속적으로 그리고 급격히 변화한다는 것이다. 이것은 행위의 결과가 행위자가 놓인 상황에 지속적으로 재투입됨으로써 나타나는 현상으로, 결과적으로 행위자는 항상 과거와는 다른 상황에서 그 행위를 수행하도록 요청되는 것이다. 예를 들어 수시로 변해가는 인구 문제의 경우를 생각해볼 수 있다. 이는 어느 의미에서 과학기술적 의료 행위의 효과가 상황을 급격히 변화시키는 경우라고 해석되며, 인구 문제에 대한 대응 자세를 지속적으로 수정해나갈 것을 요청하는 경우라고 할 수 있다. 또 한 가지 예로 대규모 산업화로 인해 야기되는 생산 과잉의 경우를 생각해볼 수 있다. 이는 흔히 판매 경쟁을 통한 소비 조장이라는 새로운 사회 상황을 불러일으키는 것으로, 필요에 의해 생산이 유도되는 정상적인 상황을 역전시키는 것이다. 과학기술적 행위 능력이 주는 이러한 특성들은 종래의 비교적 고정적인 상황에서 행위를 하던 경험기술적 행위자의 입장과는 커다란 대조를 이룬다.

과학기술적 행위 능력과 경험기술적 행위 능력 사이에 존재하는 이러한 성격적 차이를 일단 규정하고 나면, 전통문화적 가치 이념은 오직 경험기술적 행위 능력의 범위에서만 행동지침으로서의 기능을 발휘할 수 있으며, 과학기술적 행위 능력이 미치는 영역에서는 거의 아무런 구실도 할 수 없음을 쉽게 알 수 있다. 이 같은 사실을 좀 더 구체적으로 확인하기 위해, 전통문화적인 가치 이념과 행동 규범들이 과학기술적 행위 능력이 야기하는 새로운 양상들을 포괄하기에 어떠한 점에서 미흡한가를, 앞에 제시한 세 가지 특성을 중심으로 살펴보기로 하자.

제일 먼저 전통문화적 가치 관념 속에는 개별 인격으로서의 인간의 존엄성이 강조되며 따라서 대인관계의 행위 규범이 중요시된다. 그리고 이들의 집합으로서의 가정과 종족, 그리고 제도화된 사회 조직으로서의 국가의 중요성이 강조된다. 그러나 집합적 존재 단위로서의 전체 인류와 전체 생태계의 개념은 거의 결여되어 있다. 이는 물론 인격 및 생명의 존엄성을 전체 인류, 전체 생태계에까지 확대하지 않는다는 의미가 아니라 전체 인류, 전체 생태계가 지니는 한 차원 높은 의의, 즉 개별 인격, 개별 생명체의 중요성에 비길 수 없는 새로운 차원의 중요성 개념이 반영되지 않는다는 이야기이다. 전통문화적 가치 이념 속에 이러한 고차적 중요성이 반영되지 않은 것은 고차적 중요성이 의미가 없어서가 아니라, 종래의 경험기술적 행위 능력의 범위에서는 이것이 어떠한 실질적인 영향을 받을 수 없는 영역에 놓여 있었기 때문이라고 보아야 한다.

둘째로, 전통문화적 행위 규범 속에서는 행위 결과의 중요성보다 행위 동기의 중요성이 강조된다. 실질적 삶의 현실에 반영되는 것은 행위의 동기가 아니라 행위의 결과임에도, 유독 행위의 동기만이 강조되는 것은 행위의 동기가 좋으면 행위의 결과도 대체로 좋은 방향으로 결정될 것이라는 대전제 속에서만 이해될 수 있다. 사실상 입력과 출력의 관계가 매우 단순하던 종래의 경험기술적 행위 능력의 범위에서는 동기와 결과가 거의 상응하도록 행동이 이루어지므로 이러한 전제는 유효한 것이었다. 그러나 과학기술을 행위에 도입할 경우, 그 행위의 결과가 매우 중대하고 복합적이므로 행위 결과에 대해 충분한 책임을 가하지 않는 동기 위주의 행위 규범은 대단한 위험성을 내포하게 된다.

셋째로, 전통문화적 행위 규범은 대체로 행위 자체를 선한 행위와 악한 행위로 구분하여 상황 여건과 무관하게 그 옳고 그름을 판정하려는 경향을 지닌다. 이것도 비교적 고정적인 상황 여건 아래에서만 행위를 하던 종래의 전통사회에서는 별 무리 없는 실용적인 행위 규범일 수 있다. 그러나 과학기술적 행위 능력의 출현에 의해 행위자가 놓인 상황 여건이 급속히 바뀔 뿐 아니라 수시로 역전되는 상황에서는 대단히 위험스런 행위 규범이라 하지 않을 수 없다.

이상의 몇 가지 사실만 고찰해보더라도, 전통문화적인 가치 이념이 과학기술적 행위 능력을 지닌 현대 사회에서 행동 방향을 제시해주기에 부적당할 뿐 아니라 오히려 커다란 위험성마저 내포하고 있음을 알 수 있다. 그렇다고 현대 사회가 과학기술적 행위 능력에 상응할 어떤 확고한 새로운 가치 이념을 확립하는 것도 아니라는 점은 이미 앞에서 언급한 바와 같다. 그렇다면 현대 사회는 과연 어떠한 가치 이념 아래서 움직여나가고 있는 것인가?

4. 묵살된 '반가운 소식'

1983년 10월 31일 20여 개국에서 온 수백 명의 저명한 과학자들이 미국 워싱턴 시에 모여들었다. 물리학·기상학·생물학·의학 등 여러 과학 분야를 대표하는 이들 과학자들 외에도 미국을 위시한 여러 나라의 행정가·교육가·외교관계 전문가 들이 이 자리에 참석했다. 물론 1백여 명의 신문, TV, 라디오 등 각종 통신 매체의 기자들도 모여들어 취재 활동을 벌였다. 한편 이 모임의 진행은 위성중계를 통해 모스크바로 중계되었고, 모스크바에 모여 있던 일군의 소련 과학자들과도 왕복 통신을 통해 의견 교환이 이루어졌다.

그러면 이 모임에서 논의된 내용은 무엇이었는가? 이 모임은 그 이전에는 오직 일부 과학자들 사이에서만 논의되던 이른바 '핵겨울nuclear winter'에 관한 공식적인 학술토론회였다. 《디스

커버Discover》지의 저명한 과학 칼럼니스트인 토머스 루이스Thomas Lewis는 이 모임이 전해주는 메시지를 두고 "20세기에 들어서 과학으로부터 들려온 가장 반가운 소식"이라고 전했다.[2]

1980년대에 들어서 과학자들은 핵전쟁에 대한 새로운 양상을 발견하기 시작했다. 종래에는 핵무기가 폭발할 경우 폭발을 초래하는 엄청난 열에너지와 방사능에 의해 막대한 피해를 볼 것이라는 점은 이해하고 있었으나, 그 후에 닥칠 기상학적 이변과 그로 인한 엄청난 결과에 대해서는 별로 고려하지 못했었다. 그러나 1980년대 들어 이루어진 결정적인 연구에 의해 새롭게 밝혀진 사실은 일정 규모 이상의 핵무기가 폭발할 경우 막대한 양의 흙먼지가 대기 중으로 휘말려 올라가 상공에서 상당 기간 머물게 된다는 것이다. 그런데 이 먼지들이 지구에 도달하는 태양광의 대부분을 상공에서 차단시킴으로써 설혹 한여름에 핵무기가 폭발했다 하더라도, 지구는 갑자기 영하 수십 도가 되는 '핵겨울'을 맞게 되며 이 엄청난 암흑과 추위가 수개월이나 지속되리라는 것이다.

이 같은 기상학적 이변이 지구 생태계에 미치는 효과는 주기적으로 닥치는 겨울 효과와 근본적으로 다르다. 이 뜻밖의 겨울을 맞이하는 경우 정상적인 계절 환경을 바탕으로 이루어진 생태계 구조는 완전히 파괴되고, 생태계에 의존해 생존해가던 대부분의 고등 동식물들은 거의 멸종하게 된다. 오직 각종 병원균을 포함한 극히 하등생물들만이 한꺼번에 쏟아져 나오는 시체의 홍수 속에서 일시적으로나마 번성하게 될 것이다. 따라서 '핵겨울'이 닥칠 경우 설혹 상당수의 사람들이 핵무기의 직접적인 피해는 면할 수 있다 하더라도 결국 극도로 참혹한 환경 속에 빠지고 말 것이며, 아마도 지구상의 인류가 몇 세대 이상 존속될 가능성은 극히 희박해질 것이다.

물론 지구상에 적재된, TNT 1만 8천 메가톤 정도로 추정되는 핵무기 대부분이 폭발하는 핵전쟁이 발발한다면, 직접적인 파괴력 및 방사능 피해에 의해 '핵겨울'이 닥치기도 전에 인류는 멸종하고 말 것이다. 그렇게 되면 핵겨울에 대한 논의 자체가 별로 큰 의미를 갖지 못할 것이다. 그런데 핵겨울 문제가 특히 관심을 끄는 것은 현재 적재된 핵무기의 극히 일부분만 폭발하더라도 이 엄청난 현상이 유발될 수 있는 가능성 때문이다. 대부분의 학자들은 1백 메가톤 정도를 핵겨울 유발의 경계치로 보고 있으나 학자에 따라서는 그 이하로 보는 사람도 있다.

그렇다면 토머스 루이스는 어째서 이러한 발견을 "20세기에 들어서 과학으로부터 들려온 가장 반가운 소식"이라고 말한 것인가? 물론 이처럼 엄청난 사건이 실제로 발생하기 전에 그 위험성을 미리 알았다는 것은 일단 다행스런 일이며, 손에 땀이 날 만큼 아슬아슬한 일이다. 그러나 그것 자체가 '반가운 소식'일 수 있겠는가? 아마도 그는 '핵겨울'이 전해주는 메시지를 다음과 같이 해석한 모양이다. 즉 앞으로 핵전쟁은 불가능하며 핵무기는 이제 한갓 무용지물이 되었다는 선언이라고 말이다

만일 핵전쟁이 발발하는 경우, 극히 우연한 사고나 또는 어떤 광적인 집권자의 무분별한 도발 행위에 의한 것이 아닌 한에는, 어떤 전략적인 목표를 달성할 수 있는 것이어야 한다. 그런데 핵전쟁에서 전략적으로 의미를 지니는 거의 유일한 작전

은 일방적인 선제공격을 통해 상대방의 대응 공격 능력을 완전히 파괴함으로써 보복 공격을 피하는 것이라고 할 수 있다. 그러나 '핵겨울'의 메시지가 말해주는 것은 설혹 이 같은 작전이 완전히 성공을 거두는 경우라도 이미 발생한 핵폭발 분량에 의해 '핵겨울' 현상이 유발되므로 결국엔 자살 행위에 불과하다는 것이다. 사실상 이는 핵무기를 포함하는 군사 전략 면에서 전혀 새로운 차원의 문제가 제기된 것으로, 핵무기 전략가들을 크게 당황하게 만들고 있다.

그런데 매우 기이한 사실은 이러한 '반가운 소식'에 대한 일반 사회의 지나친 무반응이다. 워싱턴에서 '핵겨울'에 관한 논의가 있었던 것과는 극히 대조적으로 일반 언론 및 매스컴에서는 마치 크게 실망했다는 듯이 거의 아무런 반응이 없었다. 이 논의에 대하여 미국의 주요 일간신문들은 2면 또는 3면에 극히 의례적인 간단한 기사를 실었을 뿐 특별한 관심을 보이지 않았으며, TV에서도 오직 한 방송국ABC에서 '야간특집nightline'으로 반시간 동안 소개한 것 외에는 거의 아무런 언급조차 없었다.

그렇다면 이처럼 기이한 무반응은 무엇을 의미하는가? 이것을 이해하기 위해 다음과 같은 가상의 경우를 한번 상상해보자.

인류의 절멸 가능성을 포함해 인류가 지닌 모든 문제는 인류 스스로 만들어낸 문제가 아니라 지구 밖에 사는 어떤 외계인들이 지구를 괴롭히기 때문에 일어난 문제라고 가상해보자. 그리고 현재 지구가 직면한 가장 큰 위협은 이들이 만들어 지구를 겨냥하고 있는 핵무기급의 가공할 만한 무기라고 생각하자. 그런데 그들의 최근 연구에 의해 그들이 이 무기를 통해 지구를 공격할 경우 그들 자신도 똑같은 피해를 입어 자멸하게 된다는 사실이 밝혀졌다고 하자. 그리고 그들의 이 무기가 무용지물이 되었다는 소식이 우리 지구에 들려왔다고 하자.

이것이 과연 신문 2면, 3면에나 간단히 언급되고 말 그리고 대부분의 TV에서는 언급조차 하지 않을 기사거리인가? 사실상 메시지의 내용에서나 그 의미의 심각성에서 앞의 두 가지 사건 사이에는 아무런 차이가 없다. 그럼에도 불구하고 두 사건을 대하는 우리의 감수성에 이렇게 큰 차이가 있다는 것은 무엇을 의미하는가?

이것이 바로 현대인의 관심사와 가치 관념이 과학기술적 행위 능력 발생 이전의 전통적 관심사 및 가치 관념에 뿌리박고 있음을 의미한다. 이것은 종래의 소규모 경험기술적 행위 능력의 범위에서 경험해온 사회적 관심, 즉 '우리 편'과 '상대 편'이라는 사고의 양식 안에서만 우리의 관심과 주의를 환기시킬 수 있다는 사실을 말해준다. 즉 우리에게 피해를 줄 수 있는 대상이 바로 우리 자신이 아니라 현실적으로 느껴지는 외부적인 적이라고 보아야 이해가 되는 사고방식이다. 따라서 외부의 적이 우리에게 줄 수 있는 피해에 대해서는 극히 예민하면서도 우리 스스로가 우리를 자멸시킬 가능성에 대해서는 매우 냉담하다. 이것은 아직 인류의 사회적 상황을 이해하는 데 '전체 인류'라는 통합적 집합 관념이 '우리 편'과 '상대 편'이라는 종래의 소집단적인 집합 관념을 통제하지 않는다는 것을 의미한다. 사실상 현재 인류를 위협하는 가장 심각한 문제는 인류 전체를 절멸시킬 수 있는 가공할 과학기술적 행위 능력을 손에 쥐고 있으면서 여전히 이 같은 소집단의 이해관계 속에서만 인류 문제를 이해하고, 적대적인 이해의 충돌 속에서만 적극적인 관심을 나타내는 현대인의 정신적 자세라 할 수 있다.

눈앞에 놓인 인류의 절멸이라는 무서운 가능성은 오히려 외면하면서 '우리 편'과 '상대 편' 사이의 상대적 이해관계에만 관심이 집중되는 현상은, 아무런 실질적 의미를 지니지 못하는 운동경기의 승부에 열을 올리다가 때때로 귀중한 생명까지 희생시키는 현대인의 전도된 심리적 상황과 일맥상통한다고 보아야 한다.

5. 고착된 기존 가치 이념

우리는 앞에서 현대인의 행위 능력과 가치 이념 사이에 존재하는 불균형 및 이 같은 불균형이 내포하는 위험성에 관해 논의했으며 이것이 바로 현대 사회가 지닌 가장 심각한 문제임을 지적했다. 즉 현대인은 자신들이 지닌 엄청난 과학기술적 행위 능력에 맞는 적절한 현대 문화적 가치 이념을 구비하지 못했으며, 이로 인해 현대인은 자신들의 절멸을 포함한 무서운 가능성들을 안고 살아가게 되었다. 그렇기에 우리에게 당면한 가장 긴박한 문제는 적절한 새로운 가치 이념을 어떻게 마련할 것인가 하는 점이 될 것이다. 그런데 이 문제의 해결을 가로막고 있는 가장 큰 장애 요소는 현대인 각자가 이미 스스로 적절한 가치 이념을 가지고 있다고 생각하는 것이다.

적어도 가치 관념에 관한 한 누구나 이미 기존의 가치 이념을 지니고 있으며, 그의 모든 판단 기준이 바로 이 가치 관념 위에서 이루어지는 것이기 때문에 가치 관념 자체를 반성하기란 매우 어려운 일이다. 그리고 이러한 가치 관념이 심정적인 성향 속에 깊이 박혀 있을수록 이에 대한 반성은 그만큼 더 어려워진다.

인간의 가치 관념은 대개의 경우 어떤 비판적이고 합리적인 절차를 따라 스스로 검토하여 만들어 가진 것이 아니다. 비판적·합리적 기능이 미처 마련되지 않은 성장 과정 그리고 교육 과정에서 거의 일방적으로 주입되는 것이며, 이것이 효과적으로 주입되면 될수록 그의 내면에 깊숙이 침전되어 이른바 내면적인 '성품'을 형성하게 된다. 그리고 일단 내면에 깊숙이 자리 잡은 가치 관념은 좀처럼 의식적인 비판의 대상이 되지 않고 일생을 통해 모든 가치 판단 기준으로서의 기능을 수행하게 된다.

이제 논의를 좀 더 구체화시켜 '선', '악'의 관념과 '우리 편', '상대 편'이라는 관념이 체질화하는 과정을 고찰해보자. 비교적 행동 반경이 좁고 사고 기능이 단순한 유년기에는 '선과 악'이라는 이분법적 관념이 행동의 지침을 위해 매우 유용하며 효과적이다. 그리고 이러한 행동 지침은 그 편의성을 위해 구체적인 행위 하나하나에 선과 악의 구분을 지정하게 되며, 아직 미숙한 행위 수행자는 스스로의 심성 발전 과정에서 이를 자신의 성품 속에 융합해나가게 된다. 물론 이것은 대부분의 경우 인간이 지닌 본능적인 행위 성향 특히 이기적인 행위 성향에 수정을 가해 더 폭넓은 사회생활에 적합한 성품으로 개조해나가는 것이 사실이지만, 그 행위자가 실제 살아가야 할 사회가 이미 이런 패턴에 적합하지 않게 될 경우에는 적지 않은 역기능을 야기하게 된다. 이렇게 형성된 선과 악의 관념은 지능이 성숙해지는 성장기 말기에 가서 다소 주체적인 반성 과정을 거치기는 하지만, 대개는 별로 큰 수정 없이 일생을 지배하게 된다.

선과 악의 관념에 비해, 흔히 '우리 편'과 '상대 편'이라고 나누어 생각하는 구획 관념은 더 깊숙이 인간의 본능 속에 그 기반을 두고 있는 듯하다. 인간의 선조가 특히 맹수들과의 경쟁 속에서 성공적인 생존을 유지해올 수 있었던 진화 과정을 생각해보면 '우리 편'과 '상대 편'의 철저한 구분 의식이 대단히 유용한 역할을 했으리라는 점은 쉽게 짐작이 된다. 외부의 적과 대결하는 데 집단 내의 협동을 중요한 무기로 사용해온 인류의 선조는 집단 구획 의식을 본능 속에 간직하지 않을 수 없었을 것이며, 일단 본능 속에 새겨진 이 같은 성향은 상대적으로 짧았던 문화 발전의 기간에 특별한 수정을 받기가 어려웠으리라고 짐작된다. 뿐만 아니라 현대 이전의 문화 발전 기간에는 특히 민족의 생존을 위해 이것이 유용한 방향의 기능을 해왔을 수도 있다. 그러나 현대에 접어들어 갑자기 역기능을 나타내기 시작한 이러한 성향은 '운동경기'라는 특별한 행동 양식을 통해 묘한 형태 변환을 이뤄내고 있다. 이른바 '스포츠'라는 대체로 무의미한 행동 양식이 현대 사회에서 불길처럼 번져가는 현상은 바로 집단 구획 의식이 주는 현실적 독소를 대부분 제거하면서 인간이 지닌 본능적 욕구를 채워주기 때문이라고밖에 이해할 수 없다.

인간의 성장 과정을 보면 집단 구획 의식이 비교적 이른 유년기에 이미 발현되기 시작하며, 이것이 곧 선과 악의 관념과 결부하여 '좋은 편'과 '나쁜 편'으로의 구분으로 발전한다. 이 같은 관념은 물론 성장 과정의 진행과 더불어 상당한 수정이 가해지지만, 근본적으로 이와 같은 사회의식 경향은 그 바탕에 깔린 본능적 구획 성향과 함께 거의 모든 인간의 일생 동안 그 사고 및 행동 양식을 지배하게 된다.

이밖에도 인간의 가치 관념과 인식 형태를 구성하는 대부분의 기본 요소들은 특히 성장 과정을 통해 인간 심성의 심층부에 깊숙이 자리 잡고 그의 모든 사고와 감정을 지배하게 되므로 이들을 의식적으로 수정하기란 대단히 어려운 일이다. 그러나 앞에서 논의한 바와 같이 바로 이러한 가치 관념 및 인식 형태가 현대의 과학기술 사회에서 너무도 큰 문제를 야기하는 점들이므로, 이들을 몰아내고 새로운 가치 이념으로 대치하는 작업이 얼마나 어렵고 절실한 과제인가를 짐작할 수 있다.

6. 가치 이념 전환의 문제

그렇다면 우리는 이처럼 어려운 과제를 어떠한 방향에서 접근할 것인가? 이 문제는 다시 두 가지로 나누어진다. 첫째는, 문제의식의 제고이며, 둘째는, 해결 방향의 제시이다. 말할 것도 없이 문제 해결의 첫걸음은 분명한 문제의식을 갖는 일이다. 그런데 현대 사회가 지닌 문제는 그 성격상 문제 자체를 분명히 의식하는 것부터 매우 어렵다는 특성을 지닌다.

우선 현대인들은 그들의 문제 상황을 직접적인 체험이나 또는 역사상 경험을 통해 쉽게 발견할 수가 없다. 가장 대표적인 예로서 인류의 절멸 가능성의 문제를 생각해본다면 이는 도저히 체험할 수 없는 일일 뿐 아니라 과거의 역사 속에서도 유사한 경우를 찾아볼 수 없는 일이다. 이는 마치 어떤 특정 개인이 자신의 죽음을 체험할 수 없는 것과 흡사하다. 죽음의 경우는 그래도 주변에서 발생하는 타인의 죽음을 흔히 관찰할 수 있으므로 직접적인 체험이 아니더라도 어느 정도 체험에 가까운 경험을 통해 문제의식을 가질 수 있지만, 절멸의 경우는 인류 전체가 오직 한 번 겪을 수 있는 일이며, 그 한 번으로 더 이상 경험의 의미를 살릴 아무것도 남지 않는 특이한 상황이다. 물론 인류가 아직까지 절멸하지 않고 존속한다는 사실은 그 긴 진화 과정 속에서 생존에 유리한 본능적 지혜를 쌓아왔다는 이야기도 된다. 그러나 인류가 진화 과정을 통해 지금까지 쌓아온 생존 경험은 인류가 현재 당면한 생존 위기와는 전혀 다르다. 인류는 이제 진화의 역사상 처음으로 '자신의 힘'에 의해 자멸할 수 있는 기묘한 상황 아래 놓인 것이다. 그러므로 만일 현대의 인류가 본능이나 문화 속에 새겨진 과거의 경험을 통해 문제를 의식한다면 현대 사회가 지닌 문제는 전혀 의식될 수 없으며, 이것이 바로 현대인이 이처럼 중요한 문제에 놀랄 만큼 무감각한 원인이라 할 수 있다.

그렇다면 문제의식 자체를 지니는 작업부터 불가능한 것인가? 물론 대단히 어렵기는 하지만 불가능하지는 않다. 다행히도 현대인은 이 문제에 커다란 도움을 줄 수 있는 매우 훌륭한 무기를 하나 가지고 있다. 이것이 바로 현대 과학이라 불리는 새로운 사물 이해의 방식이다.

현대 과학 자체의 위력은 이를 활용한 현대의 과학기술을 통해 충분히 입증되고 있다. 그러나 현대 과학의 진정한 유용성은 이를 활용한 과학기술에 있는 것이 아니라, 이를 통해 인간의 삶과 관련된 과거와 미래의 주요 관심사에 대한 가장 신뢰할 만한 지식을 제공받을 수 있다는 데 있다. 현대 과학은 인간 및 우주의 과거, 현재, 미래에 대해 가장 합리적이고 객관적인 방식으로 추구되어온 가장 체계적인 인식의 소산이므로, 현대 과학만이 인간이 직접 체험하지 않은 그리고 역사 속에서 유사한 사건을 찾아볼 수 없는 미래의 가능성에 대해 가장 신빙성 있는 예측을 할 수 있다. 특히 과학기술을 통해 일으킬 수 있는 사건들과 결과에 대해서는 그 과학기술을 가능하게 했던 바로 그 과학적 지식을 동원하지 않고는 분명한 예측을 할 수 없을 것이 당연하다.

가장 대표적인 예를 '핵무기의 개발'과 '핵겨울의 예측'이라는 서로 연관된, 그러면서도 매우 대조적인 성격을 지닌 두 가지 사태의 발전을 통해 찾아볼 수 있다. 현대 과학은 활용하기에 따라서는 핵무기를 만들어 인류를 위협할 가공할 목적에도 사용될 수 있지만, 또 한편 핵 파괴가 몰고 올 무서운 가능성을 철저히 규명하여 제시해줌으로써 현대 과학기술의 무모한 활용이 초래할 처참한 결과를 경고할 뿐 아니라 이러한 상황에 처한 인류의 반성을 촉구하는 데도 크게 기여할 수 있다.

물론 현대 과학의 이러한 경고와 촉구에 대해 현대인이 얼마나 큰 관심을 기울일 것인가 하는 것은 여전히 남아 있는 문제이며, 앞서 지적한 바와 같이 현대 사회가 '핵겨울'의 소식에 놀랄 만큼 냉담했던 것도 사실이지만, 그나마 길이라도 열려 있다는 것은 문제에 접근할 수는 있다는 점에서 무척이나 다행스런 일이다. 그리고 미약하나마 눈에 보이지 않는 진척이 이루어지고 있는 것 또한 사실이다.

그렇다면 우리가 일단 이러한 문제의식에 도달했다고 할 때, 문제를 해결할 방안은 있는가? 이미 논의한 바와 같이 가치 이념의 전환이라는 것은 너무도 어려운 작업이어서 손쉬운 방법을 찾아내기는 매우 어려울 것이나 우리는 이 점에서도 현대 과학의 도움을 기대할 수 있다. 우리가 구체적으로 어떠한 도움을 받고 그리하여 결과적으로 어떠한 새 가치 이념에 도달할 것인지에 관해서는 다음 장에서 좀 더 자세히 논의하기로 한다.

12장
새 가치 이념의 모색

1. 여는 말

우리는 앞 장에서 현대 사회가 지닌 문제점을 검토하고 이를 위해 현재 우리가 지니고 있는 가치 관념을 한층 더 고차적인 새로운 가치 관념으로 조속히 대치해야 한다는 이야기를 했다. 우리가 이러한 시대적 요청을 받아들인다면, 우리는 이제 새로운 가치 이념의 탐색을 위한 의식적인 노력을 기울이지 않을 수 없다.

그런데 이 과정에서 부딪히는 가장 어려운 문제는 가령 우리가 하나의 가치 이념을 잠정적으로 설정할 때, 이것이 바로 우리가 추구하는 가장 소망스러운 가치 이념인지 아닌지를 판정할 기준이 무엇인가 하는 문제이다. 만일 우리가 추구하는 가치 이념이 어떤 근원적인 가치 이념이 아니라 지엽적인 것이라면, 이미 설정된 더 기본적인 가치 이념을 통해 이것의 채택 여부를 결정할 수 있겠으나, 우리가 추구하는 가치 이념 자체가 가장 본원적인 것이라고 할 경우에는 이 같은 방식의 결정은 가능하지 않다. 그렇다면 무엇이 우리로 하여금 어떠한 가치 이념을 가장 합당한 것이라고 판정하게 해줄 것인가?

이 점에 관한 우리의 해답을 제시하기 전에 먼저 지금까지 흔히 주장되어온 몇 가지 이론들을 먼저 살펴보고, 이들이 지닌 문제점들을 검토해봄으로써 더 만족스런 이론이 갖추어야 할 점들이 무엇인가를 생각해보기로 하자.

일반적으로 가치 이념이라는 것은 행위의 방향을 제시해줄 당위의 개념뿐 아니라 이를 포함해 더 넓은 의미로도 사용될 수 있는 개념이므로, 여기서는 논의의 명확성을 기하기 위해 가치 이념의 추구라는 것을 오직 당위 또는 윤리 이념의 추구로 국한시켜 생각하기로 한다.

2. 제시된 당위의 원리들

역사적으로 볼 때 인간이 어떻게 행동하며 살아야 하는가 하는 당위의 원리를 제시하고 이를 정당화하려는 시도는 매우 다양한 방식으로 이루어져 왔지만, 그 가운데 비교적 폭넓게 지지되어온 대표적인 경우 몇 가지를 추려보면 다음과 같다.

첫째로, 인간이 마땅히 지켜나가야 할 당위를 규정하는 가장 본원적인 원리는 이미 하나의 법칙으로 우리 마음속에 심어져 있거나, 또는 여타의 사물에도 함께 적용되는 하나의 보편적 원리로 현실 세계 안에 주어져 있기 때문에 인간의 합리적인 이성을 동원하면 결국 찾아낼 수 있으리라는 생각이다. 이는 마치 자연현상들을 지배하는 객관적 자연법칙이 존재하는 것처럼 인간의 도덕적 행위에 대해서도 이를 지시해주는 엄정한 법칙이 존재하여 인간은 마땅히 이를 찾아내고 이에 순응해 살아

나가야 한다는 것이며, 이러한 도덕법칙은 하나의 자명한 형태로 이미 우리에게 알려져 있거나 또는 알려질 수 있는 성격을 지녔다는 주장이다.

논의의 편의상 '자명론'이라고 불릴 이 같은 주장은 동양의 여러 지배적인 사상 속에 담겨 있을 뿐 아니라 칸트를 비롯한 서구의 대표적 사상가들의 생각 속에서도 찾아볼 수 있다. 이것은 또한 역사적으로 매우 강력한 영향력을 지녀온 사상이기도 하다. 그러나 이 같은 '자명론'이 지닌 커다란 약점은 스스로 자명하다고 상정하는 구체적 도덕법칙이 아직 밝혀지지 않았다는 점이다. 즉 어느 경우에나 엄격히 적용되는 보편성을 지녔으며 또 누구에게나 자명하다고 느껴질 명증성을 지닌 당위의 기본 원칙은 아직 발견되지 않은 것이다. 뿐만 아니라 과연 인간의 도덕적 행위를 지배할 보편타당한 당위의 원리가 실제로 존재하느냐에 대해서도 근거를 제시하기가 대단히 어렵다. 사실상 이 같은 주장이 내세우는 가장 강력한 논지가 자연계의 사물을 지배하는 자연법칙이 존재하는 것과 같이 인간의 행위를 지배하는 당위의 법칙도 존재하지 않겠느냐는 유추의 논법인데, 이러한 유추의 타당성이 입증되기 어려움은 물론이고, 현대의 인식론에 의하면 자연계의 사물을 지배하는 자연법칙의 존재에 관해서조차도 객관적인 존재성을 인정하기 어렵게 되었다.

절대적인 당위의 개념을 인정하면서 그 추구 방식을 달리하는 또 하나의 사상으로서 당위의 원리가 우리에게 자명하게 주어지는 것이 아니라 '신의 계시' 또는 이와 유사한 신비적인 방식으로 우리에게 주어진다는 사상이 있다. 특히 전통적으로 종교적 신조에 깊이 뿌리박고 있는 이러한 사상은 현대 사회에서도 매우 강력한 영향력을 지닌다. 이는 우리가 당위의 원리만을 따로 떼어내어 독립적으로 추구하고 식별해낼 것이 아니라 '신' 또는 '하늘'의 개념을 포함하는 더 큰 세계관을 인정하고 그 속에서의 자신의 위치와 사명을 파악함으로써 자신이 마땅히 지니게 될 역할의 일환으로 당위의 원리를 받아들이려는 자세이다.

논의의 편의상 '계시론'이라고 불릴 이 사상은 앞의 '자명론'의 경우와는 반대로 구체적인 해답을 너무 많이 가지고 있다는 점이 문제이다. 지구상에는 수없이 많은 서로 다른 종교적 신조가 있으며 이들은 모두 각기 다른 '신의 계시' 또는 '하늘의 명령'을 받고 있는 것이다. 더욱이 이들은 지극히 독단적이고 경직된 자세를 지니는 것이 보통이어서 지나치게 경직된 규범 속에 인간의 행위를 구속시킬 위험을 지니며, 특히 이들이 어떤 사회적 세력을 형성하거나 정치적 권력과 결부될 경우 걷잡을 수 없는 사회적·정치적 문제를 야기할 위험을 지닌다.

앞에서 논의한 '자명론'이나 '계시론'의 경우와 같이 절대적인 당위의 개념을 내세우는 입장과는 반대로 모든 당위의 주장은 상대적인 의미밖에 지니지 않는다고 보는 윤리상대주의 또는 '약정론'이라 불리는 입장이 있다. 이는 어떤 보편적인 형태로서의 당위의 원리를 인정하지 않고 윤리적 규범을 단지 구체적인 현실의 편의와 필요에 따라 약정된 것이라고 보는 입장으로, 사회의 전통이나 여건에 따라 얼마든지 다른 윤리의 규범이 설정될 수 있으며 이들은 상대적으로 서로 대등한 의미를 지닌다는 주장이다. 이는 특정 원리의 절대성을 인정하지 않음으로써 특정 원리의 고집 및 강요에서 오는 불필요한 마찰을 해소할 수 있는 장점을 지니는 반면, 당위 자체의 당위성을 약화시킴으로써 더 고차적인 당위에 대한 진지한 추구와 더 폭넓은 합의에 이르려는 노력을 소홀히 할 위험성을 지닌다.

3. 최선의 지식과 본원적 당위

앞에서 우리는 본원적 당위의 성격 및 추구 방식에 관한 몇 가지 상반된 이론들을 살펴보고 이들이 주장하는 핵심적 내용과 이들이 지니는 문제점을 간략히 제시했다. 그런데 우선 이렇게 여러 가지 상반된 주장들이 성립될 수 있었다는 사실 자체가 말해주는 것은, 이들 각각이 적어도 어떤 부분적인 진실은 내포하면서 그 어느 것도 아직 완전한 진실은 아닐 것이라는 점이다.

그렇다면 이러한 사실에 입각해서 우리는 더 완전한 진실을 말해주는 이론을 모색해볼 수도 있지 않을까? 만일 우리가 앞에서 살펴본 이론들이 주장하는 핵심적인 내용을 포함하면서도 이들이 지닌 문제점들과 모순점들을 내포하지 않는 하나의 통일된 이론을 얻어낸다면 이는 분명 더 진실에 가까운 이론이라 할 수 있을 것이다.

이제 이러한 이론을 찾아보기 위해 앞의 이론들이 주장하는 핵심적인 내용에 대체로 수렴될 수 있는 다음 두 가지 기본적인 사실을 전제하기로 한다.

첫째로, 본원적인 당위에 관해 객관적으로 입증될 수 있는 완전무결한 보편적 원리는 상정하기 어려우나 현실적 상황과 주어진 여건에 적합한 최선의 원리는 존재할 수 있으며, 또 찾아질 수 있다는 주장이다. 이 주장은 완전무결한 보편적 원리를 전제하는 '자명론'의 입장이나 '계시론'의 입장과 일치하지는 않으나 현실적 상황에 적합한 최선의 원리가 존재함을 인정함으로써, 그 극한의 경우 절대적 원리로의 수렴이 가능하다는 의미에서 이들 입장의 핵심적 내용을 반영한다. 한편 이 주장은 절대적 당위의 개념을 내세우지 않음으로써 '약정론'의 입장과 일치되기는 하나, 당위의 원리가 현실의 편의와 필요에 따라 단순히 약정되는 것이라는 약정론의 입장을 따르지 않음으로써, 약정론이 지닌 극단적인 상대주의적 위험에서 벗어날 수 있다.

둘째로 전제하려는 기본적인 사실은 이러한 최선의 원리에 도달하고 이것이 최선의 원리임을 확인하기 위해 우리는 마땅히 우주 속에 처한 인간의 상황에 관해 최선의 지식과 함께 합리적이고 진지한 구도의 자세를 지녀야 한다는 것이다. 이 같은 지식과 자세를 갖출 때 비로소 인간은 자신의 마음이 지닌 본연의 기능에 의해 최선의 원리를 찾아내고 확인할 수 있다는 생각이다.

이 두 번째 전제는 인간이 주체적으로 최선의 원리를 찾아내고 확인한다는 점에서 '자명론'에 매우 가까이 접근하고 있으며, 또한 우주 속에 처한 인간의 상황에 관해 최선의 지식을 요구함으로써 우주와 인간에 대한 특정한 세계관을 전제하는 '계시론'과 상통하는 일면을 지닌다. 그러나 임의로운 지식이 아니라 '최선'의 지식을 요구한다는 면에서, 이러한 특정된 요구가 없는 '자명론'과도 구분되고, 무비판적인 세계관을 전제하는 '계시론'과도 구분된다. 그리고 구체적 지식이 제공됨으로써 여기에 대응되는 구체적 해답이 얻어질 것이므로 '자명론'이 지닌 구체적 해답 결여의 문제점이라든가 '계시론'이 지닌 구체적 해답 과다의 문제점에서 모두 벗어날 수 있다.

한편 '약정론'과 비교해보면, 현실의 여건만 고려해 구체적 현실의 편의와 필요만 제공하려는 것에 비해, 우주와 인간에 대한 더 깊은 이해에 기반을 둔 더 고차적인 당위의 원리를 찾아내고, 그 원리에 입각하여 현실적인 편의와 필요를 포함한 모든 행위의 규범을 상정해가려 한다는 점에서 차이를 지닌다.

본원적 당위의 추구에 관해 우리가 전제한 이러한 두 가지 기본적인 사실이 함축하는, 종래의 사상에서는 찾아볼 수 없었던, 가장 중요한 획기적인 내용을 요약해보면 다음과 같다. 즉 우리는 항상 우리에게 알려진 최선의 지식을 동원하여 본원적 당위에 관한 최선의 원리에 도달할 수 있으며, 우리의 상황과 우리의 상황에 대한 지식이 달라지는 경우에는 그때마다 이 새로운 지식을 활용하여 새로운 상황에 대비할 새로운 당위의 원리를 추구해야 한다는 점이다.

사실상 최선의 지식을 동원함으로써 최선의 원리에 도달할 수 있다는 사상은 그 자체로서 별로 새로운 것이 아니다. 완벽한 지식을 가지고도 악한 사람은 없다고 한 소크라테스의 사상이나, 몸을 바르게 닦으려면 먼저 앎을 투철히 하여 사물을 구명해야 한다는 유가의 사상, 또 해탈이라는 것은 결국 사물의 이치를 깨우치는 것이라는 불가의 사상이 모두 이러한 바탕 위에서 이루어진 것이다. 하지만 이 주장이 새로운 의미로 다가오는 것은 이제까지는 모든 의미 있는 지식이 비교적 고정되고 제한되어 있었음에 비해 오늘날에는 우주와 인간에 대한 획기적인 새로운 지식들이 급격히 쏟아져 나오고 있기 때문이다.

4. 논리적 단절성과 사실적 연관성

그런데 이 점과 관련하여 주의 깊은 검토를 요구하는 몇 가지 부수적인 문제들이 제기될 수 있다. 첫째는, 우리가 가령 사실 세계에 대한 최선의 지식을 가졌다고 할 때 이 지식이 과연 논리적인 추리 과정을 통해 인간의 당위에 대한 최선의 원칙으로 우리를 이끌어줄 수 있는가 하는 문제이다. 이것은 곧 '사실'의 세계에 속하는 지식으로부터 '가치'의 세계에 속하는 당위의 판단으로 이어질 수 있는가 하는 것으로, 오랫동안 논란의 대상이 되어온 이른바 '사실-당위is-ought'의 문제이다.

이 문제가 지닌 핵심적인 매듭은 사실 세계에 대한 지식의 논리로 보아, 당위에 관한 어떤 독립적인 가정을 설정하지 않는 한, 사실에 관한 서술 형태의 진술로부터 당위에 관한 지시 형태의 진술로 넘어갈 수 없음에도 불구하고, 현실적으로는 사실에 관한 지식 자체가 당위에 관한 판단에 결정적인 영향을 미친다는 사실 속에 들어 있다. 즉 '논리적 단절성'과 '사실적 연관성' 사이의 모순을 어떻게 설명하느냐는 것이다. 이 문제는 현재에도 활발한 논의의 쟁점이 되고 있으나, 우리는 여기서 직접적인 논의를 취하는 대신 인간 정신 활동의 구조를 검토함으로써 이러한 문제가 지닌 모순이 사실상 제거될 수 있음을 보이기로 한다.

인간의 정신 활동 가운데에는 사물에 대한 정보를 받아들이고 이를 기존의 지식들과 결합하여 사실 세계에 대한 앎의 내용을 정리하는 사물 인식 활동이 있으며, 이것을 바탕으로 원하는 방향으로의 행동을 결정짓는 행동 결정 활동이 있다. 이 두 가지 활동은 결국 서로 밀접하게 연결되어 있지만 객관적인 실재를 최대한 엄격히 반영하기 위해서 사물 인식 활동은 일단 행동 결정 과정에 관계없이 엄격한 독립 논리로 이루어져 있으며, 이것이 사실 세계에 대한 지식의 논리를 구성한다.

그러나 이렇게 얻어진 지식이 현실적으로 활용되기 위해서는 반드시 행동 결정 활동으로의 전이가 요청되는데, 이것은 이러한 전이를 가능하게 해주는, 즉 '앎'의 논리에서 '함'의 논리로 전향시켜주는, 어떤 마음의 자리를 통과함으로써 가능하게 된다. 이때 앎의 논리에서 함의 논리로 전향시켜주는 마음의 자리 그 자체는 어떤 지식 내용도 아니며 어떤 구체적인 행동 의지도 아니다. 단지 구체적인 지식 내용이 그 자리를 통과함으로써 구체적인 행동 의지로 바뀌게 되는 순수한 마음의 바탕이다. 이러한 마음의 자리를 편의상 '앎과 함의 접속점' 또는 간단히 '접속점'이라고 부르기로 하자.

만일 앞에 제시한 정신 활동의 구조가 인간의 정신 활동을 어느 정도 사실대로 반영하는 것이라면, '사실-당위'의 모순은 사실상 정신 활동 구조의 각각 다른 일면만을 보는 데서 오는 피상적인 문제에 지나지 않는다. 즉 아직 논리의 전향이 이루어지지 않은 단계, 즉 '접속점'을 거치지 않은 단계의 지식 내용은 그 자체 속에 아무런 행동 의지가 들어 있지 않으므로 사실에 대한 지식의 형태에 머물러 있을 뿐 아무리 정교한 논리적 추리를 거치더라도 논리만으로는 행동 의지로 바뀔 수 없다고 보는 것이 '논리적 단절성'의 주장이며, 반대로 지식의 내용이 실제로 '접속점'을 통과하게 된다는 사실과 또 이를 통해 행동의 의지로 바뀐다는 사실을 현실적으로 긍정하는 입장에서 보면 사실상의 연관성이 분명해지며, 이것이 곧 '사실적 연관성'의 주장이 된다.

이제 이러한 정신 활동의 구조를 활용해 앞에서 논의했던 본원적 당위의 추구 과정을 다시 한 번 검토해보자. 우리는 앞에서 본원적 당위를 추구하려면 우주 속에 처한 인간의 상황에 관해 최선의 지식과 함께 합리적이고 진지한 구도의 자세를 가져야 한다고 했다. 여기서 요구하는 최선의 지식이라 함은 어떤 부분적 사실에 대한 단편적 지식을 의미하는 것이 아니라 우주와 인간에 관한 가장 종합적이고 균형 잡힌 지식을 의미하며, 또 진지한 자세를 취한다고 함은 바로 우리의 마음의 자리 곧 '접속점'을 기존에 형성된 모든 구체적 행동 의지들로부터 분리시켜 순수한 본연의 상태로 유지시켜야 한다는 것을 의미한다. 이 두 가지 요소, 즉 균형 잡힌 최선의 지식과 모든 기존의 행동 의지에서 벗어난 순수한 마음의 자리가 마련되었으면, 우리는 다시 가장 진지하고 합리적인 정신 활동을 통해 이 두 요소를 결부시킴으로써 하나의 본원적인 행동 의지를 얻게 된다.

이제 우리에게 남아 있는 문제는 이 같은 본원적인 행동 의지와 우리가 추구하는 본원적 당위의 성격이 서로 어떻게 관련되는가 하는 점이다. 얼핏 보기에는 이 두 가지 개념은 서로 상반된 성격을 갖는 것으로 보이기도 한다. 당위의 규범이라는 것은 특정된 행동 의지들을 규제하는 기능을 가지는 것인데, 만일 우리의 행위를 행동 의지에만 맡겨둔다면 당위의 규범이란 사실상 필요 없는 존재가 될 게 아닌가 하는 점이다. 그러나 또 한편으로는 행동 의지를 수반하지 않는 당위의 규범도 생각할 수 없다. 행동 의지라는 말이 지닌 가장 근원적인 의미에서 볼 때, 행동 의지가 수반되지 않는 그 어느 것도 행동으로 옮겨질 수 없기 때문이다. 그렇다면 행동 의지와 당위 사이의 관계는 어떻게 맺어지는 것인가?

그 해답은 결국 본원적 행동 의지와 일상적 행동 의지 사이의 관계에서 찾아볼 수 있다. 본원적 행동 의지가 앞에서 논의한 바와 같이 최선의 균형 잡힌 지식과 순수한 마음의 바탕 곧 '앎과 함의 접속점'이 가장 진지하고 합리적인 정신 활동을 통해 결부될 경우에만 얻어진다면, 이는 어느 누구에게나 그리 쉽게 이루어질 수 있는 것이 아니다. 역사를 통해 보더라도 이러한 성취에 접근한 사람은 그리 쉽게 발견되지 않으며, 이들을 일러 우리는 흔히 현인賢人 또는 성현聖賢이라 한다. 모든 사사로움을 떨쳐버리고 우주나 인간의 가장 중요한 면모를 성찰하고 난 후 이들을 통해서 들려오는 본연의 목소리는, 이미 이들 개인의 사사로운 행동 의지를 말해주는 것이 아니라, 적어도 근본적인 이해에 도달한 인간만이 나타낼 수 있는 인간 본래의 행동 의지를 들려주는 것이어서, 이를 듣는 사람들에게는 이들의 목소리가, 설혹 자신들이 지닌 일상적 행동 의지와 일치하지는 않더라도, 자신들의 깊은 내면으로부터 어떤 공감을 불러일으킬 수 있다. 이 같은 공감을 느끼게 된 사람들은 스스로의 행위를 이제까지 자신들이 지녔던 기존의 행동 의지에 예속시키기보다 새로 느끼게 된 더 고차적인 행동 의지에 맞추어야겠다는 일종의 당위 의식이 싹트게 된다. 심지어 바로 그 본원적 행동 의지를 자신 속에서 유발시켰던 당사자에게조차도 바로 그 본원적인 행동 의지가 자신이 일상적으로 경험해온 사사로운 행동 의지와 너무도 큰 차이를 갖는 것이어서 이를 자신의 의지라고 느끼기보다는 오히려 자신을 통해 들려오는 어떤 절대자의 목소리—그가 택한 세계관에 따라 혹은 '신의 계시' 혹은 '하늘의 명령'—라고 느끼게 될 만큼 강한 당위적 호소력을 지닐 수도 있다.

사실상 우리는 많은 경우에 서로 상반되는 두 가지 혹은 그 이상의 행동 의지를 경험하게 된다. 그 하나가 더 사사롭게 경험되는 일상적 행동 의지라면, 다른 하나는 더 깊은 성찰을 거친 좀 더 심층에서 솟아오르는 고차적 행동 의지이다. 흔히 일상적 행동 의지를 자신의 행동 의지로 생각하고 심층적 행동 의지를 이를 견제하기 위해 마음속에 새겨진 도덕률 또는 양심이라 생각하나, 이 두 가지가 다 본질적으로 자신의 행동 의지이며 어느 쪽이 더 우세한가에 따라 실질적인 행동 방향이 결정된다.

요약해보면, 우리가 추구하는 본원적 당위라는 것은 사실상 최선의 지식과 본연의 접속점을 동원하여 얻게 되는 본원적 행동 의지 그 자체의 한 표현이며, 이러한 당위가 행동 유발의 힘을 가지는 것도 그 자체가 근본적으로 행동 의지 바로 그것에 기반을 둔 것이기 때문이다.

5. 본원적 행동 의지와 현실적 윤리 규범

우리는 앞에서 본원적인 행동 의지가 어떻게 당위의 의식과 연결되는지에 관해 고찰했다. 그런데 이 본원적인 행동 의지는 비단 당위의식으로만 표출되는 것이 아니라 더 다양하게 각종 가치의식으로 관념화되기도 한다. 즉 '더 하고 싶은 것', '더 원하는 것'을 이루는 데 도움이 되는 모든 것은 '더 좋은 것', '더 귀중한 것' 등으로 하나하나 채색되어간다. 그리고 이들은 다시 좀 더 추상적인 개념인 '좋음'이라든가 '귀중함' 등의 일반 개념으로 발전해간다.

물론 구체적인 사물이나 구체적인 행위는 그것이 놓인 상황에 따라 우리가 '하고 싶은 것', '원하는 것'에 크게 도움이 될 수도 있고 그렇지 않을 수도 있다. 사실상 우리의 본원적인 행동 의지에 비추어 보아 이것이 정말로 도움이 될 것인지 아닌지를 밝혀내는 것은 상당한 성찰을 요하는 일이다. 그러나 상당수의 사물이나 행위는 많은 경우에 그리고 많은 사람에게 이러한 행동 의지 실현에 도움 또는 방해가 되는 경향을 어느 정도 고정적으로 지니는 것이 또한 사실이다. 이럴 경우 이들에게 일단 그 지니는 정도에 따라 일정한 가치 등급을 부여해놓고 나면 우리가 이들을 활용하여 생활해나가는 데 무척 편리한 구실을 하게 된다.

흔히 '윤리'라고 하는 것은 인간의 행위, 특히 타인의 이해에 영향을 미칠 행위에 대해 일정한 가치 등급을 부여하는 체계라 할 수 있다. 원칙적으로는 어떠한 행위를 취하려 할 경우, 먼저 본원적인 당위 관념을 기준으로 그 행위와 그것이 초래할 예상되는 모든 결과들을 비추어 보고, 합당하다고 확인된 후 행동을 취하는 것이 바른 절차이다. 그러나 현실적으로 이는 몹시 번거로운 일이므로 예상되는 행위 하나하나에 미리 그 가치 등급을 부여해놓고 이에 따라 거의 관습적으로 행동하게 된다.

일반적으로 윤리 관념은 대부분의 다른 가치 관념들과는 달리 당위의식을 매우 강하게 풍기는 관념이다. 이는 단순히 행동에 부여된 가치 관념이기 때문만은 아니며, 더욱 중요한 것은 '나'와 '남' 사이에, 그리고 '우리 편'과 '상대 편' 사이에 막혀 있는 생리적·심리적 장벽을 어떻게든 뛰어넘어야 한다는 요청을 받는 관념이기 때문이다.

사람은 누구나 생리적으로 자신의 신체에서 발생하는 상황만 직접 의식할 수 있고 타인의 상황에 대해서는 오직 자신의 것과의 유추를 통해 간접적으로 추측할 수밖에 없는 구조를 가지고 있다. 그리고 사람은 심리적으로 자신과 특별한 관계를 갖는 사람 또는 자신이 속해 있는 무리의 이해만을 앞세우고 여타의 사람 또는 자신이 속해 있지 않은 무리의 이해는 가볍게 여기는 경향을 갖는다. 그러나 본원적 당위의 관념은 이러한 생리적·심리적 제약에서 오는 불합리한 행동 경향을 용납하지 않는다. 그러므로 윤리적 결단이 요청되는 현실 상황에서는 항상 이 같은 제약과 제약을 철폐하라는 강력한 요구 사이에 팽팽한 긴장이 형성되지 않을 수 없다. 이것이 바로 윤리 관념이 강력한 당위의식을 느끼게 해주는 소치라 할 수 있다.

전통적 윤리 관념은 특히 '나'와 '남' 사이의 장벽을 주로 문제 삼아왔다. 이른바 윤리 규범의 황금률이라 불리는 "네 이웃을 네 몸과 같이 사랑하라"는 윤리 강령이 바로 이 장벽을 철저히 넘어서라는 요구에 해당한다. 그러나 현실적으로는 이러한 요구를 철저히 만족시키는 대신, 사회적으로 무리가 없는 범위에서 인간이 지닌 생리적·심리적 제약과 본원적 당위의 요구 사이에 용납되는 경계가 적절히 그어지게 된다.

역사적으로 보면 이 같은 윤리 규범은 어느 특정 시기에 어느 특정 인물이 제정했다기보다는 사회의 문화 전통 속에 깊이 뿌리내리고 오랜 진화 과정을 거쳐 서서히 이루어진 것이라고 할 수 있다. 특히 급격한 사회적 변동이 없는 경우 문화 전통 속에 깊이 뿌리박은 윤리 규범은 거의 아무도 손댈 수 없는 성역에 위치하게 된다. 설혹 사회적인 필요나 여건에 따라 소규모의 수정이 요청되는 경우에도 그 기반의 흔들림 없이 점진적인 조정에 의해 자연스럽게 수정해나가는 것이 상례이다. 그러나 상황에 따라서는 윤리 규범 자체를 성역에서 끌어내려 의식적으로 비판하고 적극적으로 개조해야 할 특별한 경우도 발생한다. 이제 그 대표적인 경우 몇 가지를 생각해보자.

첫째는, 급격한 외적 생활환경의 변화에서 오는 불가피한 수

정의 요청이다. 이 경우에는 변화된 현실로 인해 윤리 규범 그 자체가 본래의 의미를 상실했거나 역기능을 하는 경우로서 본래의 의미를 되살려 수정할 수 있다. 이때에는 이 사회에 이미 수용되어 있는 본원적인 당위 자체에는 변동이 없는 것이므로 이 본원적인 당위의 권위를 내세워 별로 큰 마찰이나 충돌 없이 조정될 수 있다. 가령 신대륙에 이주한 주민들이 새로운 생활환경에 적응하여 생활방식 및 윤리 규범을 바꾸어 나간 경우가 이에 해당된다.

둘째는, 외적 생활환경에 변화가 없더라도 더 심오한 새로운 본원적 당위가 밝혀짐으로써 윤리 규범의 전반적인 조정이 요청되는 경우이다. 외래 종교라든가 문화가 파급되어오는 경우가 그 대표적인 예에 해당한다. 이 경우에는 기존 관념과의 상당한 마찰과 충돌이 거의 불가피하다.

마지막으로 이 두 가지 경우가 중첩되는 경우로 특히 현대와 같이 인간의 행위 능력이 급상승하는 경우를 생각할 수 있다. 이 경우는 생활환경의 변화와 문화의 상호교류는 물론, 그 문화 자체가 지닌 폭발력에 의해 자체 파멸의 위험까지 지니게 됨으로써 행위 규범의 수정과 함께 본원적 당위 그 자체의 재검토마저 절실히 요청되는 상황이다. 사실 이것이 바로 우리가 지금 이 같은 고찰을 하지 않을 수 없도록 만들어준 상황이며, 여기서는 현실적 윤리 규범과 함께 좀 더 적절한 본원적 당위를 모색하는 일이 불가피해진다.

그러면 이제 본원적 당위가 주어졌다고 할 때 이로부터 현실적 윤리 규범이 어떻게 도출될 수 있는가에 대해 좀 더 상세히 검토해보자.

원리만 이야기하자면 이 과정은 비교적 간단하다. 우선 첫 단계로 어떤 전형적인 상황 아래에서의 전형적인 행위를 가상하고 행위를 수행했을 경우 초래될 모든 가능한 결과들을 예상한다. 그리고 그 결과들이 과연 이미 주어진 본원적 당위 개념에 비추어 본원적 행동 의지와 일치되는 것인지, 그렇지 않은지를 판정한다. 만일 그렇다고 판정되면 우리는 이러한 행위를 실험적으로 수행해볼 수 있으며, 그 행위의 결과를 직접적으로 관찰하여 과연 예상했던 대로 본원적 행동 의지와 일치되는지를 확인해볼 수 있다. 그리고 동일한 상황에서의 동일 형태의 행위에 대한 거듭된 실험 결과가 항상 합당한 결과를 준다는 것이 확인되고 나면, 우리는 해당 상황 아래에서의 해당 형태의 행위가 주어진 본원적 당위 관념에 일치하는 합윤리적 행위라고 규정할 수 있다. 그러나 현실적으로는 이러한 과정을 밟아 윤리 규범을 설정한다는 것은 결코 쉬운 일이 아니며 또 이런 식으로 하나의 윤리 규범이 정해졌더라도 이를 올바르게 활용한다는 것도 쉬운 일이 아니다.

우선 윤리 규범이 설정될 수 있기 위해서는 다음과 같은 몇 가지 조건들이 만족되어야 한다.

첫째, 우리는 행위를 수행할 배경 상황을 정확히 파악할 수 있어야 한다. 이를 위해서는 특히 배경 상황에 대해서 알아야 할 지식의 성격이 어떠한 것인지 그리고 이 지식에 대한 정보가 어떠한 방식으로 얻어질 수 있는지 등이 규정되어야 한다.

둘째, 배경 상황이 충분히 파악되었다고 할 때 이 상황 속에 행위가 가해짐으로써 초래될 결과를 신빙성 있게 예측할 수 있어야 한다. 이는 물론 필연성을 지니는 예측을 해야 한다는 것은 아니지만, 개연성을 지닌 예측이라 하더라도 그 결과가 확률적으로나마 예측에 일치할 수 있으리라는 신뢰할 만한 근거가 있어야 한다.

셋째, 이렇게 예측된 결과를 놓고 그 합당성 여부를 판정할 수 있을 만큼 본원적 당위의 관념이 구체화되어야 한다.

넷째, 충분히 많은 수의 행위가 동일한 상황 아래 놓인 동일한 종류의 행위라고 구분될 수 있어야 한다. 만일 모든 행위가 유일한 상황 아래 놓인 유일한 성격의 행위들이라면 행위 규범을 정하여 이것에 맞추어 행동한다는 것 자체가 무의미해지기 때문이다.

다음에는 이렇게 윤리 규범이 정해졌다고 할 때 이를 올바로 활용하기 위해 갖추어야 할 조건을 생각해보자.

첫째, 규범에서 말하는 배경 상항이 현재 행동이 가해질 배경 상항과 완전히 일치하는지 확인할 수 있어야 한다. 또한 현재 행동하려는 행위가 규범에서 말하는 행위와 동일한 종류의 행위인지 확인할 수 있어야 한다. 그리고 만일 이것이 완전히 일치하지 않고 부분적인 유사성만 가질 경우 그 규범의 내용을 부분적으로 활용할 수 있을지 판정할 수 있어야 한다.

둘째, 활용하려는 윤리 규범 자체가 어느 정도 확고하게 설정된 것인지 특히 구체적인 현실 속에서의 확인 과정을 거친 것인지 검토해야 한다. 현실적으로는 완벽하게 설정된 윤리 규범은 존재하지 않으므로 그 검토된 정도에 따라 신빙성을 달리 부가해야 한다.

이제 이와 같은 고찰들을 요약해보면, 설혹 본원적 당위 관념이 명백히 확정되었다 하더라도 이로부터 현실적인 윤리 규범을 도출해내는 것은 쉬운 일이 아니다. 이를 위해서는 구체적 현실 상황의 파악 및 합리적 행위 결과의 예상을 위한 신뢰할 만한 지식이 마련되어야 하며, 또 이를 활용하여 엄격히 결과를 도출해낼 냉철한 자세를 지녀야 한다는 이야기가 된다.

6. 지식의 가치중립성과 가치의존성

우리는 지금까지 인간의 본원적 행동 의지를 형성하는 과정, 그리고 이로부터 구체적 행동 규범을 마련하는 과정에서 여러 차례에 걸쳐 지식의 중요성을 강조해왔다. 특히 우주와 인간에 대한 균형 잡힌 지식은 본원적 행동 의지를 형성하는 데 결정적인 역할을 하는 것이며, 또 인간의 구체적 현실 상황과 그 안에서의 행동의 결과를 말해줄 지식은 구체적 행동 결정 및 행동 규범을 마련하는 데 필수적인 요소가 된다는 것을 확인했다.

그렇다면 이러한 지식 그 자체는 어떻게 형성되는 것인가, 그리고 이렇게 얻어진 지식은 과연 신뢰할 수 있는가를 생각해보지 않을 수 없다.

특히 관심의 대상이 되는 것은 이 같은 지식은 우리가 지닌 기존의 관념과는 무관하게 독립적으로 얻어지는 것인가, 아니면 우리가 이미 지니고 있는 기존의 관념 특히 그 가치 관념이 여기에 일정한 영향을 미치는 것인가 하는 점이다. 우리는 이미 우리의 지식이 인간의 본원적 행동 의지 결정에 크게 관여하고 있으며, 인간의 본원적 행동 의지는 다시 인간의 각종 가치 관념을 결정하는 기반이 된다는 점을 논의해왔다. 그런데 만일 인간의 가치 관념 자체가 다시 인간의 지식을 규제하는 것이라면 우리의 논의는 일종의 순환논리에 빠지는 것으로 생각될 수도 있다.

일반적으로 지식 특히 자연과학적 지식은 가치중립적인 것이며 또 가치중립적인 것이어야 한다고 오랫동안 알려져 왔다. 이는 근대 자연과학이 종래의 형이상학적 선입관으로부터 해방되어 직접적인 실험적 관찰과 엄격한 논리적 추리에만 기반을 두고 성장해왔다는 데 그 주장의 근거를 둔다.

한편 사회과학에서는 일찍부터 지식의 가치의존성이 불가피하다는 주장이 줄기차게 이어져 왔고, 최근에 이르러서는 자연과학적 지식조차도 이러한 가치의존성에서 벗어날 수 없다는 주장들이 강력하게 대두되고 있다. 이 같은 주장들이 내세우는 논의의 요지를 간략히 추려보면, 모든 과학은 '사실'에 기반을 두고 있다고 하나 심지어 자연과학에서 말하는 객관적 관찰이라는 것도 엄격히 이야기하면 사실을 해석하는 관념의 틀인 '이론 체계'에 크게 의존하고 있으며, 또 이러한 '이론 체계'는 이를 구상하는 과정에서 인간이 이미 지니고 있던 가치 관념을 비롯한 기존의 관념 체계에 크게 의존하지 않을 수 없다는 논지이다.

그러면 이 두 가지 엇갈리는 주장 속에 얽혀 있는 논의의 매듭을 어떻게 풀어나가야 할 것인가? 가만히 살펴보면 이 논의도 앞에서 우리가 검토한 '사실-당위'의 문제와 흡사한 일면을 지니고 있다. 사실 이것은 '사실-당위'의 문제를 뒤집어놓은 것에 해당한다. 여기서도 이들은 서로 모순되는 주장을 하고 있는 것이 아니라, 사실의 각각 다른 일면을 말해주고 있다. 즉 지식 자체의 내적 논리는 본질적으로 가치 관념에 의존할 수 없으며, 이러한 의미에서 지식 자체의 내적 구조에 대해서는 지식의 가치중립성이 엄격히 성립하는 반면, 지식을 추구하는 주체로서의 인간은 그 주제의 선정, 관점의 선택 그리고 이론 체계의 구상 과정에서 가치 관념을 비롯한 기존의 관념 체계에서 벗어날 수 없는 것이 또한 사실이며, 이러한 의미에서 지식 형성 과정에서 초래되는 가치의존성은 그것 나름대로 성립하는 것이다.

실제로 우리의 논의에서는 지식의 성격이 지니는 이 두 가지 면들이 각각 중요한 의미를 지닌다. 먼저 지식을 추구하는 주체로서의 인간이 갖는 필연적인 가치 관념 의존성과 이것이 초래할 결과에 대해서 생각해보자.

이미 언급한 바와 같이 지식의 가치의존성을 인정할 경우 우리의 논의는 일종의 순환관계를 형성한다. 즉 우리가 지닌 최선의 지식은 가치 관념을 형성하는 데 크게 기여하고 있고 우리의 가치 관념은 다시 우리의 지식을 형성하는 데 영향을 주게 된다. 그렇다면 인간의 지식과 인간의 가치 관념은 서로가 서로에게 영향을 미치는 순환의 고리를 형성하며 영원한 순환 속에 정체되고 마는 것인가?

이론상으로는 이것이 폐쇄된 순환 고리 속에서 정체되어버릴 수도 있고 끝이 열린 나선형의 순환관계를 이룰 수도 있다. 이제 우리가 임의로 어떤 특정 시점의 지식을 출발점으로 잡아보자. 이 지식에 의해 하나의 가치 관념이 형성되며 이 가치 관념은 또다시 우리가 추구할 지식의 성격을 결정해준다. 그런데 이렇게 추구된 지식이 바로 우리가 출발했던 처음의 지식과 완전히 일치하여 전혀 달라진 것이 없다면, 이것은 폐쇄된 순환고리를 이루고, 이 전체는 하나의 자체충족적인 과정이 되어 정체되고 만다. 실제 역사에서도 실질적으로 이러한 자체충족적 순환 과정에 빠져 상당 기간 동안 정체가 지속되었던 일이 적지 않았던 것으로 보인다.

그러나 만일 이렇게 한 바퀴 회전을 거쳐 추구된 지식이 처음 출발했던 지식과는 다른 새로운 내용을 충분히 담고 있는 것이라면, 이것은 폐쇄된 순환관계가 아니라 끝이 열려 있는 나선형 순환관계라고 볼 수 있다. 이러한 나선형 순환관계는 특히 15~16세기의 근대 자연과학이 대두된 이래 매우 활발하게 진행되어왔다. 15~16세기의 과학혁명이 '새로운' 지식의 획득 가능성을 알려주자, 이것은 다시 우리에게 '새 지식의 추구'라는 새로운 가치 이념을 심어주었고, 이 가치 이념이 다시 더 적극적인 과학적 지식 탐구의 여건을 조성했다. 그리고 과학적 지식을 산업기술에 활용할 수 있음을 알려준 19세기의 과학은 다시 과학적 지식 추구의 열풍이라고 할 금세기의 가치 관념을 형성했으며, 이것이 현대 과학기술 문명을 더욱 가속시키는 정신적 바탕을 이루고 있다.

이번에는 지식의 내적 논리가 지닌 가치중립성은 어떤 의미를 갖는지, 특히 이러한 순환 과정 속에서 과연 어떤 기능을 하는지 고찰해보자.

아무리 지식 추구의 동기와 방향이 기존 가치 관념에 크게 의존하더라도 이를 통해 구성된 지식의 내적 구조는 이러한 가치 관념과 무관한 언어와 논리로 짜이며, 또한 지식의 확인 과정도 객관적 증거 및 증명의 제시에만 의존한다. 이렇게 함으로써 지식 자체는, 역시 지식 추구의 동기나 과정과는 무관하게, 하나의 독자적인 존재성을 부여받게 되며, 또한 탐구자의 기존 관념과는 무관하게, 새로운 사실을 말해주는 독립적인 기능을 갖게 된다. 오직 기존의 가치 관념이 지식의 성장 자체를 억제할 경우에만 지식은 고정되어 화석화할 것이고 더 이상 새로운 사실을 말해주는 독립적인 기능을 하지 못하게 될 것이다. 그러나 일단 지식 성장의 가능성과 중요성이 기존의 가치 관념 속에서 시인될 수만 있다면, 지식과 가치 관념 사이의 순환 과정은 지식 그 자체의 성장에 의해 하나의 급격한 물매를 지닌 나선 형태로 발전적 순환 과정을 형성하게 될 것이다.

요약하면, 지식의 형성 과정은 필연적으로 기존의 가치 관념에 의해 영향을 받게 되나 일단 구성된 지식은, 지식 자체의 내적 구조가 지닌 가치중립성에 의해, 이를 탄생시킨 탐구자의 기존 가치 이념과는 무관하게 객관적인 사실을 말해주는 기능을 갖게 되며, 이러한 점에서 지식은 특히 새로운 가치 이념의 추구 과정에서 기존 가치 이념에 종속되는 종속변수가 아닌 독립변수로서의 기능을 할 수 있게 된다.

7. '새로운 지식'과 본원적 당위

우리가 새 가치 이념을 추구한다고 할 때 이것이 기존의 가치 이념들과는 다른 어떤 '새로운' 것이 되기 위해서는 적어도 '새로운' 내용의 지식이 투입되어야 한다. 지식이 설혹 가치 이념의 추구에서 독립변수적인 기능을 수행할 수 있더라도 그 지식의 내용 가운데 새로운 것이 없다면 이것을 통해 얻어질 가치 이념 속에서 새로운 것을 기대할 수가 없기 때문이다.

그렇다면 과연 우리에게는 새로운 내용의 지식이 있는가, 그리고 있다면 그 내용이란 어떠한 것인가? 이 물음에 답하기 위해 먼저 우리가 '새로운' 내용의 지식이라고 할 때 '새롭다'는 것은 무엇을 기준으로 말하는 것인지를 밝혀야 할 것이다. 어떤 전문 분야의 학자에게는 아직 학계에 발표되지 않은 지식이 새로울 것이며, 현재 학문을 배워나가는 학생에게는 아직 배우지 않은 내용이면 무엇이든지 새로운 지식이 될 것이다. 그러나 우리가 여기서 새로운 지식이라고 말할 때는 기존의 가치 이념들이 형성되던 역사적 시기 이후에 알려진 모든 의미 있는 지식들을 말한다. 그리고 기존의 가치 이념이란 무엇이며, 또 언제 형성된 것인가를 논의하는 것은 그 나름대로 어려운 문제가 되겠으나, 우리는 여기서 편의상 근대 이전에 형성된 가치 이념들을 통틀어 기존의 가치 이념이라 부르기로 한다.

이렇게 규정해놓고 나면 새로운 지식이라는 것은 근대 이후에 알려진 여러 지식의 내용들을 의미하게 된다. 이러한 지식 가운데 중요한 몇 가지를 살펴보면 다음과 같다.

첫째로, 근대 이후의 활발한 정보 교환에 의해 얻어진 여타의 문화권에 관한 지식들이 있다. 종래에는 개별 문화권 안에만 국한되어 외부에는 별로 알려지지 않았던 것들이 근대 이후의 각종 정보매체의 도움으로 널리 알려지게 된 내용들이 여기에 해당한다. 이것은 인류 전체로 볼 때에는 누군가가 이미 알고 있었다는 의미에서 새로운 지식은 아니겠지만 개별적인 인식 주체의 입장에서 보면 새롭게 알려진 지식임에 틀림없다. 특히 자신이 속하지 않았던 문화권의 역사 및 문화 내용에 대한 지식은 더 포괄적인 가치 이념을 형성하는 데 대단히 중요한 구실을 할 수 있다.

둘째로, 근대 이후에 발생한 모든 역사 문화적 사건들에 대한 지식을 생각할 수 있다. 특히 근대 이후의 사회는 급격한 변천 과정을 겪었으므로 그 이전에는 경험하지 못했던 새로운 성격의 사건들이 많이 발생했으며, 따라서 이 모든 역사 문화적 사건들을 집합적으로 볼 때 하나의 중요한 새 지식의 원천을 이룬다고 할 수 있다.

그리고 가장 본질적인 새로운 지식으로서 근대 이후의 과학적 탐구 과정에서 얻어진 체계화된 각종 전문지식을 들 수 있다. 사회과학을 포함하여 현대 과학이라고 불리는 넓은 테두리 안에 담긴 이 지식의 내용은 너무도 광범위한 것이어서 개인이 전체를 섭렵한다는 것은 거의 불가능하다. 그러나 이러한 지식 속에는 우주와 인간에 대해 그 전에는 전혀 알지 못했던 중요한 새로운 내용들이 대단히 많이 포함되어 있으므로 새로운 가치 이념의 추구를 위해서는 필히 그 개략적인 줄거리나마 간추려 이해하지 않으면 안 된다.

우리는 앞에서 열거한 '새로운 지식' 가운데서도 특히 현대 과학이 우리에게 알려주는 주요 내용을 살펴보고, 이것이 새로운 가치 이념을 구성하는 데 어떻게 기여할 수 있을지 생각해보기로 한다. 이를 위해 우선 현대 과학이 말해주는 주요 내용을 몇 가지만 추려보면 다음과 같다.

첫째로, 현대 과학은 우주의 엄청난 시간적·공간적 성격과 규모, 그리고 그 안에서 성립되는 엄격하고 조화로운 자연법칙들의 주요 내용을 우리에게 보여주고 있다. 이는 우리가 일상적으로 경험하는 규모의 세계, 그리고 현대 과학 이전에 우리가 알고 있었던 우주의 규모와 질서에 비해 상상을 초월할 만큼 방대하고 오묘한 것임을 알려준다. 극대에서 극소에 이르는 시간적·공간적 규모에서뿐 아니라 이것이 보여주는 다차원적 질서는 이해를 하면 할수록 더욱 놀라운 것임이 확인되고 있다.

둘째로, 현대 과학은 시간의 흐름에 따라 전개되어가는 생명의 신비를 보여준다. 이것 또한 불가사의한 미지의 영역으로서가 아니라 자연의 기본 법칙과 자연의 기본 질서를 통해 그 비밀의 정체가 풀려나가면서 드러나는 신비이다. 이 안에서 우리는 끝없이 다채로워지는 온생명과 이를 구성하고 있는 생명체들 사이의 놀라운 어울림을 본다.

그리고 셋째로, 현대 과학은 그 안에 놓여 있는 우리들 자신을 보여준다. 인간의 의식 및 정신 현상에 대한 객관적인 이해가 가능해짐으로써 마치 인간이 자신을 스스로 비쳐볼 수 있는 거울을 얻은 것과 같다. 흔히 '나'라고 느끼는 의식 주체로서의 자신을 우주의 그 많은 존재 양상 가운데 하나로 자리매김할 수 있게 된 반면, 이번에는 이러한 객체적 대상으로서의 자신이 하나의 의식 주체가 되어 독자적인 인식과 독자적인 행위를 수행해가며 삶을 엮어가게 되는 신비를 새삼 확인할 수 있게 된다.

우리가 이제 현대 과학이 말해주는 이러한 내용들을 수용한다고 할 때, 이를 통해 얻게 될 본원적 행동 의지 곧 본원적 당위의 내용은 어떤 것들이 될 것인가? 이 물음의 해답을 구하기 위해서는 앞에서 논의한 바와 같이 우리가 접할 수 있는 최선의 지식뿐 아니라 기존의 행동 의지에서 벗어난 순수한 마음의 자리가 마련되어야 하며, 다시 이를 바탕으로 한 진지하고 고된 추구의 과정이 있어야겠으나, 여기서는 단지 어떠한 형태의 해답이 기대되는지를 보이자는 의미에서 매우 간략한 해답 하나를 제시해본다.

첫째로, 우리가 떠올릴 수 있는 것은 우주의 이 장엄하고 방대한 규모와 엄격하고 조화로운 질서 앞에서 우리가 신중하고 경건한 자세를 취해야 하리라는 점이다. 우리가 살고 있는 이 우주는 적어도 무질서한 카오스가 아니며 또 우리의 힘과 생각만으로 손쉽게 흔들릴 녹록한 존재도 아니다. 우리가 설혹 그 안에 새겨진 의미를 미처 포착하지 못한다 하더라도 그 안에는 우리가 함부로 범접할 수 없는 그 어떤 신성함이 깃들어 있다. 이 같은 경외감은 과학 이전에도 가질 수 있었던 것이지만, 우리가 우주에 대해서 깊이 이해하면 할수록 한층 더 깊어지는 것이다.

둘째로, 우리는 지구상에 장엄하게 펼쳐지고 있는 생명 질서의 조화를 존중하고 이것의 존속을 보장해야 한다. 우리는 아직 이 같은 생명 질서가 궁극적으로 무엇을 지향하는지 알 수 없으나, 그것이 이미 보여준 놀라운 다양성과 그들 사이에 나타나는 조화와 질서만으로도 충분히 그 가치를 인정하고 존중하지 않으면 안 된다. 더구나 이러한 생명 질서가 우리의 부주의하고 무분별한 행위에 의해 훼손된다면, 우리는 우리가 생각할 수 있는 가장 큰 잘못을 저지르게 될 것이다.

셋째로, 과학이 비춰주는 우주의 실상과 그 안에 놓인 자신의 위치를 파악한 우리는 그 안에 허용된 '나' 자신을 더욱 소중히 여겨야 한다. 우리는 이 전체 우주를 파악하고, 또 자신의 내면을 의식하는 의식의 주체가 되어 하나의 주체적인 '삶'을 영위하게 되는 이 같은 신비를 오직 경탄으로밖에 받아들일 수 없다. 이러한 경탄은 다시 내 삶에 대한 존엄과 긍지로 이어져야 하며, 이는 다시 다른 모든 의식의 주체들에 대해서도 베풀어져야 한다.

요약하면, 우리는 장엄한 우주의 질서와 그 안에 주어진 삶의 기회를 경건한 자세로 받아들이고, 그 안에 살아가는 모든 생명 질서를 존중하면서, 자신을 포함한 이 모든 의식 주체의 '삶'을 존엄과 긍지 가운데 이루어내야 한다는 것이다.

이것은 물론 잠정적이면서도 매우 주관적인 하나의 해답이다. 사람에 따라 동일한 '지식'을 통해서도 얼마든지 서로 다른 본원적 당위를 도출해낼 수 있을 것이다. 그러나 이것이 결국은 문화 공동체로서의 인간이 공유해야 할 내용이라면 서로 합의할 수 있는 바가 무엇인지를 함께 찾아내려는 노력이 지속되어야 할 것이다.

8. 새 가치 이념과 그 현실적 수용 문제

설혹 우리가 본원적 당위에 합의한다고 하더라도 이것으로 우리가 추구하는 새 가치 이념을 얻었다고 말하기는 어렵다. 가치의 지향성이 결정될 수 있고 행동의 방향이 지시될 수는 있겠지만, 구체적인 가치의 내용, 구체적인 행동의 형태가 자동적으로 지정되지는 않는다. 이를 위해서는 다시 현실 세계에 대한 구체적 상황 파악과 행위 결과에 대한 신빙성 있는 예상이 가능해야 하기 때문이다. 그러나 오늘의 학문 세계에는 이러한 파악과 예상을 가능하게 해줄 지식이 아직 충분히 마련되지 않았다. 아직은 그 관심조차 충분히 성숙되지 않은 상태이다. 이러한 지식을 마련하기 위해서는 기존의 인문·사회과학을 포함한 현대 과학의 탐구 방식에서 근본적으로 이탈할 수는 없겠으나, 최소한 이를 넘어서는 새로운 차원의 학문적 전개가 필요할 것으로 보인다.

우리는 여기서 새로운 가치 이념을 얻기 위해 어떠한 형태의 지식이 추구되어야 할 것인가에 대해서만 간단히 살펴보기로 하자. 현대의 지식은 대부분 우리가 무엇을 해야 할 것인가 하는 당위의 문제를 해결하기 위해 추구되기보다 우리가 이미 목적하는 바를 어떻게 성취시킬 수 있을까 하는 목적 달성 동기에 의해 추구된다. 따라서 추구되는 지식의 형태도 대부분 목적 추구 형식인 "A라는 목적을 성취하기 위해서는 무엇을 하면 될 것인가?"의 형식에 맞는 지식이 주로 관심의 대상이 되며, 결과 예상 형식인 "a라는 행위를 하면 어떠한 결과가 초래될 것인가?" 하는 형식에 맞는 지식에 대해서는 많은 관심을 기울이지 않고 있다.

언뜻 보기에 이 두 가지 형식의 지식은 동일한 내용의 것이라 생각될 수도 있다. 사실상 완벽한 지식만 가질 수 있다면 이 두 가지 지식은 완전히 동일한 내용의 지식이 될 것이겠지만, 현실적으로는 현격한 차이를 보인다.

목적 추구형의 지식에서는 "A라는 목적을 성취하기 위해서는 무엇을 하면 될 것인가?"의 해답으로 "a를 하면 된다"는 답을 얻었다고 할 때 a의 결과로 A가 나오기만 하면 된다. 겸하여 B, C…… 등의 예상치 않았던 결과가 함께 나오더라도 이는 개의치 않으므로 오직 a와 A 간의 국소적인 관계만을 확실하게 추구하는 데 중점을 둔다. 반면, 결과 예상형 지식에서는 "a라는 행위를 하면 어떠한 결과가 초래될 것인가?"의 물음에 대해 "A, B, C…… 등의 결과가 나온다"고 할 때 a의 결과로 나타나는 A, B, C…… 중의 어느 한 관계의 확실성만을 추구하는 것이 아니라 a와의 모든 관련성에 관심을 집중하게 된다. 즉 목적 추구형 지식에서는 '부분적 확실성'에 중점을 두는 데 반해 결과 예상형 지식에서는 '전체적 관련성'에 중점을 둔다고 말할 수 있다.

지금까지의 지식 특히 현대 과학이 전체적 관련성을 해명하기보다는 부분적 확실성을 추구하는 데 집착하게 된 것은 목적 성취라는 동기에서 나온 것이 사실이지만, 이것만이 그 원인은 아니다. 이렇게 된 데에는 이러한 동기뿐 아니라 방법론적인 어려움에도 기인하는 바가 크다. 즉 부분적 확실성만을 추구할 경우에는 문제를 크게 단순화시킬 수 있고 또 손쉽게 탐구의 작업을 전문화해갈 수 있지만, 전체적 관련성을 추구하려는 경우에는 필연적으로 '전체론적 접근holistic approach'을 시도하지 않으면 안 된다. 이렇게 할 경우 문제가 복잡해질 뿐 아니라 개별적인 전문지식만으로는 접근이 매우 어려워진다. 예를 들어 행위 a의 결과가 A, B, C……라 할 때는 A는 물리적 결과, B는 심리적 결과, C는 사회적 결과 등일 수 있기 때문이다.

그러므로 우리가 목적하는 바와 같이 새로운 당위의 추구를 위해 전체적인 관련성을 위주로 하는 결과 예상형 지식을 효과적으로 마련하려면 여기에 대한 새로운 관심을 불러일으킬 뿐 아니라 새로운 방법론 마련에도 함께 힘을 기울여야 한다. 그리고 이러한 지식의 틀이 만들어진다면 이를 바탕으로 우리 모두가 합의할 수 있는 새로운 가치 이념을 마련하는 일에 함께 나설 수 있을 것이다.

그러므로 이 시대를 살아가기에 적절할 새로운 가치 이념의 마련은 아직 남은 과제라고 할 수밖에 없다. 그러나 우리의 삶은 지금 이 순간에도 지속되고 있는 만큼 마냥 기다리고 있을 수만은 없다. 그리하여 우리는 잠정적인 가치 이념이라도 마련해야 할 것이고 우선은 이를 활용하여 삶을 영위해나가는 도리밖에 없다.

그러나 설혹 새 가치 이념이 마련되었다 하더라도 이것으로 모든 문제가 끝나는 것은 아니다. 이미 과거에도 가치 이념은 있었고 지금도 나름의 가치 이념은 있지만 사람들이 모두 이 내용을 다른 모든 가치에 우선하여 삶의 바탕으로 삼고 있느냐 하면 현실은 그렇지 못하다. 이는 곧 당위의 바탕이 되는 본원적 행동 의지가 대부분의 사람들이 공유하는 현실적 행동 의지를 넘어서지 못하기 때문이다. 사람들은 누구나 일상적 행동 의지를 지니고 있으며, 이는 많은 경우에 본원적 행동 의지와 충돌하거나 긴장 관계에 놓이게 된다. 그러므로 설혹 본원적 당위 내용에는 합의를 한다 하더라도 이에 대해 충분한 실천 의지를 수반한다는 것은 쉬운 일이 아니다.

더구나 이것이 기왕에 통용되던 기존의 가치 이념이 아니라 새로운 것이라면 어려움은 더 한층 커진다. 이제 우리가 새 가치 이념을 들고 현실 속으로 뛰어든다고 할 때, 우리는 필연적으로 현실을 대변하는 두 가지 커다란 기존 질서와 부딪히게 된다. 기존의 가치 이념과 기존의 사회 제도가 그것이다. 따라서 새로운 가치 이념에 상치되는 기존의 가치 이념과 기존의 사회 제도를 어떻게 조정해나갈 것인가 하는 새로운 문제에 부딪힌다.

사실 이 문제는 언뜻 생각할 수 있는 바와 같이 그리 간단한 문제가 아니다. 모든 제도와 관념은 그 내부에 자체 방어적인 기능을 지니고 있어서, 외부로부터 이를 변형시키려 할 경우 오히려 그 반대 방향으로 반응하려는 경향을 가지고 있다. 그렇기에 섣불리 기존 질서와 대립하기보다는, 기존 질서에 대한 구체적 이해를 통해 이를 포용한 후 이를 한 단계 끌어 올리는 방식이 유용하다. 그러기 위해서는 먼저 기존의 가치 이념과 사회 제도의 근원적인 존재 이유부터 철저히 파악하고 그것의 긍정적인 기능과 현실적인 역할을 확인한 후, 한층 높은 안목에서 그 현실적인 부적절성을 예리하게 지적해내야 하는 것이다. 이는 기존 질서의 옹호자 입장에서 기존 질서의 미비점을 발견하고 이를 향상시키는 내적 작업에 동참하는 것을 의미한다.

가령 전통적 윤리 규범의 경우를 생각해보자. 대부분의 전통적 윤리 규범은 그 규범이 제정되어 전해져 내려온 오랜 기간 동안 상당한 긍정적 기여를 해왔으리라 예상된다. 그러나 현대와 같이 변화의 폭이 큰 상황에서는 만일 이 같은 규범이 경직된 형식을 그대로 고집한다면 의도하지 않은 부당한 결과들이 초래될 수 있다. 이 경우 우리는 이를 무비판적으로 준수하거나 직접적으로 배격하는 자세에서 벗어나 그 긍정적 의미를 확인한 후, 변화된 여건 아래서는 그 긍정적 측면이 내용을 상실하거나 오히려 역기능을 할 수 있음을 명확히 드러내야 한다. 전통적 윤리 규범들 가운데에는 그 타당성을 새로운 각도에서 인정할 수 있는 것들도 있겠으나, 현대적 상황에서 그 타당성을 인정할 수 없거나 타당성의 영역 밖으로 확대 적용되는 것들도 있을 수 있다. 이러한 모든 것들을 우리는 앞에서 제시한 접근 방식에 의해 선별적으로 재수용하거나 수정해나갈 수 있는 것이다.

그리고 정치, 경제, 교육, 종교를 포함한 기존의 사회 제도에 대해서도 유사한 방식의 접근이 가능하겠지만, 이들은 현실 사회 내에서 부정적이건 긍정적이건 간에 현실적으로 막강하게 기능하는 경우가 많으므로 좀 더 조심스런 방식이 요청된다. 많은 경우에 기존의 사회 제도는 기존의 가치 관념 및 기존의 여러 질서들과 밀접한 관련을 맺으며 상호의존적으로 존속되고 있으므로, 이들에 대한 접근 방식 또한 좀 더 포괄적이고 깊이 있는 방식을 택할 필요가 있다. 예컨대 한 걸음 물러서서 더 깊숙이 본원적 가치 문제로 복귀하여 기본적인 합의부터 도출해 나가는 것도 한 방법이다.

9. 맺는 말

끝으로 우리가 당면한 현실 상황을 바탕으로 시급히 진행해야 할 실천적인 내용이 무엇인가를 간략히 정리해보자. 이는 크게 세 가지 방향에서 정리될 수 있다.

첫째는, 가장 기본적이면서도 가장 어려운 것으로서 기존 가치 이념에 대한 철저한 비판적 검토와 함께 새 가치 이념에 대한 필요성을 분명히 지각하는 문제이다. 앞 장에서 이미 자세히 논의한 바와 같이 현대 과학기술을 통해 급격히 향상된 인간의 행위 능력에 비해 이에 부응할 새 가치 이념은 아직 마련되지 않았고 이로 인해 나타나는 위험성은 매우 심각한 상황이지만, 이 점에 대해 현대인들은 충분한 문제의식을 지니지 못하고 있다.

더욱 경계해야 할 점은 과학기술 문명이 제기하는 새로운 차원의 가치 문제를 종래의 전통문화적 가치 이념을 통해 대처하려는 경향이다. 전통문화적 가치 이념에 대한 무비판적 수용이 현대의 과학기술적 행위 능력과 결합될 때 인류와 이를 포함하는 지구 생태계가 종말을 고하게 될 가능성은 대단히 크다. 이러한 문제는 특히 다음 세대를 위한 교육에서 그 심각성을 드러낸다. 비판력이 성숙되지 않은 어린 세대에게 전통적 가치 관념을 무비판적으로 주입시키는 교육 관행은 시급히 시정되어야 하며, 특히 구체적 행위 및 구체적 대상에 대해 선, 악, 귀, 천 등의 단편적 고정 가치를 부여하는 일에 매우 신중하지 않으면 안 된다. 또한 국가 단위, 이념 집단 단위별로 '우리 편'과 '상대 편'을 구분하여 인위적인 대립을 조장하는 교육은 인류가 물려받은 가장 위험스런 본능적·문화적 폐습이며, 이는 즉시 시정되어야 한다.

둘째는, 과학적 지식의 균형 잡힌 추구와 함께 이의 신속한 정리 및 보급이 이루어져야 한다. 이미 논의한 바와 같이, 가치 이념에 기여할 과학 지식은 지금까지 활발히 추구되어온 부분적 확실성을 보장하는 지식이 아니라 전체적 관련성을 말해주는 지식이어야 하는데, 오늘날 실로 엄청난 지식 추구의 노력에도 불구하고 이러한 성격의 지식은 아직 매우 취약한 상황에 놓여 있다. 전체적 관련성을 말해주는 지식이 올바른 행위 선택의 지침으로 기능하기 위해서는 신속히 정리되어 많은 사람에게 효과적으로 보급되지 않으면 안 된다. 그러나 오늘날의 과학 연구와 과학 교육의 관행은 오히려 부분적 확실성의 추구와 함께 행위 능력 향상을 지향하고 있을 뿐 행위 선택을 위한 지혜를 찾으려는 데에는 별로 큰 관심을 보이지 않는다. 주로 전통적 가치의 바탕 위에 새 과학기술을 가르치는 현행 교육 관행이 얼마나 위험한 것인가를 깊이 반성해야 할 것이다.

셋째는, 구체적 당위에 관한 논의를 활발히 진행해야 한다. 특히 상반된 이해관계와 대립된 이데올로기에 의해 야기되는 수많은 정치적·사회적 문제들을 해결해나가기 위해서는 무엇보다도 인류 사회의 모든 계층에서 다 같이 합의할 수 있는 본원적 당위의 명제를 조속히 설정하고, 모든 사회 문제 해결의 준거로서 이를 활용하도록 해야 한다. 그리고 이러한 본원적 당위의 명제 속에는 마땅히 전체 인류만이 아닌 전체 생태계의 안위가 보장될 내용이 담겨야 할 것이며, 자연과 인간에 대한 현대 과학적 이해가 그 바탕을 이루어야 할 것이다.

지금까지 윤리 규범의 바탕이 되어온 모든 전통적 가치 이념은 이러한 본원적 당위의 원칙 아래 재검토되어야 하며, 특히 과학기술의 대규모 활용과 관계되는 모든 산업 계획은 이 같은 새 가치 이념에 입각한 비판적 검토 후에 시행되어야 한다. 이와 관련하여 현대의 자유시장 경제 체제에 입각한 산업개발이 얼마나 위험한 결과를 초래할 것인지도 비판적으로 검토되어야 한다. 자유시장 경제 체제라 함은 시장의 수요를 최대한 조장하면서 최대한의 이윤을 얻기 위한 무제한의 기술 경쟁을 의미하는데, 이는 결국 전통적 가치의식에서조차 후퇴한 본능적 행동 욕구와 과학기술적 행위 능력을 결합시키는 제도적 장치가 되는 것이다. 따라서 행위 능력과 행동 지침 사이의 이 같은 불균형을 제거하기 위해서는 새로 설정될 본원적 당위가 과학기술적 행위 능력을 효과적으로 규제할 수 있는 새로운 사회 체제가 모색되어야 할 것이며, 만일 인류의 집합적 지혜가 현재 무섭게 성장한 집합적 행위 능력을 만족스럽게 규제할 수 없다면 충분한 집합적 지혜가 모일 때까지 행위 능력 자체의 개발 및 활용을 자제하는 것도 현명한 방안이다.

주

서설: 과학과 메타과학

1. V. F. Turchin, *The Phenomenon of Science*, trans. B. Frentz, New York, Columbia University Press, 1977.
2. Bertalanffy, *General System Theory*, New York, George Braziller, 1968.
   E. Laszlo, *The System View of the World*, New York, George Braziller, 1972.
3. 이를 초기에 국내에 소개한 대표적 문헌으로는 송상용 교수의 『교양과학』(우성문화사, 1980)이 있다.

1장 자연과학의 연구 방법

1. 이 글은 1987년 건국대학교 대학원 주최 학술세미나 '학문의 방법론'에서 발표한 논문 「자연과학의 연구방법론」을 수정 보완한 것임.
2. T. S. Kuhn, *The Structure of Scientific Revolutions*, 2nd edition, Chicago, University of Chicago Press, 1970.
3. 장회익, 「20세기 자연과학 방법론의 변모」, 《대우재단소식》 제4호, pp. 10~13, 1983; 고인석, 「빈 학단의 과학사상: 배경, 형성과정, 그리고 변화」, 《과학철학》 제13권 제1호, 2010.
4. 여기서 말하는 '이론과학'의 의미에 대해서는 이 책의 5장을 참조할 것.
5. 과학의 논리 체계에 대해서는 이 책의 3장을 참조할 것.

2장 지식 진화와 학문의 전개 양식

1. 이 글은 1981년 유네스코한국위원회 주최 '자연과학과 사회과학 세미나'에서 발표한 「지식진화론적 관점에서 본 자연과학과 사회과학의 상호영향」이라는 논문의 내용을 대폭 수정 보완한 것임.
2. Karl R. Popper, *Objective Knowledge*, London, Oxford University Press, 1972.
3. C. H. Waddington, "Evolution in the Subhuman World" in E. Jantsch and C. H. Waddington ed., *Evolution and Consciousness*, Reading, Massachusetts, Addison-Wesley, 1976.
4. Thomas Kuhn, *The Structure Scientific Revolutions*, Chicago, University of Chi-

cago Press, 1970.
5. 장회익, 『물질, 생명, 인간』, 돌베개, 2009.
6. 류강, 『고지도의 비밀』, 이재훈 옮김, 글항아리, 2011.

3장 과학의 논리 구조

1. 이 글은 김준섭 외, 『학문과 논리』(문학과지성사, 1985)에 실린 논문임.
2. C. G. Hempel, *Philosophy of Natural Science*, Englewood Cliffs, N. J.: Prentice-Hall, 1966.
3. K. R. Popper, *Objective Knowledge*, London, Oxford University Press, 1972; Conjectures and Refutations, London, Routledge and Kegan Paul, 1963.
4. Plato, "Meno". 이 부분은 G. Gale, *Theory of Science*, McGraw-Hill, 1979, Ch. 4에 언급되어 있음.
5. T. S. Kuhn, *The Structure of the Scientific Revolutions*, University of Chicago Press, 1970.
6. I. Lakatos and A. Musgrave ed., *Criticism and the Growth of Knowledge*, Cambridge University Press, 1970.

4장 과학의 이론 구조

1. 이 글은 《한국과학사학회지》(제6권 제1호, 1984)에 「과학이론의 구조와 과학발전의 성격」이라는 제목으로 실린 논문을 수정 보완한 것임.
2. 용어 문제 특히 '이론적 용어' 문제에 관한 헴펠의 관점은 뮬리니스(C. U. Moulines)의 해설에서 비판적으로 검토되고 있다. C. U. Moulines, "Theoretical Terms and Bridge Principle: A Critique of Hempel's (Self) Criticism," *Erkenntnis* 22, 1985, pp. 97~117.
3. N. R. Hanson, *Patterns of Discovery*, London, Cambridge University Press, 1958, pp. 13, 87.
4. Crag Dilworth, *Scientific Progress*, Dordrecht: Holland, Reidel, 1981, 제8장.
5. 이 글에서는 이들의 집합론적 표현을 구체적으로 소개하지 않는다. 이들에 대한 체계적인 설명은 다음 문헌에서 찾아볼 수 있다. J. D. Sneed, *The Logical Structure of Mathematical Physics*, Dordrecht, Reidel, 1971.
6. 이 점에 대한 비교적 간단한 소개는 예를 들어 다음 문헌에서 찾아볼 수 있

다. W. Balzer, "Sneed's Theory Concept and Vagueness", in A. Härtkamper and H. J. Schmidt ed., *Structure and Approximation in Physical Theories*, New York, Plenum, 1981.

7. 장회익, 「물리이론의 구조적 성격에 대한 메타이론적 고찰」, 《새물리》 26, pp. 81~89, 1986.
8. 실제로 과학 이론의 하부구조를 이루는 의미기반은 매우 다양한 그리고 복합적인 모습으로 나타날 수 있다. 예를 들어 미적분학이라고 하는 하나의 이론 체계는 그 전체로서 고전역학의 의미기반 아래서 또 하나의 심층적 의미기반으로 기능하고 있다. 이러한 점에서 미적분학은 고전역학을 구성하는 '지지이론'의 한 부분으로 볼 수 있다.
9. 과학의 연구 활동을 자연현상의 실태, 즉 현실적으로 나타나는 구체적 사실을 밝히는 데 주로 기여하는 '실태과학(實態科學)'과 자연현상의 양태, 즉 현상의 규칙적 패턴과 법칙을 밝히는 데 주로 기여하는 '양태과학(樣態科學)'으로 분류하는 것은 매우 자연스런 분류 방식이라고 생각되나, 필자가 아는 범위에서는 아직 이러한 분류 방식이 다른 문헌에 나타난 일이 없다. '실태'와 '양태'의 정의에 대해서는 앞의 3장을 참조할 것.

5장 과학의 인식 구조

1. 이 글은 장회익, 「인식 주체와 과학의 인식적 구조」(《과학철학》 제1권 제1호, 1998, pp. 1~33)의 내용을 수정 보완한 것임.
2. 이 점에 관한 비교적 최근의 논의들이 잘 요약된 책으로는 다음 책을 들 수 있다. George Greenstein and Arthur G. Zajonc, *The Quantum Challenge: Modern Research on the Foundations of Quantum Mechanics*, Sudbury, Massachusetts, Jones and Bartlett, 1977. 한편 양자역학에 대한 일관된 관점이 잘 정리된 책은 다음과 같다. Roland Omnès, *The Interpretation of Quantum Mechanics*, Princeton University Press, 1944.
3. 여기서 말하는 '실재성' 개념은 물리량들의 '독자적 존재성'을 인정한다는 의미의 '실재성'을 말하며, 이 점에 관해서는 뒤에 다시 언급하기로 한다. 한편 이런 상황을 해석하면서 상당수의 논자들은 이를 '비국소성'이라는 관점에서 이해하려 한다. 이런 관점에 대한 비판과 함께 여기서 말하는 의미의 '실재성'에 대해서는 장회익, 「양자역학과 실재성의 문제」(《과학사

상》 제9호, 1994, pp. 93~112)에 비교적 자세히 고찰되어 있다.

4. 아직도 많은 사람들은 이 문제를 인식 주체와 관련한 메타적 문제로 보지 않고, 통상적 물리학의 논의 영역 안에서 해결하려는 노력을 하고 있다. 그러나 양자역학이 지닌 몇 가지 중요한 특성으로 보아 이는 근본적으로 무모한 시도라고 보는 것이 필자의 견해이다. 이 글의 논의 및 그간의 여러 고찰에 의하면 이 문제는 인식 주체에 대한 근본적 성찰에 의해 해소될 수 있을 뿐 그 밖의 방식으로는 해결될 성질의 것이 아니다.
5. 설혹 인식 주체가 제3자를 통해 대상에 대한 정보를 얻는 경우에도 본질적으로는 대상에서 출발한 '물리적 자극'이 일정한 변형을 거쳐 간접적으로 전해진 것에 해당한다.
6. 여기서 만일 이 객관적 세계의 표상 안에서 인식 주체 자신의 모습을 떠올리고 그 모습이 앞에서 우리가 전제한 인식 주체의 성격과 일치한다면 우리의 논의는 최소한의 일관성을 유지하게 된다. 이는 바로 세계 안에 인식자가 있으며 또 인식자 안에 세계가 있게 되는 모순의 한 단면이기는 하나, 이 역설은 결국 인식자 안에 세계가 있고 그렇게 그려낸 세계 안에 다시 그 인식자 자신의 모습이 나타나서 처음의 인식자와 모순 없이 일치하게 됨을 보임으로써 적어도 하나의 일관된 이해의 틀을 얻게 되는 논리에 해당한다. 이러한 관계를 나타내는 흥미로운 표현으로 에셔(Escher)의 그림이 있다. 이 그림에는 창을 통해 밖을 내다보는 사람이 바로 그 창밖 풍경 속에 다시 들어와 있는 모습을 보여준다. *The Graphic Work of M. C. Escher*, New York, Gramercy Publishing Co., 1984, 그림 72.
7. 요즈음 흔히 논의되는 이른바 '가상현실(VR: virtual reality)'은 바로 가상의 '경험표상 영역'을 인위적으로 구성하는 것이라 할 수 있다. 이것이 진정한 '경험표상 영역'이 아님은 분명하지만, 일차적 경험에 직결되는 유사 '경험표상 영역' 안에 가상의 세계를 연출하도록 만든 것이라는 점에서 흥미롭다.
8. 뒤에 언급하겠지만, '경험표상 영역'을 넓혀주는 이러한 성격은 대상에 대한 결정론적 서술이 가능할 경우, 임의의 시간으로 확대될 수 있다. 다만 카오스(chaos)적 상황을 만나는 경우에는 이를 짧은 시간 범위로 제약해야만 한다.
9. 양자역학이 지닌 이러한 어려움을 회피하는 한 방편으로 최근에는 양자역

학의 해석에서 '주체'의 문제를 되도록 언급하지 않으려는 경향이 나타나고 있다. 이는 "관측 전후에 대상의 상태가 달라진다"고 보는 대신에 (관측을 통해) "대상의 성질이 '가능성'에서 '현실성'으로 바뀐다"는 관점을 취한다. 그러나 이때에는 "가능성에서 현실성으로 바뀐다"고 하는 이른바 '이론외적' 상황에 대한 해석에 많은 어려움을 겪게 된다. 그리고 한 가지 흥미로운 점은 여기서 명시적으로 언급하지 않은 관측 주체가 사실상 우리가 말하는 집합적 주체임을 암묵적으로 전제하고 있다는 점이다. 이러한 해석에 관한 비교적 명료하고 체계적인 문헌으로는 다음을 보라. Roland Omnés, *The Interpretation of Quantum Mechanics*, Princeton University Press, 1944.

10. 여기서 '반작용'은 뉴턴의 제3법칙에 나타나는 반작용과는 직접적인 관계가 없다. 그러나 대상이 측정 장치에 어떤 물리적 흔적을 남길 정도의 물리적 '작용'을 했다면 측정 장치 또한 대상의 물리적 '상태'에 의미 있는 객관적 변화를 유발하리라고 생각하는 것은 매우 합리적이다. 단지 이러한 '작용'과 '반작용'은 동일한 영역 안에서 서술될 내용이 아니라 물리적 자극과 인식적 표상이라는 두 영역의 경계면에서 일어난다는 특징을 갖는다. 인식 주체는 자신에게 전해진 물리적 '자극', 즉 '작용'을 받아 이를 '경험표상 영역'에서 '경험표상 영역'의 언어로 표상함과 동시에, 대상 쪽에서 받게 되는 '반자극', 즉 '반작용'은 (만일 대상 자체가 의식 기능을 지녔다면 그것 나름의 '경험표상 영역'에 들어갈 것이나) 인식 주체의 입장에서는 직접 감지하는 것이 아니기에, 오직 자신이 받은 '작용'에 미루어 최선의 '추정'을 하게 되는데, 이 추정의 내용이 바로 '대상서술 영역'에서 의미를 지니는 '대상의 상태'인 것이다.
11. 이 고유치를 대상이 지닌 '물리량'으로 생각하는 것이 불필요하다는 것은 이러한 의미 부여가 대상의 물리적 행위를 서술하는 데 아무런 기여도 하지 않기 때문이다. 대상의 물리적 행위를 서술하는 데 필요한 것은 오직 대상의 '상태'일 뿐이며, 이것만을 대상에 부여하고 이것만을 통해서 대상의 행위를 해석하게 된다.
12. 이것이 이른바 'EPR 논쟁'의 주된 쟁점이다. 이 논쟁에서 아인슈타인, 포돌스키, 로젠(EPR)은 관측되는 물리량을 대상이 지니는 것으로 보았을 때 나타나는 불합리성을 지적하는 것이며, 이에 대해 보어는 매우 만족스럽지 못한 대안을 제시하고 있다. 이 점에 대한 개략적인 논의는 장회익, 「양

자역학과 실재성의 문제」(《과학사상》 제9호, pp. 93~112)에서 찾아 볼 수 있다.

13. 이는 물론 이 문제가 중요하지 않다는 것을 의미하지는 않는다. 양자역학은 분명히 "기왕의 대상과 측정 장치"로 구성된 새로운 '대상'에 대해서도 성립해야 하며, 이 두 서술이 서로 모순을 일으켜서는 안 된다. 측정에 관한 최근의 많은 논의들은 이 두 서술 간의 정합성 문제와 관련하여 중요한 기여를 하고 있으며, 이에 관한 최근의 성과에 대해서는 Roland Omnés의 책(5장 주 9 참조)에 비교적 잘 정리되어 있다. 그러나 여전히 인식 주체의 문제는 남아 있으며 측정 문제의 본질은 바로 여기서 찾아야 할 것이다.
14. 대상의 동역학적 서술에서는 (흔히 라그랑지안 혹은 하밀토니안 등의 형태로) 대상 그 자체의 성격을 대표하는 대상의 '특성'과 시간적인 변화를 동반하는 대상의 '상태'를 구분하여 논의한다. 대상의 '특성'에 관해서는 뒤에 좀 더 자세히 논의하기로 하고 여기서는 이에 대한 정보가 '동역학 방정식(상태 변화의 법칙)' 속에서, 예컨대, 질량이나 힘의 형태로 반영된다는 점만 언급한다.
15. 여기서 '대상이 지닌 물리량'이라는 것은 예컨대 질량과 같이 '특성' 속에 포함된 물리량을 의미하는 것이 아니라, 대상의 '위치'나 '운동량'과 같이 고전역학에서의 '상태'를 지칭하는 물리량에 국한해 사용한다.
16. 여기에 나타난 A를 흔히 '대상이 지닌 물리량'이라고 말하지만 앞서 논의한 바와 같이 이는 옳지 않은 표현이다. 이는 사실상 대상이 '지니고 있는' 그 어떤 것이 아니라, 대상이 인식 주체에 전해준 '자극'의 표현일 뿐이다. 실제 이 관측을 통해 '대상에 대해' 얻게 된 정보에 해당하는 것은 대상에 부여하게 되는 '상태' a 이다.
17. 이들은 흔히 위치와 운동량의 값으로 지정된다. 한편 관측치 자체는 반드시 이들의 값이 아니고 이들의 함수인 어떤 다른 값, 예컨대 에너지, 각 운동량 등일 수 있으나 이는 부수적인 것들로 이 논의에서는 중요하지 않다.
18. 이와 같은 환원은 기본적으로 '고전역학적 서술'에 바탕을 둔 것이지만, '고전역학적 서술'이 반드시 '고전역학'의 출현 이후에 나타난 것으로 보아서는 안 된다. 우리가 '고전역학적 질서'를 경험하기 위해 반드시 '고전역학'을 이해해야 하는 것은 아니다. 인류는 사실상 오래전부터 일상의 '고

전역학적 질서'를 경험하고 살아왔으며, 인류의 사고 체계 속에는 이러한 '환원'이 무의식중에 이루어짐으로써 결국 '경험표상 영역' 안에 나타나는 하나의 세계만을 의식하고 살아가게 된 것이다.

19. 이 논의는 물론 더 일반화시킬 수도 있겠지만, 이런 식으로 한정하여 실재성 개념을 검토하는 것만으로도 우리가 지닌 실재성 관념 일반에 대해 많은 시사점을 얻을 수 있기에, 이런 식의 한정 자체가 논의의 의의를 특별히 약화시키지는 않는다.
20. 고전역학에서는 A가 대상의 위치와 운동량의 측정치가 되고 a는 이들 측정치의 값 자체로 설정된다. 반면 양자역학에서는 A가 대상의 위치 또는 운동량의 측정치가 되고 a는 이를 고유치(eigen-value)로 하는 고유함수(eigen-function)가 된다.
21. 실제로 대상 입자의 각 시점, 각 위치에서의 양자역학적 '상태'는 적절한 형태의 파속(wave-packet)으로 나타낼 수 있다.
22. A. Einstein, B. Podolsky, and N. Rosen, "Can quantum-mechanical description of physical reality be considered complete?" *Phys.Rev.* 47, 1935, pp. 777~780.
23. 위치와 운동량에 대해 실제로 이러한 측정을 수행하는 데는 기술적인 어려움이 따른다. 따라서 위치와 운동량 대신에 전자의 스핀 각 운동량이 지닌 서로 수직한 두 성분 Sx, Sy를 측정하는 문제로 바꾸어 생각하는 것이 보다 현실적이다.
24. N. Bohr, "Quantum Mechanics and Physical Reality," *Nature* 136, 1935.

6장 이론과학의 성격과 유형

1. Albert Einstein, "Autobiographical notes", in P. A. Schilpp ed., *Albert Einstein: Philosopher-Scientist*, New York, Tudor, 1951.
2. 장회익, 〈동역학의 이론구조 : 메타이론적 고찰〉, 《새물리》 29, 1989, pp. 243~253.
3. 의미기반을 구성하는 요소가 이렇게 세 가지에만 국한될 필요는 없다. 실제로 이 세 가지 이외에 '서술형태'라는 다른 한 가지를 더 추가할 수가 있다. 이것은 이른바 게이지 이론과 연관되는 것으로 이론들을 '전역게이지 형태'와 '국소게이지 형태'로 구분하는 기준이 된다. 여기에 대한 좀 더 자세한 논

의는 장회익, 「동역학의 이론구조 II: '의미기반'의 한 요소로서의 '서술형태'」, 《새물리》 32, 1992, pp. 613~622 참조.

4. 상대론적 이론은 다시 시공 개념을 평면적인 구조로 보느냐 곡면적인 구조로 보느냐에 따라 특수상대론적 이론과 일반상대론적 이론으로 나누어질 수 있겠으나, 여기서는 일단 평면적인 시공 개념을 바탕으로 한 특수상대론적 이론만 고려하기로 한다.
5. 여기서 공변(共變, covariant)하는 형태로 표시된다는 말은 좌표계 변환에 따라 모든 물리량이 일정한 방식으로 변환되며 물리법칙의 형태는 좌표계 변환과 무관하게 불변한다는 것을 의미한다. 이러한 공변성의 조건은 물리법칙이 만족해야 할 기본 조건의 하나로 인정된다. 이것은 이른바 '상대성 원리'가 함축하고 있는 내용이기도 하다.
6. 여기서 '고전역학적'이라는 수식어는 오직 '양자역학적'이라는 표현에 대응하는 의미로만 사용하기로 한다. '상대론적'이라는 표현에 대응하는 고전역학적 성격에 대해서는 별도로 '비상대론적'이라는 수식어를 사용하는 것이 관례이다.
7. 동역학의 형식이론을 체계화하는 방식에는 (근본적으로 대등한) 몇 가지 방식이 있으나, 대표적인 것이 이른바 라그랑지안 정식(Lagrangian formalism)이다. 이 정식에서는 대상의 특성으로 '라그랑지안'을 취하고, 여기에 '최소작용의 원리'(해밀턴의 원리라고도 지칭됨)를 적용하여 '동역학 방정식'(운동 방정식이라고 함)을 이끌어내는 형태를 취한다. 이에 대한 좀 더 자세한 논의는 장회익, 「동역학의 이론구조: 메타이론적 고찰」, 《새물리》 29, 1989, IV절을 볼 것.
8. 이러한 유클리드 공간의 채택은 특수상대성이론의 입장이다. 일반상대성이론에서는 공간의 유클리드적 성질을 전제하지 않는다.
9. 이는 양자역학에서 말하는 시간 의존성 섭동이론에 해당한다.
10. 정보이론에 관해서는 많은 문헌들이 있으며 엔트로피를 중심 개념으로 다루고 있다. 그중 한 문헌만 소개하면 다음과 같다. Silvice Guiasu, *Information Theory with Applications*, McGraw-Hill, 1977.
11. 이 식을 얻는 과정은 대부분의 초보적 통계역학 교재에서 찾아볼 수 있다.
12. 물리학에 대한 이러한 분류는 미국 국립연구심의회 물리학 상황조사위원회 보고서 "Physics through the 1990s"에서 취한 분류체계를 따른 것이다.

Nation Research Council, "Physics through the 1990s, An Overview," Washington, D. C., National Academy Press, 1986.

7장 우주 이야기

1. 이 글은 2011년 8월 24일 대화문화아카데미가 개최한 "21세기, 새로운 삶의 물음을 던지다"라는 주제의 모임에서 발표한 「우주의 자기 이야기—스윔과 베리의 『우주 이야기』에 대한 논평」이라는 글을 바탕으로 다시 쓴 내용이다.
2. B. Swimme and T. Berry, *The Universe Story*, HarperCollins, 1992; 브라이언 스윔 · 토머스 베리, 『우주 이야기』, 맹영선 옮김, 대화문화아카데미, 2010.
3. 『우주 이야기』, pp. 368~369. *The Universe Story*, pp. 236~237.
4. 『우주 이야기』, pp. 370~371. *The Universe Story*, pp. 237~238.
5. 『우주 이야기』, p. 371. *The Universe Story*, p. 238.
6. 『우주 이야기』, pp. 371~381. *The Universe Story*, p. 238.
7. 『우주 이야기』, pp. 144~145. *The Universe Story*, pp. 85~86.
8. 낱생명과 온생명 개념에 대해서는 이 책의 8장과 9장에서 다시 자세히 논의할 것이다.
9. Jacques Monod, *Chance and Necessity*, trans. A. Wainhouse, Vintage Books, 1972, p.172~173.
10. Hans Jonas, *The Phenomenon of Life: Toward a Philosophical Biology*, Harper & Row, 1966.

8장 물질과 생명

1. E. Schrödinger, *What is life? The physical aspect of the living cell*, Cambridge, Cambridge University Press, 1944.
2. L. Boltzmann, *The second law of the mechanical theory of heat*, 1886. 이 인용문은 E. Broda, *Ludwig Boltzmann*, Woodbridge, Connecticut: Ox Bow Press, 1983, pp. 79~80에서 재인용한 것임.
3. E. Schrödinger, 앞의 책, p. 79.

9장 생명의 단위와 존재론적 성격

1. 이 글은《철학연구》(제23집, 1988)에 실린 논문으로 약간의 자구 수정을 거친 것이며, 이 논문의 영문본은 1988년 유고슬라비아 두브로브니크 국제 과학철학 학술모임에서 발표한 것으로, 이 책의 부록에 실었다.
2. E. Schrödinger, *What is life? The physical aspect of the living cell*, Cambridge University Press, 1944.
3. E. J. Yoxen, "Where does Schrödinger's 'What is life?' belong in the history of molecular biology?", *History of Science* XVII, 1979, pp.18~52.
4. 엄격히 말하면 물의 상태는 온도, 압력, 화학 포텐셜 등 주변의 물리적 조건에 의존한다. 그러나 우리의 주관심사가 되는 계들에서 이러한 효과는 상대적으로 매우 미약하므로 무시하기로 한다.
5. 슈뢰딩거는 『생명이란 무엇인가?』의 제2판에서 자신이 '부-엔트로피(negative entropy)'라는 용어를 선택한 이유에 대해 각주를 달아 설명한 바 있다. 그의 설명에 따르면 만일 자신이 동료 물리학자들에게 이야기하는 경우라면 '부-엔트로피' 대신 '자유에너지'라는 용어를 사용했을 것이나, 이 개념은 일반 독자들에게 '에너지' 개념과 너무도 흡사하게 보여서 이 두 개념의 차이가 뚜렷이 드러나지 않을 것을 우려했기 때문에 '부-엔트로피'를 썼다는 것이다. E. Schrödinger, 앞의 책, p. 79.
6. 결정이 몇 개의 원자만을 포함하는 극히 특수한 경우에는 이것이 보통의 결정체와 상당히 다른 성격을 지닐 수 있다. 여기서는 이러한 예외적인 경우는 제외하고 논의한다.
7. 우리의 논의를 항성과 은하계의 진화 과정에까지 확장시키면 항성-행성계들도 완전히 독립적인 존재로 보기 어려운 일면이 있다. 그러나 이러한 체계들은 우주 내 물질의 한 보편적 존재양상이므로 이를 굳이 생명의 특성과 관련된 논의에 끌어들일 필요는 없다.
8. D. Hull, "Units of Evolution: A Metaphysical Essay," in U. J. Jensen and R. Harré ed., *The Philosophy of Evolution*, New York, St. Martin's Press, 1981.
9. N. Eldredge, *Unfinished Synthesis: Biological Hierarchies and Modern Evolutionary Thought*, New York and Oxford, Oxford University Press, 1985.
10. 여기서는 '온생명적 생명'이 스스로의 의지나 어떤 생기론적 원리에 의해 전개된다는 의미를 함축하지 않는다. 오히려 이것은 특정된 항성-행성계

에 주어진 초기 조건 및 경계 조건에 의해 단순한 물리법칙에 따라 전개되는 현상으로 이해되는 것이며, 이러한 관점은 대체로 마이클 폴라니(Michael Polanyi)의 글 「생명의 비환원적 구조」(*Science* 160, 1968; *Knowing and Being*, The University of Chicago Press, 1969)에 나온 관점과 일치한다.

11. 여기서는 굳이 '유전자(gene)'와 '게놈(genome)'의 개념을 구별하지 않기로 한다. 엄격한 의미로는 "세포로 둘러싸인 게놈"이라고 해야 바른 표현이 될 것이다.
12. 이러한 복합적 개체들의 조성원리를 이해하는 데 현대 사이버네틱 이론들이 매우 유용하다. 이와 관련해 매우 흥미로운 개념의 하나는 발렌틴 투르친(V. F. Turchin)의 '메타시스템 전환(metasystem transition)' 개념이다. V. F. Turchin, *The Phenomena of Science*, trans. B. Frentz, Columbia University Press, 1977.
13. E. Mayr, "Prologue: some thoughts on the history of the evolutionary synthesis", in E. Mayr and W. B. Provine ed., *The Evolutionary Synthesis*, Cambridge, Harvard University Press, 1980, pp. 1~48.
14. N. Eldredge, 앞의 책.
15. 여기서 말하는 '공진화(co-evolution)' 개념은 요즈음 흔히 연구 과제가 되곤 하는, 상호작용하는 종(species)들 사이의 공진화(coevolution) 개념과 구분되어야 한다. 후자는 상호작용하는 종 사이의 상호 역변화(reciprocal change)에 주로 관련된다.

10장 인간의 우주적 존재 양상

1. 이 글은 함석헌 선생 팔순기념문집, 『씨알, 인간, 역사』(한길사, 1982)에 실린 논문을 일부 수정 보완한 것임.
2. J. von Neumann, *Theory of Self-reproducing Automata*, A. W. Burks ed., Urbana: University of Illinois Press, 1966.
3. E. Cassirer, *An Essay on Man*, New Haven, Yale University Press, 1944.
4. 그 한 가지 움직임으로서 1966년 이래로 미국에서 발간되는 학술지 《자이곤: 종교와 과학 저널(Zygon: Journal of Religion and Science)》이 있다. 이 학술지는 과학과 종교 사이의 조화를 본격적으로 탐색하고 있다.

11장 인간의 행위 능력과 가치 이념

1. 이 글 및 다음 장(12장)의 글은 『현대과학과 윤리』(김용준 외, 민음사, 1988)에 실린 필자의 논문 「과학과 윤리의 구조적 연관성과 현대사회」를 수정 보완한 것임.
2. L. Thomas, "Nuclear Winter, Again," *Discover* 5, 1984(October).

찾아보기

ㅈ

« The units of life – global and individual »*

Hwe Ik Zhang

Department of Physics and Interdisciplinary
Program of History and Philosophy of Science,
Seoul National University
Seoul 151-742, Korea

*A paper presented at Philosophy of Science Conference at Inter-University Centre of postgraduate studies Yu-50000 Dubrovnik, 4-15 April 1988

Abstract

It is demonstrated that the only meaningful unit of life without accompanying some special external conditions is the "global life" framed in a star-planet system. Any other possible unit of life, however useful it might be, is conditional in the sense that it should leave out an essential part as a complementary partner. This characterization of life has significance in understanding many aspects of life in areas including evolution, ecology and axiology.

We have life on this planet, the earth, and we almost certainly do not have it on any other planet in our solar system. But do we have *a life* or *lives* on this planet? The answer depends on how we define the *unit* of life. The definition of unit for the case of life, however, may not be made arbitrarily but should be based on the ontological structure of life itself.

One may suggest that life consists of organisms and therefore organism is the most natural unit of life. But we soon find that organism may not be quite an independent and inclusive entity to be qualified as a genuine unit of life. First of all, it may be considered as a part of larger hierarchies. There are at least two hierarchies containing organisms as their lower level components: one, the genealogical hierarchy, and the other, the ecological hierarchy(Eldredge, 1985). Species and monophyletic taxa are higher level entities included in genealogical hierarchy and populations and ecosystems are higher level entities included in ecological hierarchy. These entities might also be considered as possible candidates for the unit of life. On the other hand, the organism may simply be regarded as a temporary vehicle carrying the more essential components of life, the genes. Dawkins(1976) argues that organisms are survival machines blindly programmed to preserve the genes. He writes that "any one individual body is just a temporary vehicle for a short-lived combination of genes," and "one gene may be regarded as a unit which survives through a large number of successive individual bodies"(Dawkins, 1976, p. 26).

We are now confronted with a problem to clear the ontological structure underlying this mesh of interconnected entities representing various aspects of living phenomena. As a precondition for this kind of discussion, however, Jensen(1981, p. 15) warns against "reifying abstractions, not taking into account that the abstractions are established under specific experimental conditions and for quite specific purposes. The abstractions are not things out there to be placed in the right hierarchy of parts and wholes." As Jensen(1981, p. 19) writes "in any subrealm of nature or culture relatively stable structures are established under given conditions," and they should be understood with due respect to the conditions under which they can properly function and maintain their own existence.

Units of evolution

A somewhat restrictive but related problem which attracts considerable attention these days is the question concerning the units of evolutions(Lewontin, 1970; Hull, 1980, 1981; Sober, 1984). This problem concerns the level at which selection can take place, and Hull(1981) argues that there are at least three distinct views on this. One view is that genes are the primary unit of selection(Dawkins, 1976). It claims that in the vast majority of cases, including the sexually reproducing organisms, genes are the units of selection and everything else goes along for the ride. The second view is the position of the "group selectionists"(Eldredge and Gould, 1972 ; Eldredge, 1985). They argue that under certain circumstances entities more inclusive than organism can be selected, entities such as kinship groups, populations and species. There is a third and currently the most popular view that it is the organisms that are selected while genes mutate and species evolve(Waddington, 1976; Ayala, 1978). As noted by Hull(1981), the issue in this question is not simply empirical but also "metaphysical," and it may not be resolved until the ontological framework of the evolutionary theory is made clear. Hull(1981, p. 41) writes

> If one wants to formulate widely applicable generalizations about evolution, a good strategy might be to abandon the usual ontology of genes, organisms, kinship groups, populations and the like, and adopt an ontology designed specifically for this purpose—the ontology of replicators, interactors and lineages.

While I agree with Hull that it is essential to adopt a new ontology, the point I would argue in this paper is that this ontology should not only be designed for the evolutionary theory but also be part of the more general ontology of life itself. On the other hand, since the evolution occupies the central position in the theory of life, the ontology of life should overlap quite substantially with that of evolution. There is, however, one big difference between these two ontological considerations. It is the difference in their starting points. While the discussion of the ontology of evolution might begin with the evolutionary phenomena, for the consideration of the ontology of life we should inevitably start from the question "what is life?"

What is life?

One of the classics dealing with the question, "what is life?", is the celebrated little book of Schrödinger titled "What is life?"(Schrödinger, 1944). In this well conceived inspirational work Schrödinger contributed valuable insights into the physical aspects of nature of life(Yoxen, 1979). Notably, he introduces two concepts which might perhaps be not quite original but subsequently are regarded as expressing the essence of life: the concepts of "code-script" and "negative entropy." He notes that

> It is these chromosomes, ..., that contain in some kind of code-script the entire pattern of the individual's future developments and of its functioning in the mature state. ... In calling the structure of the chromosome fibres a code-script we mean that the all-penetrating mind, once conceived by Laplace, to which every causal connection lay immediately

open, could tell from their structure whether the egg would develop, under suitable conditions, into a black cock or into a speckled hen, into a fly or a maize plant, a rhododendron, a beetle, a mouse or a woman. ... But the term code-script is of course, too narrow. The chromosome structures are at the same time instrumental in bringing about the development they foreshadow. They are law-code and executive power — or, to use another simile, they are architect's plan and builder's craft — in one. (Schrödinger, 1944, pp. 22-23)

In another famed passage he emphasizes the importance of negative entropy:

> Thus a living organism continually increases its entropy—or, as you may say, produces positive entropy—and thus tends to approach the dangerous state of maximum entropy, which is death. It can only keep aloof from it, i.e. alive, by continually drawing from its environment negative entropy—which is something very positive as we shall immediately see. What an organism feeds upon is negative entropy. (Schrödinger, 1944, p. 76)

The reason why I cite such long passages from Schrödinger is that they express some essential aspects of life upon which I can conveniently base my argument. I do not attempt, in this paper, to arrive at a concrete definition of life. Rather, basing upon the above cited characteristics of life phenomena, I would argue that something to be called life should properly have the functioning "code-script" within the system and should be in a situation to be supplied with the necessary "negative entropy."

Body of function and co-functionator

The code-script contained in chromosomes is the DNA molecules with definite sequence of nucleotide bases in modern understanding. In the passage cited above, Schrödinger stresses the role of information stored in these DNA molecules as the sole determiner of the fate of the individual with only a minor qualifying phrase "under suitable conditions." But this qualification should be emphasized and carefully examined. By the "suitable conditions" we mean in fact very specific conditions beside which the information loses all the significance.

The DNA molecules located outside the cell body, for instance, can no longer function as a code-script. Even within the cell, they cannot function as a proper code-script unless the physical states of the material composition of the cell are within certain extremely restricted range. In other words, to make the DNA molecules work as the proper information, the system surrounding the molecules should be in a very special composition and in a very special "functioning state." The role of this particular surrounding system in this particular functioning state should properly be recognized and conceptualized. For the convenience of further discussion, I would designate this particular system the "co-functionator" to the main "body of function," the DNA molecules in this case.

We can, then, summarize the situation: to have a working information, two complementary factors are needed, the main "body of information" and the corresponding "co-functionator." This situation is very clearly demonstrated in the case of written information in ordinary books. In this case the body of information is the physical print of words on papers and the co-functionator is the human beings capable of comprehending it. It is obvious that the words are meaningless unless there exists the human intelligence comprehending them. For the case of DNA information, the body of information is the DNA molecules with particular codon arrangements, and the co-functionator is the surrounding material within the cell and the environment outside the cell. Together, they are the law-code and executive power, as noted by Schrödinger, but, separated, they lose all the meaning as an information system.

This situation can be generalized further to any localized system which performs its proper function only in association with the surrounding complementary system. So, the president of a nation, the main body of function for presidency, can perform its function only in association with the people of the nation, the co-functionator. As warned by Jensen (cited above), the abstractions such as DNA information, contents of a book, and the president of a nation, in dissociation from their very specific co-functionators might lead to serious misconceptions for their ontological status in the world they are presumed to be located. The relational concepts introduced here, the "body of function" and the corresponding "co-functionator," are, on the other hand, supposed to represent the underlying ontological structure properly.

Genes and genomes as units of life

We now turn to the possibility of defining the unit of life by the "body of information" considered above. For the case of DNA information, the body of information might be the gene (a segment of DNA molecule with definite codon arrangement) or the genome (set of genes in a nucleus). But as soon as we try to unitize the life by these entities, we find ourselves in an awkward situation of depriving the entities of living character. The unitization implies at least a conceptual isolation of the unitized entity and this isolation of the genes or genomes would deprive them of their function working in association with their co-functionators. This situation is contrasted with the unitization of ordinary material, say, water. We can arbitrarily define the unit quantity of water, for instance, one litre or one c.c. This unit quantity of water maintains its character as water independently of the situation surrounding it.[1] We can therefore differentiate two kinds of units: the "normal" and "conditional" units. The "conditional" unit is conditional in the sense that it leaves out an essential part as a condition for its own functioning. The "unit" of water as one litre is "normal," but the "unit" of life as one gene is "conditional" since it leaves out its co-functionator which is essential to its own functioning as a living being. Physically identical object can serve as a "normal" unit for something and "conditional" unit for something else. For instance, a leg of a cow can be a "normal" unit of beef but can only be a "conditional" unit of a living cow. A gene can serve as a "normal" unit of genetic material but it can serve as a highly "conditional" unit of the life itself.

Returning to our general ontological concepts, the "body of function" and its "co-functionator," we draw one conclusion. If we regard the "body of function" as a "unit" of some entity such as life signifying the function as an essential characteristic of the entity itself, the "unit" thus defined can only be "conditional" in the sense that it leaves out its "co-functionator" as an essential and complementary partner.

Cells and organisms as units of life

Are the more inclusive entities like sells and organisms better qualified as the possible units of life? Certainly cells and organisms are much more inclusive and independent entities compared with the genes and genomes. A cell body, for instance, includes not only the DNA molecules forming the genes or genomes but also much of their co-functionators within the system. A multicellular organism consists of the cells, that include all these contents, and more, such as the blood, inter-organic space, etc. In some sense, the cells and organisms behave like almost independent units of living world.

Still, however, they are not sufficiently qualified as "normal" units of life, because they would soon lose their character as living beings once isolated from their proper environments. This point would immediately be clear once we consider another basic characteristic of life, depicted by Schrödinger in the second passage cited above. Since every organism (and in this respect every cell as well) continually increases its own entropy it can only keep alive by continually drawing the "negative entropy," or the "free energy" in the more widely used terminology,[2] from its environment. This situation should be compared with the case of crystals. A piece of crystal can remain as crystal without drawing any negative entropy from its environment, and may easily qualify to be a normal unit of crystal in the sense defined above.[3] But an organism or a cell, which is in a metastable state with a very low entropy, cannot maintain this state unless continually supplied with free energy from the surroundings. This is not simply a matter of fact for the sells and organisms but a matter of principle for a system maintaining the living state. This does not mean, however, that it is sufficient for the system to be located in the route of free energy flow, but a very specific external condition should be maintained for the system to benefit by actual supply of free energy. The concept of co-functionator, introduced earlier, hence, applies here. Cells and organisms maintain the living state only in association with their respective co-functionators, the very suitable external conditions supplying the necessary free energy. Therefore, the concepts of cells and organisms as units of life, useful practically and appealing commonsensically, can at best serve only as the "conditional" units and should be understood accordingly.

Global character of life

To search for a proper unit of life, we can proceed further and consider more comprehensive entities than the organisms. The obvious candidates are species, monophyletic taxa, etc. on the genealogical line and populations, ecosystems, etc. on the ecological line(Eldredge and Salthe, 1984). But it is easily demonstrated that the arguments applied to cells and organisms can also be extended to these entities. Whatever the precise definitions of these entities, it is certain that all of these entities are larger systems containing the organisms as their subsystems. And since each of the organisms can only keep alive by continually drawing free energy from its surroundings, the larger system containing the living organisms as its subsystems inevitably need supply of free energy from outside unless it includes the ultimate source of free energy in itself. As is well-known, the source of free energy for the life on earth is the sun, and life flourishes on the route of this free energy flow.

Therefore, the only proper unit of life without accompanying external supply of essentials, the free energy, is the star-planet system, if it is inhabited by life phenomena. We have at least one such life in the universe, which is the life in our sun-earth system. On the other hand, we have every reason to believe that this is not the only life in the universe. There are billions and billions of stars in the universe each of which, in principle, can have a life.[4] Each of the life inhabiting in different stars is truely independent in the sense that it can sustain its living state without any external supply of resources.[5]

It is therefore natural to assign a "normal" unit of life to the whole connected living beings framed in a star-planet system, which might properly be called the "global life." This unitization of life in fact reflects the ontological structure of life which is truely global in character. It should, however, be emphasized that the concept of "global life" introduced here is not based upon the metaphysical conception of holistic philosophy. It is based mainly on the physical principles and empirical observations concerning the physical and living systems without any substantial metaphysical presumption about the modes of existence.

Individuality and co-life

The global character of life, however, does not deny the possibility of defining individuals such as cells, organisms, species, etc. as meaningful entities. It simply denies granting such entities the status of "normal" unit of life, emphasizing their dependence on the corresponding co-functionators. According to usual definition(Hul, 1984) an individual is "any spatiotemporally localized entity which develops continually through time, exhibits internal cohesiveness at any one time and is reasonably discrete in space and time." Hull(1981) and Eldredge(1984) appropriately recognize the historical character of individuals maintaining that "individuals are historical entities, individuated in terms of their insertion in into history"(Hull, 1981). In view of global ontology of life, this point becomes even clearer. The individuals are regarded as the historical products of the spaciotemporal development of the global life, representing the spaciotemporal modes of life itself. In this view, the evolution can be seen as a way the global life develops into spaciotemporarally discrete but connected structure of individuals.[6] The conceptual division of life into these historically developed individuals is therefore quite natural and practical in discerning various features of living world.

As noted above, however, it is not proper to bestow an "individual" the status of "life" independently of the remaining part of the whole global life. We may perhaps render the status of "individual life" to such an entity with the understanding that it is meaningful as a life only in association with the whole remaining part of life. This remaining complementary part of life might be termed the "co-life" to the "individual life" thus rendered. The "co-life" defined this way does the role of co-functionator for the individual to function as a living system. But the concept of co-life is more than functional in contrast to the concept of co-functionator. As far as the individual is granted the status of life, the co-life is also granted the status of life in the complementary cense. This point can best be illustrated by the example of virus. As is well understood, the virus cannot function as a life outside its host body, and it would be very natural to call the host as the co-life of the virus if the status of life is granted to a virus.

The concept of co-life, on the other hand, largely overlaps in content with that of environment. however, there are some differences in emphasis and connotation. Environment usually means the external background common to many individuals while the co-life is the relative concept meaning the specific remainder of global life for a given individual. Another difference is that environment usually implies "non-living" section of a living system while the co-life strongly connotes the complementary character of the parts composing a whole undivided living system.

Historical origin of individuals

It may be impossible to describe and explain the actual process of the spaciotemporal development of global life on this planet. But the general mode of this development into the discrete structural pattern of individuals may perhaps be understood on the basis of physical laws and given initial conditions on the early earth.

While the actual conditions prevailed on the early earth can presently be estimated only speculatively, one thing is certain that at least some materials were in highly nonequilibrium, dynamically active states maintained by continuous flux of free energy from the sun. The weather phenomena on the earth, typically the continuous circulations of water and air through the hydro- and atmospheres, are the examples of present day analogy for this kind of states.

Under these circumstances, two kinds of prebiotic individuals can be imagined to have appeared. The first kind is such individuals as the vapour molecules of water which are completely passive in their generation and extinction processes. The vapour molecules are generated by evaporation under certain conditions in certain regions, usually aided by solar energy, and extinguished by condensation into water or cloud in certain other regions. Throughout the whole process, the individuals thus formed do not perform any action either to promote the process or impede it. The second kind of prebiotic individuals is those ones having auto-catalytic properties. One very simple example is the molecules forming the cloud in atmosphere. The formation of the cloud is auto-catalytic in the sense that the already existing cloud helps forming more of it by providing the base for easy adherence. Other examples of this kind can be found in the chemical reactions in which some molecules help forming more of their own kind. It is just a short step, albeit decisive, from the existence of auto-catalytic individuals to the appearance of the biotic individuals, which may also be called the "auto-catalytic individuals with code-script." The "code-script" in this new kind of individual means some specific but normally insignificant physical detail, usually engraved in certain part of the physical body, which becomes significant in performing very specific function according to the specific detail, once the proper co-functionator is given. The function this code-script performs is twofold. Firstly it enhances the replicating performance of the individual in producing new individuals of its own kind including the specific detail of its code-script, and secondly, it helps to maintain the individual in "functioning state," i.e., in living state. As emphasized earlier, these functions can only be performed within some very specific external conditions which are termed as the co-life of such individual. Thus, the appearance of the biotic individual, or individual life, is by definition simultaneous to the appearance of its co-life. The replication, for instance, can not be performed by the individual alone but only in association with the corresponding co-life. And the maintenance of an individual in the functioning state means to maintain the compatibility between the individual and its co-life. The appearance of such a biotic individual with its co-life is the beginning of the global life we now have if such original individual is related to all the later individuals by the replicating actions.

I do not here specify the physical substance of this individual not only because it is ver hard to figure out the concrete substance of the earliest such individual but also because it does not really matter what the substance of such individual actually was. In the present context, it is sufficient just to demonstrate that individuals which can function in such a way can exist in principle and actually exist as we see today.

Replicators and subsistors

The biotic individuals characterized above can exist in many different modes and levels. The auto-catalytic individuals with a code-script located in variable environment should perform their functions with variable degree of efficiency and therefore the replications made are inevitably *differential*. This possibility of *differential* replication is essential for the evolution of individuals themselves. Once such possibility is allowed, the evolutionary pressure will drive the individuals toward the more steady and tight association with their immediate co-functionators since such association will increase greatly the survival value. The resulting composite system, the original individual and its immediate co-functionator closely associated with it, becomes a new entity which also has all the characteristics of an individal. A genome forming a cell around it might be a typical example of such a case. One interesting exception in this association with the immediate co-functionators is the case of virus. These very special kind of individuals do not usually form a steady and tight association with the immediate co-functionator but enjoy the freedom to associate with varied forms of co-functionators in its life time. But in general most of the genes and genomes make association with their co-functionators to form new individuals.

This process of composing new individuals can be repeated again and again resulting in many levels of more and more inclusive kinds of individuals. It should be understood that the immediate co-functionators forming the composite individual may not be simple physical systems, such as the cytoplasm for forming a cell, but may also be groups of other individuals with certain functional orhanization.[7] The composite individuals formed by this process inevitably vary widely in many respects, in shape, extension, cohesiveness, life time, etc. But it might be convenient to classify them into two broad categories: replicators and subsistors.

The individuals classified into replicator are primarily the units of replication. The unit of replication can be identified by comparing its structure with that of its immediate progenitor. If the structure including the code-script is sufficiently similar or identical with that of the progenitor, we can classify it as a replicator. Such a replicator, located in a situation similar to that in which the progenitor was located, is expected to be replicated to produce the next generation. The gene in the cell is the best example of this kind.

On the other hand, the individuals classified into the subsistors are mainly the units of subsistence. The most conspicuous characteristics of this kind of individuals is that it makes a rather abrupt transition from living state to non-living state. The birth and growth of an individual of this kind are usually gradual and sometimes even hard to recognize the extension of its existence, but the process of demise is abrupt and sharp in general. Observationally, therefore, the subsistors can be regarded as the units of demise. The cells and organisms exhibit more of this characteristics than that of replicators.

There are certain correspondence between our concepts of "replicators" and "subsistors," and Hull's concepts of "replicators" and "interactors"[Hull, 1980, 1981], and therefore much of the Hull's discussions concerning these entities still apply here. One might perhaps add that the distinction between the replicators represents only a matter of degree. The individual classified as a replicator should also maintain its subsistence as an individual, and the individual classified as a subsistor usually have certain mechanism to help producing individuals of a similar kind. A gene for instance replicates itself and also maintains itself depending heavily on its own co-functionator. So does a cell and an organism with their respective co-functionators.

It should be noticed that the existence of such individuality might perhaps be a necessary condition for the global life to flourish in such variety and richness. The fact that such an individual is a unit of replication and a unit of demise at the same time is very important to understand that the global life can flourish through these individuals. The individuals, being the unit of replication, can be produced at ease and with some redundancy and, being the unit of demise, can be diminished naturally and without much damage to the overall global life. The subsistence of each individual depends vitally on its co-life, and hence on the global life, but the global life itself depends only marginally on any particular individual. This asymmetrical pattern of mutual dependence between the global life and individual may provide the secret for the flourish of global life through the mode of individualization. If we imagine a successful living world without the individuals composing it, the only conceivable structure is a giant organized system without any discernible unit structure. Such a structure, if happened to be formed by any odd fortune, should be extremely insecure, because any slight malfunction on a minor part can damage it irreparably. It is therefore almost certain that if the auto-catalytic individual with a code-script were not allowed to appear, the richest thing at least with some remote resemblance to the life would be the weather phenomena on the earth.

Implications in evolution, ecology and axiology

Evolution, as mentioned earlier, is the process in which the global life develops into the discrete but inter-related structure of individuals through the birth, growth and demise of individuals. The individuals as units of replication and demise, therefore, play the decisive role in the process of selection in evolution. On the other hand, there are many levels of individuals all of which retain the basic characteristics of individual necessary for the involvement in the evolutionary process. One obvious conclusion we can draw from this consideration is that there are not a single level but many levels at which the selection can take place. This conclusion of multilevel selection thesis would immediately bring forward a number of new problems concerning, for instance, the interlevel connection mechanism of selection processes, etc. We would not be concerned with such problems here but, instead, just make a few comments concerning the validity of conventional evolutionary and ecological theories.

For the smaller scale individuals, the conventional evolutionary theory, typically the mechanism "explained in terms of small genetic changes and recombination, and the ordering of this variation by natural selection"(Mayr, 1980), applies very well. But for the larger scale individuals, the selection mechanism in the evolutionary process may be rather different. As the scale of individual becomes larger and larger, it becomes more and more subsistor-like because the formation of larger individuals progresses toward more favourable subsistence rather than more precise replication. In other words, the "code-script" in the progenitor individual is copied less precisely, and consequently the "code-script" itself plays less decisive role in the replicating process. This means that the portion played by the co-life becomes more significant compared with that of the individual "code-script." For the extreme case, the replicating function can be performed solely by the co-life. Under this circumstances, the selection of individuals may not directly determine the course of evolution, but rather indirectly through the influence on the co-life. This situation is compared with the more conventional mechanism in which the individual maintains the strong replicating power with the co-life remaining more or less fixed.

From this consideration, we find that the sharp genealogical lineage found in smaller individuals becomes smeared, and more ecological consideration are called for as the individual becomes larger. Recently, the importance of interactions between the ecological and genealogical hierarchies is stressed(Eldredge, 1985; Eldredge and Salthe, 1984). Eldredge(1985, p. 180) writes

> If we agree with Dobzhansky(1973) that "nothing in biology makes sense except in the light of evolution," it is also true that we cannot embrace a truely general concept of evolution without including both great classes of process: the ecological and the genealogical.

In view of present argument, the genealogical and ecological hierarchies are even more closely interconnected and it is almost impossible to make a dividing line between them. As the individual becomes larger, the traditional evolutionary consideration becomes more and more of ecological consideration. In fact, the evolutionary theory becomes the consideration of co-evolutionary relation between the individual and its co-life, which is basically ecological in character.[8]

On the other hand, there is one difference in approach between the present view point and the usual ecological theory. Here we regard that both the individual and co-life do not have independent meaning as life but complementary in the sense that they together from the whole global life, while in ordinary ecological consideration the individuals forming the system have *independent* lives and interact with each other in a way of living together. The emphasis in the present theory is that the genuine life is the global one and the conditions for the possibility of this global life should be sought first and then deduce all the living conditions for whatever individuals we may be concerned. On the other hand in usual ecological theories the utmost concern is the living conditions of the individuals composing the system however vitally interrelated they may be. This difference in emphasis is also reflected in the difference in terminology. As mentioned earlier, although the concept of the environment overlaps in contents with that of co-life there is much difference in significance. So far much study has been performed concerning the ecological significance of the *environment*, but much has to be done concerning that of the *co-life*. The properties and functions of co-life are expected to be quite different from those of environment.

This argument can easily be extended to the axiological considerations. The customary ethics lays paramount value on the individual right or personality. If it has a high regarded for the communities or species it does so mainly because those are regarded as the collections of individuals. However, if we adopt the ontology proposed above, the real object of reverence is the global life, personified or not, and the individual life should be regarded as valued objects only in the association with its co-life.

This axiological implication of new ontology should be pursued with care, but in my opinion it is perfectly relevant to reexamine the current axiological presumptions in the new light of the ontological understanding of life itself.

Conclusion

It is shown that any portion of life which maintains the basic characteristics of a living system cannot be separated as the "normal" unit of life unless it includes the star-planet system in itself. Such a system, which might be called the "global life," develops into a structure composed of interconnected individuals each of which shares the characteristics of life. These individuals can serve as units of life only *conditionally* in the sense that they leave out an essential part which might be called the complementary life or, in short, co-life.

This novel ontology of life provides us an inverted perspective to a living world. The global character of life is brought into the focus and everything else is regarded as derivative. Although it does positively recognize the fundamental importance of individuality as a basic pattern of life, the major emphasis is laid on the fact that the individuals are meaningful mainly as part of the global life. This new vision provides more comprehensive understanding of various life phenomena in the sense that all aspects of life are eventually connected to a single stock of life and should be understood accordingly. Evolution, ecology and axiology are among main areas on which this new vision should shed more light.

Finally, the concept of global life as a genuine unit of living being might bring about the question concerning the possible "mentality" of global life. This entirely new and unexplored possibility at the moment belongs to the realm of wild speculation, but a sincere exploration of it might someday lead to a novel understanding about the whole range of cultural activities of living creatures on this planet. The human cultural evolution might perhaps be construed as a process toward forming a collective consciousness which might at some later stage be called as the "global consciousness." Once consciousness is formed, the individuals who can subjectively participate in it would feel the global life as their own "enlarged self."

Notes

1. Rigorously speaking, the state of water depends on the physical conditions of surroundings such as temperature, pressure and chemical potential. But this dependence is very weak compared with the case of the systems of our main interest here.
2. Schrödinger added a note in his second printing of "What is life?" explaining his preference of "negative entropy" to the more usual term "free energy." He remarks that if he had been catering for the physicist colleagues alone, he should have adopted the term *free energy* instead "but this highly technical term (free energy) seemed linguistically too near to *energy* for making the average reader alive to the contrast between the two things." (Schrödinger, 1944, p. 79)
3. In a very special case in which the piece of crystal contains only a few atoms, this piece might have a property rather different from the bulk crystal and in this sense it may not be fully qualified for a unit of crystal. But the existence of this kind of exception should not obscure our point here.
4. According to one conservative estimate, there are at least 10 million planets within our galaxy alone on which the evolutionary process is taking place of at some stage or other. (Churchland, 1984, p. 151)
5. If we extend our argument to the spaciotemporal evolution of the stars and galaxies, the star-planet system in the universe may not be regarded truly independent from one another. But this extension of our argument, although theoretically interesting, might lead us to the cosmological problems still veiled in many ambiguities.
6. I do not imply here that the global life develops itself at its own will or under some vitalistic principle. Rather its development is considered as a natural results from the initial and boundary conditions of the particular star-planet system under the usual physical laws. This view is completely in accord with of Polanyi (1968).
7. For understanding the organizing principle of such composite individuals, the modern cybernetic theory might be very helpful. One very interesting concept in

this regard is the "metasystem transition" of Turchin(1977).

8. This concept of "co-evolutionary relation between the individual and its co-life" should not be confused with the coevolution between interacting species, which has been the subject of intensive study these days. This study of coevolution is mainly concerned with the reciprocal evolutionary change in the interacting species(Thompson, 1982).

References

Ayala, F. J., "The Mechanisms of Evolution," *Scientific American*, 239: No. 3(September), 1978, pp. 48-61.

Churchland, P. M., *Matter and Consciousness*, The MIT Press, Cambridge, Massachusetts, 1984.

Dawkins, R., *The Selfish Gene*, Oxford University Press, New York and Oxford, 1976.

Dobzhansky, T., "Nothing in biology makes sense except in the light of evolution," *Amer. Biol. Teacher* 35, 1973, pp. 125-129.

Eldredge, N., *Unfinished Synthesis: Biological Hierarchies and Modren Evolutionary Thought*, Oxford University Press, New York and Oxford, 1985.

Eldredge, N. and Gould, S. J., "Punctuated Equilibria: An Alternative to Phyletic Gradualism," In T. J. M. Schopf, ed., *Models of Paleobiology*, Freeman, San Francisco, 1972.

Eldrege, N. and Salthe, S. N., "Hierarchy and Evolution," In R. Dawkins and M. Ridley, eds., *Oxford Survey in Evol. Biology* 1, 1984, pp. 182-206.

Hull, D., "Individuality and Selection," *Annual Review of Ecology and Systematics* 11, 1980, pp. 311-332.

Hull, D., "Units of Evolution: A Metaphysical Essay," In U. J. Jensen and R. Harré, eds., *The Philosophy of Evolution*, St. Martin's Press, New York, 1981.

Jensen U. J., "Introduction: Preconditions for Evolutionary Thinking," In. U. J. Jensen and R. Harré, eds., *The Philosophy of Evolution*, St. Martin's Press, New

York, 1981.

Lewontin, R. C., "The Units of Selection," *Annual Review of Ecology and Systematics* 1, 1970, pp. 1-18.

Mayr, E., "Prologue: some thoughts on the history of the evolutionary synthesis," In E. Mayr and W. B. Provine, eds., *The Evolutionary Synthesis*, 1-48, Harvard University Press, Cambridge, 1980.

Polanyi, M., "Life's irreducible structure," *Science* 160, 1968, pp. 1308-1312.

Schrödinger, E., *What is life? The Physical aspect of the living cell*, Cambridge University Press, 1944(Pages cited are from 1967 version).

Sober, E. ed., *Conceptual Issues in Evolutionary Biology*, in particular, III. The Units of Selection, The MIT Press, Cambridge, Massachusetts, 1984.

Thomson, J. N., *Interaction and Coevolution*, John Wiley, New York, 1982.

Turchin, V. F., *The Phenomenon of Science*, Columbia University Press, New York, 1977.

Waddington, C. H., "Evolution in the subhuman world," In E. Jantsch and C. H. Waddington, eds., *Evolution and Consciousness*, Addison-Wesley, Reading, Massachusetts, 1976.

Yoxen, E. J., "Where does Schrödinger's 'What is life?' belong in the history of molecular biology?" *History of Science*, XVII: 18-52, 1979.